工程造价管理研究前沿丛书

工程造价信息化发展研究报告

中国建设工程造价管理协会　编写

U0304452

中国人事出版社

图书在版编目(CIP)数据

工程造价信息化发展研究报告/中国建设工程造价管理协会编写. -- 北京：中国人事出版社，2021

（工程造价管理研究前沿丛书）

ISBN 978-7-5129-0105-6

I. ①工… II. ①中… III. ①工程造价-信息管理-研究报告 IV. ①TU723.3

中国版本图书馆 CIP 数据核字（2021）第 042361 号

中国人事出版社出版发行

（北京市惠新东街 1 号 邮政编码：100029）

*

三河市潮河印业有限公司印刷装订 新华书店经销

787 毫米×1092 毫米 16 开本 20 印张 278 千字

2021 年 3 月第 1 版 2021 年 3 月第 1 次印刷

定价：**80.00** 元

读者服务部电话：（010）64929211/84209101/64921644

营销中心电话：（010）64962347

出版社网址：http://www.class.com.cn

编制单位和参编人员

主要完成单位：

中国建设工程造价管理协会

北京建科研软件技术有限公司

青矩技术股份有限公司

编制单位（按章节先后排列）：

中石化炼化工程（集团）股份有限公司

电力工程造价与定额管理总站

中国铁路经济规划研究院有限公司

北京交通大学

北京中昌工程咨询有限公司

广东中建普联科技股份有限公司

深圳市斯维尔科技股份有限公司

成都鹏业软件股份有限公司

广联达科技股份有限公司

广州易达建信科技开发有限公司

国泰新点软件有限公司

晋能集团有限公司

四川华信工程造价咨询事务所有限责任公司

四川开元时代科技有限公司

华联世纪工程咨询股份有限公司

中铁四院海峡（福建）交通工程设计有限公司

河北省建筑市场发展研究会

浙江中诚工程管理科技有限公司

甘肃省建设工程造价管理总站

金中证项目管理有限公司

龙达恒信工程咨询有限公司

捷宏润安工程有限公司

中石化工程造价有限公司

交通运输部路网监测与应急处理中心

北京筑标建设工程咨询有限公司

瑞和安惠项目管理集团有限公司

水电水利规划设计总院

参编人员（按编写顺序排列）：

王玉恒	张　超	胡定贵	王渊博	杜雅杰	张　波	康晓燕
朱海娇	张　旭	顾祥柏	孟　淼	刘永俊	郭婧娟	陈红仙
胡　魁	张兵兵	周　军	张　东	夏成刚	杨　溪	查世伟
林海乾	王　崇	陈朝阳	宁　军	薛　利	杨利利	孙　楠
金常忠	由　媛	李　宁	付　欣	贾向敬	周小溪	

主审：

杨丽坤

审查人员（按编写顺序排列）：

| 王中和 | 沈维春 | 谭　华 | 李成栋 | 刘大同 | 杨海欧 | 郭怀君 |
| 薛长立 | 刘　谦 | 张　鹏 | 高　峰 | 张　晓 | 蒋　山 | |

前言

　　新一轮科技革命和产业变革的深入发展，加速推动了全球的产业结构调整和升级，信息化建设已经成为衡量一个国家、地区和行业现代化水平的重要标志。在新的信息时代下，我国工程造价信息化已具备了良好的发展环境，国家信息化发展战略为工程造价信息化建设提供了强劲动力，互联网、大数据、5G人工智能等信息技术为工程造价行业信息化的发展提供了保障。建立科学的工程造价信息化体系是实现工程造价信息化战略的重要前提，也是贯彻工程造价改革，培育工程造价行业新动能，推动建筑业高质量发展的重要途径。

　　总体而言，我国工程造价信息化还处于发展的初级阶段，很多地方政府针对工程造价信息的收集与发布、信息源管理、计价依据动态管理、市场调节等内容，出台了地方规章、政策性文件和数据标准，但是这些规章、文件、标准规范的系统性、完整性、严密性、实施效果等均存在较多问题；尽管我国已经建立了国家级的建设工程造价信息网，几乎所有省份都建立了地方建设工程造价信息网，但是这些网站提供的信息服务、功能设置、运行状态等存在较大差距，网站之间尚无法实现工程造价信息的共享互通，信息收集困难、准确度不足、全面性不够、深加工程度低等仍是这些网站发展的障碍；尽管工程造价管理软件种类丰富，但对于前沿信息技术的运用仍不理想。

　　鉴于此，中国建设工程造价管理协会组织行业专家共同开展工程造价信息化发展研究课题的调研、论证、撰写工作。调研分析我国工程造价行业信息化建设现状，探讨工程造价信息化协同发展和信息数据使用及共享机制。研究工程造价信息化整体需求、信息化标准体系以及信息服务体系等相关内容，同时紧密结合工程造价领域的需求，列举了信息化新技术在工程造价领域的应用案例。

通过课题研究，课题组形成了现状调研报告、合理的管理方式、有效的运行机制、落地的标准体系等建议成果，对促进传统造价业务优化升级，提高工程造价管理及服务水平，保障建设市场健康、有序，推动工程建设高质量发展，推动工程造价行业市场化、国际化、信息化和法制化改革的进程具有重要的指导意义。

由于工程造价信息化建设工作涉及面广，本课题报告虽经多番修改，但鉴于水平和资源有限，错误和疏漏之处在所难免，诚望广大行业人士、专家学者不吝赐教，提出宝贵的修改意见与建议。

《工程造价信息化发展研究报告》课题组

目录

1 概述 ……………………………………………………………………… 1

　1.1 研究内容和成果 ………………………………………………… 1

　1.2 课题研究不足之处 ……………………………………………… 3

2 研究背景与理论基础 ………………………………………………… 5

　2.1 课题研究背景 …………………………………………………… 5

　2.2 课题研究目的及意义 …………………………………………… 6

　2.3 课题研究范围及内容 …………………………………………… 7

　2.4 课题研究成果目标 ……………………………………………… 10

　2.5 课题研究方法 …………………………………………………… 11

　2.6 课题研究依据及原则 …………………………………………… 11

3 工程造价信息化建设现状与问题 ………………………………… 13

　3.1 工程造价信息化建设政策引导、支持情况 ………………… 13

　3.2 工程造价软件应用情况 ………………………………………… 27

　3.3 工程造价软件市场常见"壁垒"及问题深层分析 ………… 44

3.4 现有工程造价信息化标准情况 …………………………… 52

3.5 工程造价信息收集、发布及应用现状 …………………… 62

3.6 信息化新技术在工程造价领域的应用情况 …………… 72

4 工程造价信息化建设整体规划 ……………………………… 94

4.1 建设工程全生命周期工程造价业务需求 ……………… 94

4.2 建设工程各方主体的工程造价工作职责 ……………… 97

4.3 各主体在工程建设各阶段的工程造价信息化需求 ……… 100

4.4 工程造价信息化建设现状 ………………………………… 102

5 工程造价信息化标准体系建设 …………………………… 108

5.1 工程造价信息化标准体系建设存在的问题 ………… 108

5.2 工程造价信息化标准体系建设的分类 ……………… 111

5.3 工程造价信息化标准体系建设的落地措施 ………… 113

6 工程造价信息化协同发展机制 …………………………… 116

6.1 工程造价信息化协同发展的意义 …………………… 117

6.2 工程造价信息化协同发展过程中出现的问题 ……… 118

6.3 建立工程造价信息化协同发展机制的具体途径 …… 119

7 工程造价信息服务市场需求分析 ………………………… 123

7.1 工程造价管理部门对工程造价信息服务的需求 …… 123

7.2 发展和改革部门、财政部门对工程造价信息服务的需求 … 130

7.3 建设项目各参与方对工程造价信息服务的需求 …… 132

7.4 工程造价咨询企业对工程造价信息服务的需求 …… 160

8 工程造价信息服务体系 ······ 167

8.1 工程造价信息服务主体 ······ 167

8.2 工程造价信息服务类型 ······ 177

8.3 可持续发展的工程造价信息服务机制 ······ 179

9 工程造价信息使用及共享机制 ······ 183

9.1 工程造价信息所有权、著作权 ······ 183

9.2 工程造价信息使用权 ······ 189

9.3 工程造价信息监管 ······ 193

9.4 工程造价信息开放和信息安全的关系 ······ 202

9.5 工程造价信息开放程度、共享方式和管控办法 ······ 207

10 信息化新技术在工程造价领域中的应用 ······ 216

10.1 云计算技术在工程造价领域中的应用 ······ 216

10.2 大数据技术在工程造价领域中的应用 ······ 219

10.3 物联网技术在工程造价领域中的应用 ······ 222

10.4 BIM 技术在工程造价领域中的应用 ······ 225

10.5 AI 技术在工程造价领域中的应用 ······ 229

11 结论与建议 ······ 235

11.1 结论 ······ 235

11.2 建议 ······ 240

附录 ······ 246

附录 A 住房和城乡建设部（及原建设部）等颁布的工程造价信息化

建设文件 ······ 246

附录 B　中国建设工程造价管理协会工作要点汇总 ……………… 249

附录 C　各省份推动造价信息化建设的激励、扶持与财政补贴政策 … 250

附录 D　政府部门组织定期开展的宣传、推广活动 ……………… 263

附录 E　工程造价协会定期开展的宣传、推广活动 ……………… 270

附录 F　国家和行业工程造价信息数据标准 ……………………… 274

附录 G　部分省份工程造价信息数据标准 ………………………… 278

附录 H　各市场主体响应工程造价信息化发展的举措 …………… 282

参考文献 …………………………………………………………… 308

1 概述

工程造价信息化是信息社会背景下现代工程管理发展的重要趋势，建立科学的工程造价信息化体系是实现工程造价信息化战略的重要前提。为更好地推动我国工程造价信息化进一步发展，提高工程造价管理及服务水平，本课题组组织行业专家，对工程造价信息化政策背景及现状进行了调查分析，对工程造价信息化进程中政府、行业协会、企业三大主体进行了角色定位与职能分工，对工程造价信息所有权、信息（著作）权、使用权、监督权和共享方式以及工程造价信息化建设各种需求进行了深入分析，并梳理了信息化新技术在工程造价领域的示范应用案例，提出了工程造价信息化建设发展规划、工程造价信息化标准体系建设规划和工程造价信息服务体系建设规划，同时提出了工程造价信息化协同发展机制、信息使用及共享机制的建立途径，以为我国工程造价信息化建设的相关研究和顶层设计提供参考。

1.1 研究内容和成果

本课题的研究目的在于促进传统工程造价业务优化升级，提高工程造价管理及服务水平，推进工程造价市场化、国际化、信息化和法制化改革，保障工程建设市场健康有序发展，推动工程建设高质量发展，推动工程造价信息共建、共享、共管，营造良好的行业氛围，推动并指导工程造价信息化的发展。围绕本课题研究的目的，课题组主要进行了以下研究。

首先，课题组分析了我国工程造价信息化建设的现状。通过调研梳理工程造价信息化的相关政策、法规、标准，工程造价软件及软件市场的主要"壁垒"，工程造价信息的收集、发布及应用情况，信息化新技术在工程造价领域的应用情况等，课题组发现，过去几十年，虽然国内工程造价行业单位在法律法规、信息化标准、信息化平台、工程造价软件等方面做了大量的工作，但依然存在很多问题，诸如在宏观层面上工程造价信息化建设缺乏整体规划和标准体系，工程造价信息化的法律法规不完善，行业没有良好的政策环境和市场环境作支撑等；在微观层面上企业信息化意识不强、基础能力弱、综合实力不足，缺乏工程造价信息化专业人才等。

其次，课题组探讨了工程造价信息化协同发展和信息数据使用及共享机制。对于信息化协同发展机制，课题组认为应由政府、行业协会主导来完善工程造价信息化建设标准体系；应加强数据安全管理，营造良好的法制、政策环境，形成一套协同的综合管理制度；应加大工程造价信息化建设资金的投入力度，建立实时更新的信息发布制度；行业协会牵头组织建立工程造价信息化培训体系，加快培养信息化专业人才及建立信息资源库。对于信息数据使用及共享机制，课题组认为其共享方式包括网站、软件、期刊、社交媒体等，保障措施主要是建立信息共享技术标准、建立数据共享方面的数据信息产权制度。

再次，课题组研究了工程造价信息化发展规划、标准体系以及信息服务体系等相关内容。课题组认为，工程造价信息化发展规划，是通过信息化的技术手段使建设项目全生命周期的投资最优化、造价管理的性价比最大化。工程造价信息化标准体系，应该包括数据内容与格式、项目特征、造价指标、造价指数等，行业亟待编制的信息化标准有数据库体系标准、资源采集及管理体系标准、成本测算体系标准。工程造价标准体系建设的落地措施主要有开发和利用信息，成立信息化推进领导小组，制定统一的建设目标，规范信息化管理，建立完善的信息化管理工作机制，夯实信息化发展基础，提升信息服务能力，构建多元化信息服务体系，加强信息化专业人才队伍建设，提高信息化管理效率，开发专业的信息化软件，探索增值服务，寻求更多的合作支持，夯实信息化建设安全防护能力，探索行业之间数据共享。工程造价信息服务体系的建设，主要通过政府和行业的政策支持、企业的人才和资源支撑以及软件公司的技术支撑实现。

最后，课题组紧密结合工程造价领域的需求，梳理了信息化新技术（云计算、大数据等）在建设工程造价领域的示范应用案例。案例详细描述了技术方面的解决方案，具有良好的示范作用，有助于推动新技术在我国工程造价行业的推广使用，有助于促进工程造价更加科学合理地确定，有助于提高造价行业的信息化水平，有助于用信息化带动工程造价行业市场化、国际化、法制化发展，有助于缩小工程造价行业和发达国家的差距。

综上所述，通过本课题研究，课题组研究形成了多个研究成果，分别是：工程造价信息化协同发展机制和工程造价信息数据使用及共享机制建设建议、工程造价信息化建设发展规划建议、工程造价信息化标准体系建设规划建议、工程造价信息化服务体系建设规划建议，以及多个信息化新技术在工程造价领域的应用案例，为后续深入研究奠定了良好的基础。

1.2 课题研究不足之处

随着计算机技术、信息技术在工程造价行业的发展落地，我国工程造价信息化建设实现了质的飞跃，但与其他国家以及我国其他行业的信息化程度相比，我国工程造价信息化还存在发展速度较缓慢，信息资源开发利用水平和共享水平较低，工程造价软件使用单一、应用水平低，信息化专业人才缺乏，信息化规划混乱等问题。

为加快我国工程造价信息化的进程，我国学者针对上述问题提出了诸多建议，如制定工程造价信息化的总体规划、完善我国工程造价信息化标准体系、加强信息化专业人才培养、搭建各层级信息化平台等。通过探究我国工程造价信息化进程中的问题可以发现，在建设过程中并未形成科学完善的组织体系，缺乏统一的组织和规划，早期的工程造价信息化建设是各个层级的自我行为，存在着自发组织、自我行为、自我管理的诸多弊端。而目前所开展的研究工作集中在我国工程造价信息化的现状与问题分析，以及从技术标准、行业规划、制度保障等方面提出建议，很少从组织建设的角度去探讨如何推进我国工程造价信息化的进程，这也是本课题研究的不足之处。此外，虽然本课题对信息化标准体系、典型工程材价信息、搭建信息共享平台等内容着重进行了研究，但仅从宏观层面剖析了工程造价信息化的概况，课题成果还不能满足当下工程造价信息化发展的需求，后续还应分专题深入探究。

2 研究背景与理论基础

2.1 课题研究背景

2016 年 7 月，中共中央办公厅、国务院办公厅印发的《国家信息化发展战略纲要》中明确指出："没有信息化就没有现代化。适应和引领经济发展新常态，增强发展新动力，需要将信息化贯穿我国现代化进程始终，加快释放信息化发展的巨大潜能。以信息化驱动现代化，建设网络强国，是落实'四个全面'战略布局的重要举措，是实现'两个一百年'奋斗目标和中华民族伟大复兴中国梦的必然选择。"然而，在信息化蓬勃发展的今天，作为我国经济支柱型产业的建筑业，受体制、机制等诸多方面的制约，其信息化水平和其他行业比起来还处于较低的水平。工程造价作为建筑业的重要组成部分，近年来其信息化应用水平取得了大幅度地提高，但总体上还处于较低的水平。2020 年 7 月 24 日，住房和城乡建设部办公厅发布的《工程造价改革工作方案》中也明确指出："工程造价、质量、进度是工程建设管理的三大核心要素。改革开放以来，工程造价管理坚持市场化改革方向，在工程发承包计价环节探索引入竞争机制，全面推行工程量清单计价，各项制度不断完善。但还存在定额等计价依据不能很好满足市场需要，造价信息服务水平不高，造价形成机制不够科学等问题。"

住房和城乡建设部编制的《2016—2020 年建筑业信息化发展纲要》中提出要全面提高建筑业信息化水平，着力增强建筑信息模型（Building Information Modeling，BIM）、大数据、智能化、移动通信、云计算、物联网等信息技术集成应用能力，初步建立一体化行业监管和服务平台。《工程造价事业发展"十三五"规划》中提出要推进工程造价信息化建设，夯实信息化发展基础，提升工程造价信息服务能力和构建多元化信息服务体系的任务目标。

随着建筑市场规模的不断增大和投资主体的多元化，建设工程各方主体，如建设单位、设计单位、施工单位、咨询企业、建设主管部门等，对工程造价信息的需求越来越多。同时，随着建筑市场的竞争日益激烈以及建筑生产的集约化程度不断提高，建筑生产的经济问题备受关注，迫切需要大量工程造价管理人才利用科学、先进的管理手段，合理确定工程投资价值。随着信息技术的飞速发展，原有的工程造价管理模式已不能满足现实工作的需要，因此，有必要开展工程造价信息化发展规划方面的研究工作，推进工程造价领域的信息化建设。

2.2 课题研究目的及意义

工程造价管理是工程建设项目管理的重要组成部分，在工程建设过程中起着重要作用，一个质量合格、施工安全的建设工程背后一定有合理的工程造价作为支撑。在新的信息化时代，必须合理利用信息化技术，提高工程造价管理的深度和广度。

本课题研究的主要目的及意义有如下几点。

（1）促进传统造价业务优化升级，提高工程造价管理及服务水平，推动工程造价行业向市场化、国际化、信息化、法制化方向发展。本课题在充分调研全国各行业工程造价信息化现状的基础上，总结提炼先进经验，促进传统工程造价业务由基础服务向高端综合型服务转变；提出适应现阶段、基于市场化的工程造价管理方法，研究国内及国际工程造价信息化标准，探讨工程造价信息化发展战略规划、制度保障及法律保障，提高工程造价管理及服务水平，推动工程造价行业向市场化、国际化、信息化、法制化方向发展。

（2）保障建设市场健康有序，推动工程建设高质量发展。按照建设工程各方主体在工程造价管理过程中的业务分工、工作职责及信息化需求，提出工程造价信息化建设整体规划，充分发挥建设工程供应链各方的积极性和主动性，保证工程建设市场健康有序地竞争发展，从而推动工程建设高质量发展。

（3）推动工程造价信息共建、共享、共管，营造良好的行业氛围。研究工程造价信息化协同发展机制、信息数据使用及共享机制，从根本上保证参与各方的合法权益。探索工程造价信息共建、共享、共管的实施路径，为行业提供可持续性的信息服务奠定基础。

（4）推动并指导工程造价行业信息化的发展。本课题对我国工程造价行业信息化建设现状与问题进行了梳理，对工程造价信息化建设的根本问题进行了深入剖析，提出了工程造价信息化协同发展机制、信息数据使用及共享机制的建立途径，积极响应国家信息化发展的需求，为推动并指导工程造价行业信息化的发展奠定了坚实的基础。

本课题旨在通过工程造价信息化的前瞻研究、通过业务与技术的融合，推动行业进步与发展。本课题充分分析了工程造价业务发展的方向，明确了业务特点，在此基础上研究了新技术的应用特点及和工程造价业务的结合方式，从而形成了工程造价信息化建设的整体规划，再明确具体内容及实现路径，指引各方协同发展，从而推动工程造价行业的进步与发展。

2.3　课题研究范围及内容

1. 研究范围

本课题以工程造价信息及信息化为主要研究对象，面向建筑、电力、铁路、石油、石化等行业的工程造价领域，研究有关工程造价信息及信息化的现状、问题及发展需求，以整体推进我国工程造价信息化水平为目的，探索科学合理、可持续发展的规划路径和解决方案。

（1）工程造价信息

从广义角度来看，工程造价信息是指所有对工程造价的确定和控制发挥作用的信息，既包括国家正式发布的与工程造价相关的文件，如工程量清单计价规范、各种定额以及市场价格指导文件等，也包括大量的工程造价指数、指标等；既包括反映国家、行业整体建造水平、资源价格的宏观工程造价信息，也包括反映具体项目造价情况的微观工程造价信息。按照信息特征，工程造价信息主要可以分为以下六类。

1）要素市场信息：主要包括人工、材料、设备、机械台班等要素市场价格信息，以及生产商、供应商信息等。

2）定额信息：按用途分类，定额可分为施工定额、预算定额、概算定额、工期定额、概算指标等。按主编单位和执行范围分类，定额可分为全国统一额、行业定额、地方定额、企业定额等。

3）造价指标和造价指数信息：造价指标包括消耗量指标、造价（费用）及其占比指标、工程技术经济指标等各类造价指标；造价指数包括单项价格指数和综合价格指数。其中，单项价格指数主要包括人工价格指数、主要材料价格指数、施工机械台班价格指数等；综合价格指数主要包括建筑安装工程造价指数、建设项目或单项工程造价指数等。

4）典型工程（案例）造价信息：主要包括典型已建和在建工程功能信息、建筑特征、结构特征、交易信息、建设和施工单位信息等。其中，典型已建和在建工程造价信息包括单方造价、总造价、分部分项工程单方造价、各类消耗量信息等，以及交易中心发布的各种招标工程信息。

5）法规标准信息：主要包括工程造价管理相关法律法规、工程量清单计价规范、计量规范、各种造价文件编制规程、造价（咨询）技术标准等。

6）技术发展信息：主要包括各类新技术、新产品、新工艺、新材料的开发利用信息等。

（2）工程造价信息化

工程造价信息化是指应用计算机和网络通信技术，为工程项目造价管理工作提供信息处理与服务的过程。本课题对工程造价信息化研究的范围包括工程造价信息化发展现状与问题（包括相关法规、政策、标准、造价软件、信息化新技术等）、信息化需求、战略规划、技术标准、制度保障、组织体系等。其中，造价软件以计量、计价软件为主，信息化新技术涵盖云计算、大数据、移动互联网、物联网、BIM、人工智能等技术。

2. 研究内容

为提高我国工程造价信息化水平，增强造价管理、咨询以及参与国际竞争的能力，本课题集中了我国造价管理部门、行业协会、咨询企业和软件企业等各方人才力量，对我国工程造价信息化建设的总体规划、管理办法、协作规则、可持续发展机制、信息化标准以及推广应用等问题开展研究，提出相关结论和建议，为我国工程造价信息化建设工作提供理论支撑。主要研究内容包括以下几个方面。

（1）对各行业、各地区工程造价信息化发展现状开展调研，分析主要问题及工作难点。

（2）分析建设工程各方主体在建设工程全生命周期造价管理中的业务分工、信息化需求，提出工程造价信息化整体发展规划。

（3）以促进建设工程造价信息化发展，提高造价工作效率及管理水平为出发点，研究构建工程造价信息化标准体系。

（4）基于当前信息化整体发展中存在的问题，以打造公平、健康的软件市场营商环境为目标，研究工程造价信息化协同发展机制，提出建议方案。

（5）基于各方主体对工程造价信息的贡献与需求，厘清工程造价信息的权属关系，以可持续发展为原则，研究工程造价信息共享机制，提出建议方案。

（6）基于对工程造价信息服务市场的需求分析，梳理工程造价领域多元化服务主体的业务范围、技术能力及社会分工，提出工程造价信息服务体系方案。

2.4 课题研究成果目标

本课题研究成果目标包括提出建立工程造价信息化协同发展机制、信息使用及共享机制的建议方案，提出工程造价信息化建设整体规划建议、信息化标准体系规划建议、信息服务体系规划建议，简称"2+3"，即"两机制、三规划"建议。

1. 工程造价信息化协同发展机制

研究行业信息化发展需求、市场环境、矛盾状况、政策体制等，探索信息化协同发展实施路径，研究建立信息化协同发展机制，发挥各方主体的优势，通过分工合作、互通互补和资源共享，达到公平公正、互利共赢和整体最优的目标，从而实现经济效益、社会效益的最大化，促进行业良性发展。

2. 工程造价信息使用及共享机制

深入研究工程造价信息的所有权、著作权、使用权、监督权，探讨信息开放和信息安全的关系，建立科学的、符合市场化情况工程造价信息使用及共享机制，确保信息使用及共享依法合规，促进全行业信息互联互通、资源共享。

3. 工程造价信息化建设整体规划建议

分析工程建设全生命周期工程造价业务需求、各方主体的工程造价工作职责及各主体、在不同阶段的工程造价信息化需求，对工程造价信息化发展理念、发展目标和重点工作进行系统研究，形成工程造价信息化建设整体规划。

4. 工程造价信息化标准体系规划建议

调研现有工程造价信息化标准现状及问题，建立标准体系框架，并对标准编制和落地措施进行系统规划。

5. 工程造价信息服务体系规划建议

调研建设主管部门、发展和改革部门、财政部门、建设项目各参与方、造价咨询企业等对工程造价信息服务的需求，明确多元化信息服务主体的社会分工，研究构建工程造价信息服务体系。

2.5　课题研究方法

本课题研究方法主要包括文献及问卷调查法、统计分析法、专家研讨法，以及个案研究法。

1. 文献及问卷调查法

通过广泛收集、整理工程造价信息及信息化相关文献，以及向建设主管部门、发展和改革部门、财政部门、建设项目各参与方、造价咨询企业等发放调查问卷，为课题研究工作的开展提供基础资料。

2. 统计分析法

运用统计的方法对调查收集到的数据及文献资料进行处理，总结工程造价信息及信息化工作的特点和共性规律，为课题研究成果提供理论和数据支撑。

3. 专家研讨法

围绕课题研究内容，梳理问题列表，以征询或组织研讨会的方式，邀请行业权威专家发表观点和看法，获取指导性、建设性意见。

4. 个案研究法

通过对典型案例资料的收集与分析，研究其产生与发展过程、内外在因素、运行机制及应用价值，总结其成功经验并探索其推广的可行性。

2.6　课题研究依据及原则

1. 研究依据

本课题的研究依据包括国家现行法律法规、政策文件、标准规范，课题立项报告，课题研究委托协议，课题各阶段会议纪要等。

（1）现行法律法规、政策文件、标准规范

包括工程造价信息化相关法律法规及《2006—2020 年国家信息化发展战略》《国家信息化发展战略纲要》《2016—2020 年建筑业信息化发展纲要》《工

程造价事业发展"十三五"规划》等造价信息化政策文件，各地区、各行业造价信息化标准规范。

（2）课题立项报告

课题立项报告阐述了课题的立项背景、研究目的、研究必要性及可行性、研究内容、组织计划等，是课题研究的总体纲领，对开展后续研究具有指导作用。

（3）课题研究委托协议

课题研究委托协议规定了课题委托方（中国建设工程造价管理协会，以下简称中价协）和受托方（参研单位）的工作职责、工作开展形式、进度计划等内容，对课题参与方的研究工作具有规范和约束作用，是课题参与方的行为准则。

（4）课题各阶段会议纪要

课题启动、开题、中期等各个阶段的会议纪要对议定事项、专家意见等进行了详细记录，对指导课题组研究工作具有重要作用。

2. 研究原则

（1）统筹管理，分步实施

建立有效的管理机制，由中国建设工程造价管理协会总体领导、主编单位牵头负责，统筹安排课题研究内容和实施方案，动态把握课题研究进度。制定阶段性工作目标并分步实施，同时配套建立阶段性成果审查验收制度，促进课题研究成果质量不断提高。

（2）总体部署，分工协作

从课题全局角度出发对课题研究工作进行总体部署，对于影响课题研究质量的重大问题进行统一决策安排。建立科学合理的分工协作机制，注重各子项研究内容的逻辑继承与思路衔接，并协调工作进度，保障课题研究高效开展。

（3）尊重事实，科学规划

立足工程造价信息化发展现状和实际面临的问题，实事求是还原行业发展优势和痛点，以促进传统工程造价产业优化升级、提高工程造价服务和管理水平为目标，有针对性地制定研究方案，确保研究成果能为工程造价信息化发展带来显著效益。

3 工程造价信息化建设
现状与问题

3.1 工程造价信息化建设政策引导、支持情况

3.1.1 工程造价信息化建设的政策

据调研，目前我国尚未出台专门针对工程造价信息化的法律法规和部门规章，目前国家制定的涉及建筑行业的主要法律法规和部门规章中也基本没有关于工程造价信息化的相关规定和要求。但不同层面围绕建筑业信息化建设出台了一系列相关政策，其中部分涉及工程造价信息化方面的要求。

1. 国家层面有关工程造价信息化建设的政策

信息化是各行各业发展的趋势之一，是推动经济社会变革的重要力量。近年来，建筑行业越来越重视信息化发展的问题，陆续出台了各种信息化发展战略。

住房和城乡建设部早在《建筑业发展"十二五"规划》中就提出要全面提高行业信息化水平，重点推进建筑企业管理与核心业务信息化建设和专项信息技术的应用，建立涵盖设计、施工全过程的信息化标准体系，加快关键信息化标准的编制，促进行业信息共享。《建筑业发展"十三五"规划》中更是提出

13 ·

了"科学发展是建筑业发展的核心"。因此，必须大力推行建筑业技术创新、管理创新和业态创新，加快传统建筑业与先进制造技术、信息技术、节能技术等融合，以创新带动产业组织结构调整和转型升级，加大信息化推广力度，增加应用 BIM 技术的新开工项目数量。

住房和城乡建设部早在《2011—2015 年建筑业信息化发展纲要》中就提出，要从企业信息化建设、专项信息技术应用、信息化标准三个层面制定发展目标以及明确发展重点，要求从住房和城乡建设主管部门、行业协会、企业三个层面研究保障措施的制定。《2016—2020 年建筑业信息化发展纲要》中更是提出要全面提高建筑业信息化水平，着力增强 BIM、大数据、智能化、移动通信、云计算、物联网等信息技术集成应用能力，初步建立一体化行业监管和服务平台。

住房和城乡建设部在《工程造价行业发展"十二五"规划》中明确了工程造价行业信息化发展的主要任务，包括建立和完善工程造价信息要素收集、发布相关制度和工程造价信息数据标准，推进工程造价信息化系统建设，开展工程造价指数研究和发布工作，加强人工、材料、施工机械等要素价格发布制度建设，完善工程造价指标指数的信息发布工作。《工程造价事业发展"十三五"规划》中提出了要推进工程造价信息化建设的任务，夯实信息化发展基础，明确了提升造价信息服务能力和构建多元化信息服务体系的任务目标。积极完善工程造价数据信息标准，保证工程造价数据互联互通，推进建设工程造价数据库、计价软件数据库标准的统一，促进数据共享。

住房和城乡建设部还针对工程造价信息化建设出台了一些政策性文件。2005 年，住房和城乡建设部提出了工程造价信息化管理的要求，提出要建立工程造价监控系统。2006 年，住房和城乡建设部提出了建立中国建设工程造价信息网，不断提升工程造价信息化建设水平。政策性文件中较为重要的是2011 年 6 月住房和城乡建设部发布的《关于做好建设工程造价信息化管理工作的若干意见》（建标造函〔2011〕46 号），该文件针对我国建设工程造价信息化管理中的政府部门职能分工、信息化平台建设、工程造价数据管理等问题提出了若干意见。此外，2010 年 4 月和 8 月住房和城乡建设部公布了《建设工程造价信息管理办法（征求意见稿）》和《建设工程造价数据积累管理办法（征求意见稿）》，前者对工程造价信息管理机构及工作职责、工程造价信息内容及分类、信息收集整理审核上报发布的要求及标准、工程造价信息平台建设、网络和安全管理、监督检查和培训考核等内容进行了规定，后者对工程造价数据管理机构及工作职责、工程造价数据积累的原则及编码规则、工程造价数据的内容和积累方法等内容进行了规定。2014 年，住房和城乡建设部启动工程造价数据库建设，开展数据交换标准编制工作等。2017 年，住房和城乡建设部提出工程造价领域"十三五"规划，深化工程造价改革工作。2018 年，住房和城乡建设部明确针对定额信息化建设提出了定额动态管理模式。

住房和城乡建设部针对工程造价信息化建设提出的政策主要包括要素市场信息、工程计价依据、造价软件开发等，通过颁布数据库建设、数据标准编制、造价信息平台建立、大数据运用等政策，旨在构建多元化的工程造价信息服务体系和实时动态的造价管理模式。详细政策信息见附录 A。

此外，为鼓励各企业积极响应政府号召，大力推动工程造价信息化建设，国家税务总局和财政部也相继出台了相关税收优惠和财政补贴政策，相关政策覆盖高新技术、软件行业、信息化产业等方面。

2. 中价协层面有关工程造价信息化建设的政策引导

中价协高度重视信息化建设，早在《中国建设工程造价管理协会 2014 年工作要点》中就已明确提出要开展造价信息化战略研究，探索适合我国的造价信息化建设模式。此后，中价协每年都将促进工程造价信息化发展的工作列为工作要点，使信息化建设水平不断提高，为政府工程造价管理改革提供了支撑。各年度具体的工作要点见附录 B。

中价协还积极进行工程造价信息化建设政策引导工作，例如，为促进相关部门和公众掌握政策的核心内容、保障重要政策的执行落实，中价协组织力量对住房和城乡建设部发布的重要政策进行解读，通过网络服务大众。除此之外，中价协还举办了各种形式的会议，邀请权威人士解读近期政府发布的重要政策；举办了各种公益性讲座，宣传和培训工程造价信息化建设的具体路径、具体案例等。

中价协也针对政府颁布的重要政策开展了相关课题研究，例如，为贯彻落实《2016—2020 年建筑业信息化发展纲要》《工程造价事业发展"十三五"规划》文件要求，中价协进行了工程造价行业信息化发展研究，旨在积极推动政策落实，探索建立工程造价信息标准和数据流动的机制，提升工程造价行业的信息化水平，推动行业良性健康发展。此外，中价协还针对工程造价软件开展了一系列具体的课题研究，包括工程造价软件的测评与监管机制研究、BIM 技术应用对工程造价咨询企业转型升级的支撑和影响研究等。

地方造价管理协会在工程造价信息化发展中也扮演着重要的角色，该部分政策的分析与地方住房和城乡建设厅合并为地方层面有关工程造价信息化建设政策，以省份为单位进行研究。

3. 地方层面有关工程造价信息化建设的政策

在地方层面，根据网络不完全统计，甘肃、安徽、宁夏等地出台了《建设工程造价管理条例》，浙江、辽宁、青海、江苏等地出台了《建设工程造价管理办法》或《建设工程造价管理暂行规定》。这些都涉及有关工程造价信息化建设的若干规定或要求，如规范工程造价信息的上报和发布方式、建立工程造价信息平台、建立工程造价基础数据库、建立工程造价咨询企业和工程造价执业人员资料库等。除此之外，多个省份的建设行政管理部门或造价管理机构出台了关于工程造价信息管理、工程造价信息平台建设与管理、工程造价信息员管理、工程造价软件管理、工程造价数据积累等政策性办法或制度，如《黑龙江省建设工程造价信息管理办法》《山西省建设工程造价信息动态管理办法》《甘肃省建设工程造价信息管理办法》《宁夏建设工程人工、材料、施工机械台班价格采集信息员工作制度》《重庆市建设工程造价信息员管理办法》《青海省建设工程造价动态信息发布使用办法》《四川省建设工程造价数据积累实施办法》《云南省建设工程造价计算机软件管理办法》等，这些办法或制度主要聚焦于工程造价信息的收集及发布、信息员管理、计价依据动态管理和市场调节等内容。

　　为全面了解各地工程造价信息化建设政策发布情况,课题组从中国建设工程造价信息网、主要省份住房和城乡建设厅网站、地方造价协会网站等收集了造价信息化建设的相关政策,详细内容见表3-1。调查显示,北京、上海、广东在2010年之前就开始出台各种政策鼓励推进工程造价管理改革,加快工程造价信息化建设,其他省份关于工程造价信息化建设政策主要集中于2014年及以后。2014年国家启动建设造价数据库后,大部分省份纷纷提出建立工程造价信息化平台。各省份在推动工程造价信息化建设方面制定和颁布的政策基本一致:在激励、扶持政策方面,主要围绕要素市场价格发布、工程造价依据编制与发布、计价软件的研发等采取相应的信息化建设措施;在税收优惠方面,基本按照国家税务总局出台的税收政策进行推动;在财政补贴方面,专门出台了工业和信息化专项资金管理办法,推进工业设计和重点领域的信息化应用,优化信息化发展环境等项目建设及应用推广。详细内容见附录C。

　　另外,通过对上述政策文件的梳理,课题组发现与工程造价信息化相关的政策文件和相关会议、通知,绝大部分与工程造价信息上报、信息质量和信息员管理的内容相关。这一方面说明地方政府重视工程造价信息的收集管理工作,通过建立信息上报制度、规范信息员管理等方式,提升工程造价信息服务的质量;另一方面也说明当前工程造价信息收集管理工作存在阻碍,需要政府不断采取奖惩措施或行政手段,推动工程造价信息的收集。

表3-1　　　　　　　　　　　主要省份工程造价信息化建设政策

省份	激励、扶持政策	财政补贴政策
北京	政策主要从数据库建设、人材机价格信息整理、工程造价指数指标发布等出发,推进工程造价信息化服务多元化	培育基于信息技术的新兴服务业和大力发展科技服务业有一定财政补助

续表

省份	激励、扶持政策	财政补贴政策
上海	政策主要围绕价格信息方面，包括加强信息监测、统一数据标准、建立信息平台等	围绕加快推进科创中心建设，加大对市级科技重大专项、新型研发和转化功能型平台以及引领产业发展的重大战略项目和基础工程建设投入力度，设立信息化发展专项资金
天津	政策主要围绕造价动态、京津冀共享、综合信息、价格指数、工程计价、案例分析、专业研讨等方面进行信息化建设	为加速科技成果转化为经济社会发展的现实动力，设立科技成果转化交易项目补助资金
重庆	政策主要围绕各项造价信息化数据、计价软件、BIM技术等信息化建设，实现工程造价动态管理	通过财政补贴等方式推动科技创新，设立工业和信息化专项资金
广东	政策主要围绕工程造价信息化建设，包括数据标准编制、信息发布共享平台建设、电子化招投标平台建设等	个税优惠政策对科创企业帮扶明显，特别是在高新技术企业引入高端境外人才方面，增强了科创企业的发展信心，设立工业和信息化专项资金
山东	政策主要围绕在工程造价数据、计价软件、BIM技术以及工程造价数据库等方面的信息化建设	专门制定科技创新发展资金管理办法，用于鼓励科技创新
浙江	政策主要围绕工程造价信息化标准体系、工程造价数据、新技术（如云技术、BIM技术）等方面的信息化建设	实行建筑业人才培育经费补贴，制定专项资金管理办法，设立工业和信息化专项资金
安徽	政策主要从工程造价数据的信息化建设出发，包括建立数据标准、数据库等	响应国税局和财政部门对高新技术的支持政策，为科技项目提供资金支持，专项资金由省级财政预算安排用于支持信息化与工业化融合，推进工业设计和重点领域的信息化应用
河北	政策主要围绕工程造价数据、计价软件、工程造价服务体系、工程造价人才培养等方面的信息化建设	有信息化建设需求的预算部门可向省发展和改革委员会申请省级预算内基本建设投资信息化建设项目资金，出台高新企业减税降费政策

省份	激励、扶持政策	财政补贴政策
河南	政策主要围绕工程造价数据、计价软件建设等方面的信息化建设	对高新技术、信息化建设项目提供专项资金
吉林	政策主要从工程造价数据、价格信息化建设出发，包括数据监测、价格发布等	为高新技术产业、标准化信息平台建设等提供专项资金
四川	政策主要从工程造价数据、价格信息化建设出发，包括价格发布、数据标准编制、数据库建设等	按照国家税务某局和财政部要求，从税收和财政两方面支持高新产业、软件企业发展，设立工业发展专项资金
广西	政策主要从工程造价数据信息化建设出发，包括标准编制、建立工程造价数据库等，还有改革工程造价信息化服务方式	为支持工业企业技术改造、信息化和工业化融合、新技术推广应用和新产品产业化、信息服务业发展、工业园区建设以及承接产业转移等方面，建立信息化建设专项资金
福建	政策主要围绕工程造价数据、计价软件等信息化建设，其中在工程造价数据方面采取较多的措施，包括标准编制、数据发布、数据库建设等	高新技术企业奖补资金，为工业和信息产业发展设立专项资金

综上所述，在宏观层面，政府部门通过信息化发展规划、数据标准等方案的制定，为我国工程造价信息化建设指引了方向、提供了保障；在微观层面，政府部门在信息平台的建设和信息收集方面虽然付出了很多努力，但在信息深度加工和信息输出方面尚需进一步努力，说明仅仅依靠政府的行政手段而不通过市场力量很难大幅度提升微观层面信息化建设的水平。

3.1.2 工程造价信息化建设的宣传、推广及落地

1. 工程造价信息化建设的宣传与推广

各省份工程造价管理机构及造价协会采取调研、组织研讨、政策宣贯、举办论坛、定期召开座谈会、举办大赛等多种方式，进行工程造价信息化建设的推广宣传，明确工程造价管理信息化方向。一些宣传、推广活动见表3-2（详细内容见附录 D 和附录 E）。

表 3-2 各省份工程造价信息化建设的宣传、推广活动

宣传主体	宣传、推广活动
政府	部分省份定期召开工程造价管理工作座谈会，从工程造价的各个方面明确工程造价管理信息化方向，并提出各项改进措施
	为推动工程造价管理进一步发展，北京、上海、浙江、甘肃、江西等省份召开工程造价管理改革会议
	为加快工程造价软件开发和网络建设，建立工程造价信息数字化管理平台，部分省份召开工程 BIM 技术、工程造价软件开发等专题会议
	部分省份召开工程计价依据专题会议，完善工程计价依据管理工作，形成工程造价实时动态管理模式
	部分省份召开工程造价咨询会议，完善工程造价咨询市场信用管理系统
	部分省份开展工程造价数据监测活动，推动工程造价数据监测系统的建立与完善
协会	中价协在各省份举办工程造价信息化建设大型论坛，提出数字造价主题，研究探索工程造价信息化发展，以及云计算、大数据等在工程造价行业的应用
	中价协召开工程造价信息化发展研讨会，针对工程造价现状以及存在的问题进行探讨，交流工程造价信息化建设方案
	中价协召开工程造价信息化技术专题会议，主要探讨科技在促进工程造价信息化建设方面的应用
	开展工程 BIM 技能大赛

2. 工程造价信息化建设的落地

在各级建设行政主管部门和工程造价协会的大力宣传推广下，我国工程造价信息化建设取得了较好的成效，在网站建设、定额与工程造价指标和指数编制、数据标准编制、数据监测平台建立以及电子化招投标平台开发等方面全面落实工程造价信息化建设的工作部署。

（1）建设工程造价信息网站

1992 年，"中国建设工程造价信息网"（www.cecn.org.cn）建立起来。目前，该信息网主要包括首页、综合新闻、各地信息、政策法规、标准定额、指标指数、国内国外、技术咨询、交流平台等栏目。

全国主要省份也纷纷建立了工程造价信息网站，如"福建省建设工程造价信息网"。总体而言，这些网站的栏目以政务信息、价格信息、计价依据、造

价交流为主，在指数指标和典型工程（案例）等栏目建设方面较为薄弱。

（2）编制定额与工程造价指标和指数

针对定额编制，一些地区采取了定额动态管理模式，如广东省建立了广东省建设工程定额动态管理系统，实现了定额编制由"人工编制"向"云平台集成编制"的转变。针对工程造价指标和指数编制，各省份都开发了各自发布指标指数的平台，如浙江省开发了工程造价指标数据库，北京市在2019年开展的工程造价管理市场化改革中也提出促进科学、智能、动态化指标指数分析平台构建。地方建设工程造价管理协会在工程造价信息建设方面也取得了不少成效。例如，重庆市建设工程造价管理协会牵头开发了建设工程造价大数据平台，是集指标数据采集、材料调价、指标汇算、模拟清单、数据放大交换等功能于一体的造价信息平台。一些工程造价咨询企业联合成立了工程造价信息化合作联盟，编制了建筑、市政、轨道和矿山四类工程造价指标编制标准，开发了中价联造价云平台，发布了70个项目工程和428个单项工程的指标信息，同时开发了与之相适应的指标管理系统。中国电力企业联合会通过研发"E数聚平台"，向电力从业人员提供工程经济、定额标准、市场信息以及指数指标等信息。

（3）编制工程造价信息数据标准

2016年，我国开始编制专门面向工程造价信息化软件的数据统一标准，包括互联网数据中心、建筑信息模型、物联网等。为规范建设工程计价成果文件的数据输出格式，统一数据交换规则，以方便不同计价软件之间的数据交换，目前已有不少省份发布了地方性的工程造价信息交流和共享数据标准。详细内容见附录F和附录G。

（4）建立国家建设工程造价数据监测平台

国家建设工程造价数据监测平台是住房和城乡建设部标准定额司、标准定额研究所委托北京建科研软件公司开发建设的全国性质的造价数据采集、加工、分析的数据平台，是工程造价信息化建设迈向大数据领域的一大步。国家建设工程造价数据监测平台可以显示工造价咨询工作质量，可以对从业人员的执业行为进行信用评级，也可以有效地规范和指导市场计价行为。有资料显示，目前至少有 18 个省份上线了国家工程造价数据监测平台，其中 2017 年内蒙古、北京、重庆、宁夏等地先后开启工程造价数据监测，2018 年河南、湖北、山东、甘肃等地先后上线了该平台，2019 年湖南、陕西等地也相继开通了工程造价数据监测平台。

（5）开发电子招投标平台

电子招标投标平台充分利用了电子版的工程造价数据成果文件，通过数字化、网络化和高度集成化手段提供招标、投标、评标、合同等业务办理，具有信息高度集成、信息更新速度快、信息查询分析功能强大等特色。目前，大多数省份开发了相应的电子招投标平台，开启了远程、异地招投标模式。

3.1.3 各市场主体在工程造价信息化建设方面的响应措施

在国家和各省份工程造价管理机构、工程造价行业协会的大力推广下，工程造价各市场主体通过开发各种信息化平台、建设数据库、设立中心技术部BIM、举办 BIM 大赛及 BIM 培训、组织交流等途径，积极响应工程造价信息化部署，推进工程造价信息化工作。调查显示，较为先进的信息化措施包括应用BIM 技术、应用"云+网（物联网）+端（智能终端）"、建设行业信息化平台（开发数据挖掘技术）、应用大数据人工智能算法等。

1. 施工企业

通过收集国内 100 家施工企业的官网信息，课题组大致分析了我国施工企业在信息化方面的具体建设工作，详细情况见附录 H。

依据收集来的施工企业官网信息，课题组总结了施工企业在工程造价信息化建设方面的响应措施，详细内容见表 3-3。大部分施工企业比较关注企业内部定额和材料价格的积累和应用，一些大型央企通过积累的已完工工程数据开发了企业定额数据库，建立了成本管理系统，在成本管理和投标报价方面发挥了很大作用。大部分施工企业的数据积累限于各专业工种，难以形成项目整体造价指标。施工企业普遍使用了工程造价软件，在工程项目中依据发包方的要求使用了工程信息化管理平台。企业与工程造价信息化管理相关的工作一般被作为企业信息化管理的一部分，如成立专门的信息化部门、开发各类企业管理软件。随着 BIM 技术的发展和在全国范围内推广，施工企业也在积极推进与 BIM 相关的工作，如参加各种 BIM 培训、BIM 比赛，在工程项目中使用 BIM 软件建模，利用 BIM 进行施工管理等。一些企业也在推行基于大数据、云计算等的管理模式，如造价指标指数的积累以及人材机价格信息的收集等。

表 3-3   施工企业在工程造价信息化建设方面的响应措施

常见措施	应用工程造价软件、工程信息化管理平台
	设立信息化部门，配备信息化专职人员
	建设专项平台（物资、结算、电子商务、数据等）
	设立 BIM 中心，参加各类 BIM 大赛，举办 BIM 培训和交流会
	建设"BIM+智慧工地"平台
典型案例	1. 中国建筑股份有限公司：建立企业定额，主编、参编 BIM 各类标准，开发以 BIM 为基础的"互联网+建筑"的信息平台，建立"智慧工地"
	2. 中国铁建股份有限公司：开发定制"智慧建造平台"
	3. 中建八局第一建设有限公司：绘制"智慧图纸"
	4. 苏州金螳螂建筑装饰股份有限公司：应用 VR 技术提供"互联网+行业"解决方案
	5. 中国交通建设集团有限公司：开发集大数据、物联网、卫星定位等技术于一体的"智慧一航"大数据中心综合应用平台

整体而言，施工企业对于工程造价信息化建设的接受程度和落地程度都较高，工程造价信息化推进工作取得的效果较好。其中，部分大型央企已经达到定制"智慧建造平台"指导实际施工的水平，工程造价信息化走在了同类企业前列；国企工程造价信息化建设程度仍处于研发、试点阶段；民营企业中除个别公司工程造价信息化程度较高外，大部分仍处在试点阶段。

2. 工程造价咨询企业和建筑设计企业

通过收集全国各省份选取的 37 家建筑设计企业（具有工程咨询资质）和 16 家工程造价咨询企业的官网信息，课题组大致分析了我国建筑设计和工程造价咨询企业在信息化建设方面的具体工作。

在工程造价软件信息化方面，伴随着传统工程计价、计量软件技术的日趋成熟，工程计价、计量软件已经成为工程造价从业人员必不可少的执业工具，同时一些企业开始使用项目管理软件。很多企业也开始采用管理类软件来提高企业效率，形成以专业工具软件为主、办公管理软件为辅的软件应用局面。目前企业使用的管理类软件大多为办公自动化软件（OA）、财务管理系统（EFM）、管理信息系统（MIS），且应用程度相对较高。此外，一些龙头工程造价咨询企业在BIM、云计算、人工智能等方面发展较为迅速，开发了先进的BIM管理平台和询价机器人及工程造价信息查询系统等，并开始尝试将信息化贯穿到工程项目全生命周期。随着近年来市场化程度向纵深发展，工程造价咨询企业逐渐向信息资源管理、信息资源高度共享、促进企业资源全方位集成方向发展。

在业务信息化方面，我国工程造价咨询企业深度加工信息的能力及收集更新速度较快造价信息的能力略显不足。大多数工程造价咨询企业已开始注重企业内部信息积累，建立了已完工工程资料库（或案例库）；很多企业建立了内部计价依据和工程造价信息共享平台；部分企业尝试利用企业资源计划系统（ERP）自动完成数据采集和加工，提高企业的业务能力和管理水平；一些龙头企业依赖人工智能技术等，着手收集基于已完工工程的工程造价信息和指标，完成数据库建设和智库建设，并实现数据的智能应用。也有软件企业开发了专供工程造价咨询企业使用的业务平台，平台能有效整合业务流程和管理工作，能从合同、项目、财务、绩效、办公、客户资源、查询统计、基础资料等方面全方位地帮助工程造价咨询企业进行规范化管理，并能实现与外部系统的信息沟通。普遍来说，工程造价咨询企业在人材机价格信息收集，工程造价分析，造价指标指数生成，以及新产品、新工艺、新技术数据库建设等方面能力较弱。

工程造价咨询企业和建筑设计企业在工程造价信息化建设方面的响应举措见表3-4。大多数工程造价咨询企业在一定程度上都比较重视信息化发展，但企业信息化水平参差不齐。总体而言，我国大多数工程造价咨询企业信息化发展基本突破初级阶段、过渡到中级阶段，少数企业走向高级阶段。工程造价咨询企业和建筑设计企业对于造价信息化的接受程度、落地程度高于施工企业，造价信息化推进效果明显。大部分工程造价咨询企业和建筑设计企业拥有信息化建设的专职人员，这一比例高于施工企业；建筑设计企业在信息化专职部门设立数量方面多于工程造价咨询企业和施工企业。

表3-4　工程造价咨询企业和建筑设计企业在工程造价信息化建设方面的响应措施

常见措施	应用工程造价软件、工程信息化管理平台
	设立信息化部门，配备信息化专职人员
	开发专项平台（OA、MIS、EFM）
	设立 BIM 中心（实验室），提供 BIM 咨询服务，参加 BIM 交流会
	开发基于 BIM 的协同设计平台、基于 BIM 的协同管理平台
	建立已完工工程资料库（案例库），开发工程造价信息共享平台，收集工程造价信息和指标
典型案例	1. 中国建筑设计研究院：创新独立的智能工程中心，研究开发 BIM 协同平台（三期）、BIM 设计工具平台、建筑工业化集成设计平台、BIM 设计软件包和 BIM 数据安全管理软件 2. 北京市建筑设计研究院：开发混凝土结构设计软件 Paco-RC V1.0，开展 BIM 设计、模拟应用，三维施工图设计（图纸）生成及施工支持 3. 青矩技术股份有限公司：提供 BIM 应用咨询、工程大数据咨询、咨询企业云平台的定制服务，自主研发行业领先的"青矩 1.0——标准化工程造价模式"及"青矩 2.0——青矩智慧造价机器人" 4. 北京中昌工程咨询有限公司：提供以投资管理为核心的项目管理全过程 BIM 咨询服务，开发全过程造价管理系统、建材在线网站和智能询价系统，开发指标数据库、建材信息管理平台，建立轨道交通专家库和各地招标文件范本库 5. 四川开元工程项目管理咨询有限公司：提供 BIM+设计优化、BIM+造价咨询、BIM+项目管理、BIM+全过程工程咨询等服务 6. 捷宏润安工程顾问有限公司：开发"速得"材价平台，建立工程数据查询系统，开发项目数据管理系统软件建立造价指标体系 7. 中联国际工程管理有限公司：开发"电子招采"平台和成本数据库，建立成本标准体系，提供 BIM 咨询、地产成本数据库查询服务 8. 上海同济工程咨询有限公司：开发 BIM 轻量化协同管理平台"BIMLine"

3. 建设企业

有建设需求、建设资金、建设许可的工程建设方均可作为建设企业，鉴于范围过于广泛且资料获得难度大，本次调研主要以房地产企业为对象。我国的房地产企业成本管理意识强，对数据库开发较为重视。一些企业尝试在企业资源计划系统（Enterprise Resource Planning，ERP）内完成数据自动采集和加工，但其数据分析模型不统一。一些地产企业如华润、万科、平安不动产、中信等均在研发自己的数据平台，但专业水平参差不齐，对行业内横向成本对比数据需求巨大。万达集团在信息化建设方面的措施较为完整：专门开发了基于 BIM 的工程定额平台，用于集团内工程的计价；推出计划模块化管理系统，实现了开发项目从开工到开业全周期的信息化管控；推出"慧云智能化"管理系统，包括消防、能源、客流等 16 个子系统，实现了对商业、文化、旅游等大型公共建筑全方位、智能化的管理；推出筑云智能建造系统，探索了以 BIM 技术为基础、以万达 BIM 总发包管理平台为核心的全球首创的项目管理模式，实现了项目设计、建造、运维多方协同的全周期管控。

近年来，工程项目日益朝着大型化、综合化、复杂化方向发展，与此同时，随着投资体制改革以及建设项目管理体制改革的深化，建设企业的项目管理人员在不断精减，逐渐形成了"小业主，大项目"的格局。建设企业对工程的管理越来越重视运用信息化手段，一些建设企业以合约的形式将信息化管理的任务委托给承包企业完成，而一些大型复杂工程的建设企业，普遍自主采用了现代信息化手段进行工程管理，如京张高铁利用一系列软件，完成了 BIM 项目从工作环境营造、全专业协同设计工作开展、模型审核、装配、成果精细化管理及交付等一系列工作；通过协同管理平台帮助项目团队在同一环境、同一标准下开展了各阶段专业间及专业内的协同工作；探索了三维正向设计流程，降低了对环境的影响，提升了设计质量，验证并完善了中铁铁路 BIM 标准，为中国乃至世界的高铁项目中应用 BIM 树立了标杆。

综上所述，各市场主体均从自身的角度出发，通过各种途径对工程造价信息化建设进行了积极响应。建设企业较多的是通过合同约定将工程信息化管理的任务转嫁给施工企业，大型复杂工程的建设企业则自主建设了工程管理系统（如基于 BIM 的协同管理平台）；建筑设计企业更多的是关注自身企业竞争力的提升，偏重于建设 BIM 协同设计平台；工程造价咨询企业对造价数据库的开发有所偏重，并积极探索新技术的应用，开发智能化的造价信息和计价工具；施工企业更多的是项目实践，运用"BIM+智慧工地"平台对项目技术、进度、造价、安全、物流等进行管理。

3.2 工程造价软件应用情况

工程造价软件，被应用在建设工程的工程量计算及成本核算中，是建筑行业信息化的重要组成部分。建筑企业为了适应日新月异的市场发展及竞争环境，也越来越重视信息化的建设，对工程造价软件的需求也越来越大。

为进一步了解国内工程造价软件开发现状及实际使用情况，课题组于 2019 年 10 月 30 日开展了工程造价软件应用情况调研，采取了调研问卷的方式，在工程造价软件研发单位、使用单位、行业协会等中开展调研。调研数据有两种来源：一种是中价协调研数据，包括软件公司调研数据（研发单位的 6 份调研问卷）、网络调研数据（使用单位的 501 份调研问卷）；另一种是其他来源的调研数据，包括软件公司调研数据（研发单位的 10 份调研问卷）、网络调研数据（使用单位的 147 份调研问卷）。

3.2.1 工程造价软件开发现状

据统计，市场上现有的工程造价软件的品牌多达 70 多个，包括广联达、斯维尔、CQC、PMP、新点、鹏业、易达、中昌等。工程造价软件的功能也是多样化的，涵盖管理、计价、计量、清标、审核、指标和其他等类型。

课题组就问卷调研中调研的部分品牌的工程造价软件，按照地区、软件功能进行了整理统计，分析结果见表 3-5。

表 3-5 部分品牌工程造价软件分布地区及数量统计

地区	软件功能数量							总计
	管理	计价	计量	清标	审核	指标	其他	
北京	0	1	7	1	1	1	4	15
广东	2	2	11	2	2	2	6	27
江苏	0	1	3	1	1	1	2	9
四川	1	1	4	1	0	1	3	11
总计	3	5	25	5	4	5	15	62

3.2.2 工程造价软件介绍

1. 工程造价软件功能

根据软件功能对工程造价类软件进行分类，主要可分为管理软件、计价软件、计量软件、清标软件、审核软件、指标软件、管理软件等，不同功能的软件的主要用途见表 3-6。

表 3-6 工程造价软件功能及用途

软件功能	主要用途
管理	计划和控制项目资源、成本与进度，收集、综合和分发项目管理过程的输入和输出（时间进度计划、成本控制、资源调度和图形报表输出，合同管理，采购管理，风险管理，质量管理，索赔管理，组织管理）等功能
计价	投资估算、设计概算、施工图预算、招标工程量清单、最高投标限价（招标控制价）、投标报价、竣工结算价、技术经济指标等文件编制与审核，生成电子标书等功能
计量	工程量计算、三维辅助建模、构件做法智能套接等功能
清标	检查商务标，校验清单（符合性检查、计算准确性/不平衡报价分析等），检查技术标，资质有效期、企业信用、原件携带提醒等功能
审核	实现现场作业，法规查询，专用审计、审计项目档案管理，PSS 票证审计，事前、事中、事后审计等功能

续表

软件功能	主要用途
指标	建设项目基本信息填写、单项工程基本信息填写、总体指标综合查询、建设项目指标综合查询、单项工程指标综合查询、造价指标跨线综合查询（多个项目查询）等功能
其他	设计、投标预评估等功能

2. 工程造价软件导出数据格式

通过调研问卷，课题组统计了所调研的工程造价软件导出格式共有 7 种，所有软件共同支持 Excel 格式导出，各软件支持文件导出格式见表 3-7。

表 3-7　　　　　　　　　工程造价软件支持文件导出格式

软件	支持文件导出格式	格式类型数
广联达	Excel	3
	PDF	
	XML	
鹏业	Excel	7
	PDF	
	TXT	
	Word	
	XML	
	HTML	
	北大方正排版格式	
斯维尔	Excel	4
	PDF	
	TXT	
	XML	
新点	Excel	4
	PDF	
	Word	
	XML	
易达	Excel	4
	PDF	

续表

软件	支持文件导出格式	格式类型数
易达	Word	4
	XML	
CQC	Excel	2
	XML	
PMP	Excel	4
	XML	
	PDF	
	Word	
中昌	Excel	2
	TXT	

3. 工程造价软件可应用的工程类别

通过问卷调研，课题组统计出所调研的工程造价软件在各工程类别中应用的占比，总结出工程造价软件主要应用的工程类别是房屋建筑工程、仿古建筑工程、公路工程、构筑物工程、轨道交通工程、市政工程、园林绿化工程等，具体见表3-8。

表3-8　　　　　　　　各工程类别中工程造价软件应用情况

工程类别	数量	占全部工程类别的比例/%
房屋建筑工程	5	6.33
仿古建筑工程	5	6.33
公路工程	5	6.33
构筑物工程	5	6.33
轨道交通工程	5	6.33
市政工程	5	6.33
园林绿化工程	5	6.33
电力工程	4	5.06

续表

工程类别	数量	占全部工程类型的比例/%
机电工程	4	5.06
矿山工程	4	5.06
水利水电工程	4	5.06
土地整理	4	5.06
安装工程	3	3.80
爆破工程	3	3.80
煤炭工程	3	3.80
石油化工工程	3	3.80
冶金工程	3	3.80
港口与航道工程	2	2.53
民航工程	2	2.53
通用安装工程	2	2.53
其他（人防工程）	1	1.27
其他（适用于各个行业）	1	1.27
铁路工程	1	1.27
总计	79	100

3.2.3　工程造价软件应用情况

1. 软件应用比例

经统计，课题组发现市场主体应用工程造价软件的频率如图3-1所示（以1个月为基础单位）：每月使用20天以上的，占56.68%；每月使用11~20天的，占17.61%；每月使用3~10天的，占16.48%；每月使用1~2天的，占9.23%。由此数据得知，市场主体日常应用工程造价软件的占比较高，采用信息化的软件已经成为工程造价的必备手段。

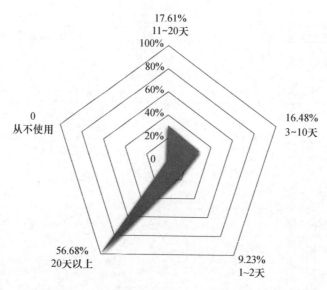

图 3-1 市场主体每月应用工程造价软件的频率

其中，在统计的现有品牌中，以广联达软件应用的占比最高。具体统计结果（仅统计调研用户数量排名前十的品牌）如表 3-9 和图 3-2 所示。

表 3-9   各品牌工程造价软件的应用占比情况

软件品牌	用户数/个	占比/%
广联达	93	53.00
福莱	16	9.00
同望	7	4.00
新点	7	4.00
金鲁班	5	3.00
斯维尔	5	3.00
博奥	3	2.00
晨曦	3	2.00
五星	3	2.00
E 算量	2	1.00

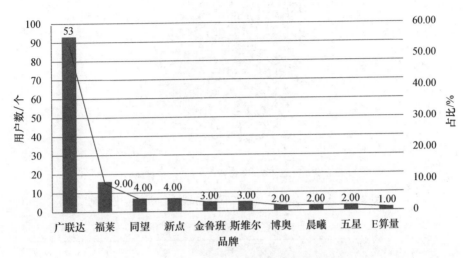

图 3-2　各品牌工程造价软件用户数及应用占比

2. 工程造价软件各功能应用程度

工程造价软件具有多样化的功能，包括计价、计量、审核、指标、管理，各项功能因工作需求不同而应用程度不同。课题组在统计中发现，计价功能的应用程度最高，每月平均被应用 17 天，应用占比为 23.29%。

工程造价软件各功能的应用程度如表 3-10 及图 3-3 所示。

表 3-10　　　　　　　　　工程造价软件各功能应用程度情况

软件功能	每月平均应用天数	占比/%
计价	17	23.29
计量	15	20.55
审核	15	20.55
指标	13	17.81
管理	13	17.81

3. 工程造价软件品牌影响力

网络调查问卷显示，在常见主流工程造价软件品牌中，大部分企业选择广联达公司的软件作为企业常用信息化软件，见表 3-11。

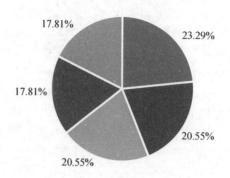

图3-3 市场主体每月应用工程造价软件各功能占比情况

表3-11 工程造价软件品牌影响力情况

软件品牌	用户数/个	占比/%
广联达	17	80.95
神机妙算	1	4.76
本企业自主研发	3	14.29

4. 工程造价软件应用主体

网络调查问卷显示,工程造价软件大部分的应用主体是造价咨询企业,占比为54.10%;其次是施工企业,占比为13.61%,见表3-12。

表3-12 工程造价软件应用主体情况

应用主体	用户数/个	占比/%
政府建设主管部门	22	3.61
行业协会	17	2.79
建设企业	55	9.02
施工企业	83	13.61
设计企业	48	7.87
工程监理企业	42	6.89
造价咨询企业	330	54.10
专业院校	4	0.66
其他	9	1.48

5. 工程造价软件应用行业

网络调查问卷显示，工程造价软件应用主体大部分属于土木建筑行业，占比为82.62%；其次是电力行业，占比为7.93%，具体见表3-13。

表3-13　　　　　　　　　　工程造价软件应用行业情况

应用行业	用户数/个	占比/%
土木建筑	271	82.62
交通运输	8	2.44
水利	11	3.35
电力	26	7.93
石油	1	0.30
石化	1	0.30
其他	10	3.05

3.2.4　工程造价软件的获取方式

1. 市场主体获取工程造价软件的方式

市场主体获取工程造价软件的方式主要有以下几种：自主研发、向软件公司购买、向软件公司租赁。

依据调研统计，市场主体获取工程造价软件方式的占比如表3-14和图3-4所示。

表3-14　　　　　　　　市场主体获取工程造价软件方式情况

软件获取方式	用户数/个	占比/%
自主研发	4	0.56
向软件公司购买	528	74.58
向软件公司租赁	176	24.86

由调研统计可知，通过向软件公司购买的方式获取工程造价软件的市场主体的占比为74.58%，通过向软件公司租赁的方式获取工程造价软件的市场主体的占比为24.86%，通过自主研发的方式获取工程造价软件的市场主体的占比为0.56%，可以看出大部分的工程造价软件是需要付费才可以使用的。

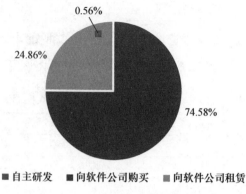

图 3-4　市场主体获取工程造价软件方式

2. 不同获取方式的工程造价软件品牌

依据网络调研统计，不同获取方式的工程造价软件品牌见表 3-15。

表 3-15　　　　　　　　　不同获取方式的工程造价软件品牌

获取方式	品牌
自主研发	CQC、PMP、中昌、国铁
向软件公司购买	广联达、神机妙算、新点、斯维尔、易达、智多星、宏业、建经
向软件公司租赁	广联达、神机妙算、新点、斯维尔、易达、智多星

3.2.5　工程造价软件整体应用情况总结

按照用途分类，计价、计量归入工程造价工具类软件，审核、管理归入工程造价管理类软件，其他的全部归入其他类软件，下文以此分析工程造价软件行业存在的一些问题。

1. 工程造价软件竞争激烈

（1）重复开发率高

随着建筑行业的日益发展，工程造价软件作为行业辅助工具已得到长足的发展，不同品牌、各种功能日趋发展成熟，这加剧了工程造价软件相似功能开发的激烈竞争。

计价功能是工程造价软件最早开发的功能，也是最基础的功能，故在各品牌的工程造价软件中,计价功能作为最基础的功能是必不可少的,同时也是每个品牌必备的功能(单纯的计量软件除外),重复开发率高达88%。

而随着工程量计算工作由烦琐枯燥、工作量大的人工计算,逐渐转向通过工程量计算软件完成,这极大地提高了工作效率,也加速了各类计量软件开发的进程,导致不同工程类别的计量软件被重复开发,如土建计量、安装计量、钢筋计量、装饰计量、市政计量等软件层出不穷,重复开发率超过60%。

同时,随着工程造价软件行业的发展,一些专项功能和用于提高工程造价管理水平的功能也得到了完善,如审核、指标、管理等功能也存在不同程度的重复开发。

工程造价软件各项功能重复开发程度如表3-16及图3-5所示。

表3-16　　　　　　　　　　工程造价软件各项功能重复开发程度

软件功能	含有此功能的软件品牌	品牌数量	重复开发率/%
计价	广联达、斯维尔、新点、福莱、金鲁班、易达、国铁、五星、广龙、海迈、博奥、PKPM、CSPK、智多星、博微、鹏业、未来、新一代、神机妙算、圣菲、殷雷、晨曦、金润、奔腾、清单大师、同望、远东、鲁班、木连能、擎洲广达、世纪胜算、品茗、纵横、建经、建软	35	88
计量	CQC、广联达、斯维尔、E算量、PKPM、奔腾、博奥、博微、晨曦、福莱、海迈、金鲁班、金润、鲁班、鹏业、品茗、神机妙算、算王、未来、五星、新点、易达、智多星、纵横	24	60
审核	广联达、斯维尔、清单大师、品茗、未来、纵横	6	15
指标	广联达、鲁班、易达	3	7.5
管理	PMP、斯维尔、纵横	3	7.5

(2) 存在不同程度的重复开发

工程造价软件在建筑工程、市政工程、轨道交通工程、水利水电工程、电力工程、公路工程等工程中存在大量的重复开发情况,这导致了行业资源的有效利用率低及同行业竞争激烈。

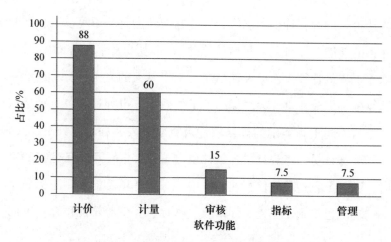

图 3-5　工程造价软件各项功能重复开发程度

工程造价软件在不同类别工程中的重复开发程度如表 3-17 及图 3-6 所示。

表 3-17　　　　　　　工程造价软件在不同类别工程中的重复开发程度

工程类别	软件品牌	品牌数量	重复率开发/%
建筑工程	CQC、PMP、中昌、广联达、斯维尔、新点、福莱、金鲁班、易达、五星、广龙、海迈、博奥、PKPM、CSPK、智多星、鹏业、未来、新一代、神机妙算、殷雷、晨曦、金润、奔腾、清单大师、同望、鲁班、E 算量、擎洲广达、世纪胜算、算王、品茗、建经、建软	34	85
市政工程	CQC、PMP、中昌、广联达、斯维尔、新点、福莱、金鲁班、易达、五星、广龙、海迈、博奥、PKPM、CSPK、智多星、鹏业、未来、新一代、神机妙算、殷雷、晨曦、金润、奔腾、清单大师、同望、鲁班、E 算量、擎洲广达、世纪胜算、品茗、建经、建软	33	83
轨道交通工程	CQC、PMP、中昌、广联达、斯维尔、新点、福莱、金鲁班、易达、五星、海迈、博奥、PKPM、CSPK、智多星、鹏业、未来、新一代、清单大师、鲁班、E 算量	21	53
水利水电工程	中昌、广联达、斯维尔、奔腾、晨曦、木连能、品茗、清单大师、擎洲广达、神机妙算、五星、新点、易达、远东、智多星	15	38
电力工程	博微、广联达、斯维尔、奔腾、博奥、晨曦、海迈、建软、品茗、清单大师、神机妙算、未来、新点、远东、智多星	15	38

续表

工程类别	软件品牌	品牌数量	重复率开发/%
公路工程	同望、广联达、斯维尔、奔腾、博奥、建软、鹏业、擎洲广达、神机妙算、未来、五星、新点、易达、智多星、纵横	15	38
通信工程	博奥、圣菲、远东、晨曦、奔腾、建软、五星、智多星	8	20
石油化工工程	广联达、斯维尔、奔腾、鹏业、神机妙算、同望、五星、殷雷	8	20
土地整理工程	广联达、斯维尔、五星、博奥、奔腾、远东、品茗、智多星	8	20
水运、港口水工工程	广联达、五星、博奥、奔腾、建软	5	13
冶金工程	广联达、鹏业、未来、奔腾	4	10
风电工程	晨曦、木连能	2	5
光伏发电工程	博微、木连能	2	5
民航工程	广联达、鹏业	2	5
煤炭工程	广联达、远东	2	5
人防工程	新点、新一代	2	5

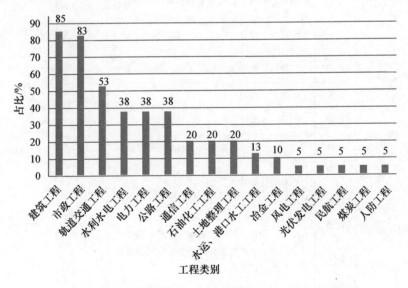

图3-6　工程造价软件在不同类别工程中的重复开发程度

（3）计价功能重复开发率高

工程造价软件在建筑工程、市政工程、轨道交通工程、水利水电工程、电力工程、公路工程中的计价功能存在大量的重复开发情况，软件行业竞争激烈。

工程造价软件在不同类别工程中各项功能的重复开发程度如表 3-18 及图 3-7 所示。

表 3-18　　　　　工程造价软件在不同类别工程中各项功能的重复开发程度

工程类别	软件功能	软件品牌	品牌数量	重复率开发/%
建筑工程	计量	CQC、广联达、斯维尔、E 算量、PKPM、奔腾、博奥、晨曦、福莱、海迈、金鲁班、金润、鲁班、鹏业、品茗、神机妙算、未来、算王、五星、新点、易达、智多星	22	55
	计价	广联达、斯维尔、新点、福莱、金鲁班、易达、五星、广龙、海迈、博奥、PKPM、CSPK、智多星、鹏业、未来、新一代、神机妙算、殷雷、晨曦、金润、奔腾、清单大师、同望、鲁班、擎洲广达、世纪胜算、品茗、建经、建软	29	73
	审核	广联达、斯维尔、清单大师、品茗、未来	5	13
	指标	广联达、鲁班、易达	3	8
	管理	PMP、斯维尔	2	5
市政工程	计量	CQC、广联达、斯维尔、福莱、E 算量	5	13
	计价	广联达、斯维尔、新点、福莱、金鲁班、易达、五星、广龙、海迈、博奥、PKPM、CSPK、智多星、鹏业、未来、新一代、神机妙算、殷雷、晨曦、金润、奔腾、清单大师、同望、鲁班、擎洲广达、世纪胜算、品茗、建经、建软	29	73
	审核	广联达、斯维尔、清单大师、品茗、未来	5	13

工程类别	软件功能	软件品牌	品牌数量	重复开发率/%
轨道交通工程	计量	CQC、广联达、斯维尔、福莱、E算量	5	13
	计价	广联达、斯维尔、新点、福莱、金鲁班、CSPK、PKPM、博奥、晨曦、福莱、鹏业、清单大师、未来、五星、新一代、易达、智多星	17	43
水利水电工程	计价	广联达、斯维尔、奔腾、晨曦、木连能、品茗、清单大师、擎洲广达、神机妙算、五星、新点、易达、远东、智多星	14	35
电力工程	计量	博微、广联达	2	5
	计价	博微、广联达、斯维尔、奔腾、博奥、晨曦、海迈、建软、品茗、清单大师、神机妙算、未来、新点、远东、智多星	15	38
公路工程	计价	同望、广联达、斯维尔、奔腾、博奥、建软、鹏业、擎洲广达、神机妙算、未来、五星、新点、易达、智多星、纵横	15	38
通信工程	计价	博奥、圣菲、远东、晨曦、奔腾、建软、五星、智多星	8	20
石油化工工程	计价	广联达、斯维尔、奔腾、鹏业、神机妙算、同望、殷雷	7	18
土地整理工程	计价	广联达、斯维尔、五星、博奥、奔腾、远东、品茗、智多星	8	20
水运、港口水工工程	计价	广联达、五星、博奥、奔腾、建软	5	13
冶金工程	计价	广联达、鹏业、未来、奔腾	4	10
风电工程	计价	晨曦、木连能	2	5
光伏发电工程	计价	博微、木连能	2	5
民航工程	计价	广联达、鹏业	2	5
煤炭工程	计价	广联达、远东	2	5
人防工程	计价	新点、新一代	2	5

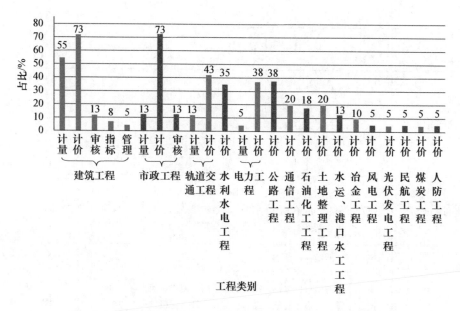

图 3-7　工程造价软件在不同类别工程中各项功能的重复开发程度

2. 工程造价软件行业存在垄断现象

依据网络调查问卷，通过对工程造价软件使用情况的调查数据进行分析，课题组发现工程造价软件的使用频率较高在一定程度上说明此软件出现了"一家独大"的局面，这会造成部分资源及信息的垄断，对于整个行业的信息化发展是很不利的，具体见表 3-19。

表 3-19　　　　　　　　　　工程造价软件使用频率分布

软件品牌	用户数/个	占比/%
广联达	17	80.95
神机妙算	1	4.76
其他	3	14.29

3. 工程造价软件应用分析

（1）缺少价格监管

国家相关政策及价格机制的缺乏，导致对工程造价的定价监管不足，一旦工程造价软件用户达到了一定的规模或工程造价软件应用占据了足够的市场份额，工程造价软件公司即可随意涨价，而工程造价软件用户只能被迫接受。

（2）工程造价软件产品重复开发

工程造价软件产品重复开发无可厚非，但也造成工程造价软件产品类别多而杂且功能参差不齐。为迎合市场及行业需求，大部分工程造价软件研发单位均着重研发使用最多的计价、计量功能，致使这部分功能产品重复开发，而计价、计量功能只能用于预结算、投标报价和计量。对于一些其他功能如清标、管理等，研发单位少或研发功能不完善，导致工程造价软件市场上虽然品牌繁多，但产品重复开发，因此没有哪个工程造价软件可以很好地服务于工程造价管理的全过程。

（3）工程造价软件兼容性不强

工程造价软件的兼容性不强主要体现在以下两个方面。

第一，不同软件的功能不完全兼容。现有的工程造价软件在功能上存在不同程度的重复开发，软件还不具备全面性。目前已采集和积累的部门或地方工程造价信息包括工程分类、材料分类、材料编码以及指标和价格等，都是按照部门或地方的习惯来划分，因此大部分的工程造价软件都只是依据当地工程造价定额、指标、政策法规、材料价格等信息进行软件的对应研发，只适用于一些部门或地方。

第二，虽然国家已有统一的数据交换标准，但不是所有的工程造价软件都可以实现或开放这些工程造价软件的数据交换功能，如四川、天津、宁夏等地的工程造价软件数据接口无法实现数据交换标准的统一。对于工程造价软件研发单位而言，由于开发程序不同、侧重点不同，每个公司会依据自身的发展优势研发带有自身特色的工程造价软件，这会造成不同工程造价软件的文件无法互相转化或打开的情况，形成"壁垒"。从地方监管部门的角度看，有些保守的城市未能对外界打开窗户，它们在信息自动化方面也存在滞后的情况，这在数据交换中形成了阻碍。

（4）企业管理落后

企业没有专业的信息化管理部门或岗位，无法针对市场上的工程造价软件产品结合自身企业的需求开展定制化研究，无法提出更加适合企业需要的需求，更无法将信息化真正和企业的战略发展、业务发展相结合，这些导致了信息化无法真正、完全发挥作用，只能在局部解决问题。

通过对上述问题的分析，课题组发现，建设工程行业信息化建设已经有了肥沃的"土壤"，人才、资金充足且企业对软件的需求量也较大，这些因素会为未来信息化提速发展加足马力，但也需要国家、行业协会在宏观方面进行顶层规划，合理有效地引导企业资源，使建设工程行业信息化建设均衡发展。

3.3 工程造价软件市场常见"壁垒"及问题深层分析

随着我国社会主义市场经济的快速发展，建设工程的规模逐步增大，其中使用的新技术、新工艺、新材料、新设备也越来越复杂，这给建设工程项目的造价管理带来了巨大的挑战，传统造价管理使用人力计量和计价的方式，不仅工作效率低而且容易出错。

信息时代的到来促使计算机在建设工程领域的应用越来越广，工程造价软件的出现给工程造价工作带来了新的春天，不仅便于数据收集与存储、提高计算与分析速度，而且能实现实时动态的造价管理。

工程造价软件作为建筑行业信息化的基础，经过多年的发展，已经被广泛地应用。从"量"的建模到"价"的调整控制，从个人独干到团队协作完成，工程造价软件使资源得到合理利用，从而能满足建设工程快速发展对高效率工程造价工作的需求。

工程造价软件在被广泛应用时，也在不断升级以满足工程造价人员的需求。然而在发展的过程中，因技术、运营、政策等方面的因素，工程造价软件市场也出现了一些相关的"壁垒"。下面将从市场对工程造价软件功能方面的需求、市场主体在选择购买工程造价类软件时主要考虑的因素、市场上存在的"壁垒"等方面进行深层分析。

3.3.1 市场购买因素

随着建设工程信息化与集成化的不断发展，市场上工程造价系列软件的品牌琳琅满目，但其基本定位是相同的，即以国家规范标准为核心结合市场所需研发而成。

工程造价系列软件从应用工程类别方面进行划分，可分为建筑、水利、电力、公路、铁路以及通信等各类工程造价软件，其中建筑工程造价类软件被应用的范围最广；从软件产品价值以及功能方面进行划分，可分为计价软件和计量软件两大类，它们分别解决工程造价工作的"价"和"量"的问题。

经调研发现，工程造价人员在选择工程造价软件品牌时会从业务范围、业务规则、产品质量、产品价格四个方面进行考虑选择。这说明工程造价人员为了选择一款合适的软件，首先会考虑工程造价软件是否满足专业应用要求、是否符合国家规范标准要求，其次会从软件的准确性、灵活性、易用性、工作效率、计算精度以及价格等方面择优选择。

1. 国家和地方环境

国家大环境对于产品功能起了一定的规范作用，而地方政府作为造价软件的推荐方，在市场主体购买软件的过程中起到了非常重要的作用。比如，房地产企业及施工企业等软件的直接使用方因为其业务与地方政府关系密切，所使用的软件品牌受地方政府的影响较大，现实中一个普遍现象是同一个施工企业或房地产企业在不同地区的业务会使用当地政府推荐的不同软件，而监理企业、设计院等间接使用方与地方政府联系较少，受地方政府影响也较小，他们使用的软件品牌很集中，主要是几个全国范围的大品牌。工程造价软件消费各方关系如图 3-8 所示。

2. 软件品牌（品牌影响力、品牌推广力度、市场占有率）

软件品牌是一个对市场主体购买软件影响非常大的因素，市场主体选择工程造价类软件往往会选择全国性大品牌。有研究咨询报告显示：广联达、斯维尔、鲁班等主要品牌占市场价额的 75% 左右，而用户再次购买时选择的品牌中

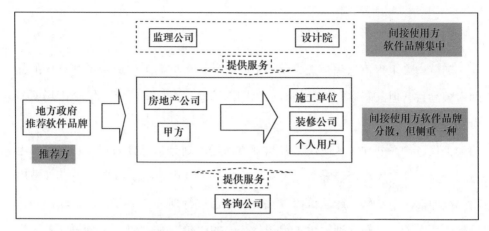

图 3-8　工程造价软件消费各方关系

这些主要品牌的占比为 90% 左右。

因此，品牌的影响力极大程度上会影响市场主体的购买行为。比如，在有些地区出现了甲方要求乙方使用某个品牌的软件，从而形成整个甲方工程都使用同一个品牌软件的现象，在这种情况下市场主体对软件的选择是一种比较被动的选择，如果乙方不选择甲方要求的软件产品就意味着自己无法满足甲方的需求，在这样一种情况下，市场主体不得不选择这个品牌产品。从目前来看，品牌的影响力是影响工程造价软件产品选择非常重要的一个方面，有时几乎超过了软件功能及价格的影响。

3. 软件性能（符标性、易用性、合理性、稳定性、简便性）

软件性能是一个硬指标，一款工程造价软件的流行一定是满足市场主体使用上的要求。软件要能够快速被学会，节约市场主体的使用成本；软件要稳定，符合国家的各项标准，能够快速精准算量；软件要细分专业，满足市场主体的特殊需求；软件还要满足造价技术前沿性的发展，能够使市场主体获得相关的利益。市场上有 50% 的主体会将软件稳定、简单易学以及算量精准作为选择的重要因素。

4. 软件使用习惯与服务（响应速度、解决问题的效率、服务网络健全度、服务网络的完整性）

市场主体选择软件的品牌首先受使用习惯（一直买某个品牌的产品）的影

响，其次是受售后服务好以及周围同事都买等方面的影响。软件服务与其他产品提供的服务一样，都非常重要，现代市场主体非常看重售前、售后软件厂商的响应速度和解决问题的效率。软件厂商是否能够让市场主体无后顾之忧，在软件发生了质量问题时以最快的速度响应并解决问题，是用户非常看重的一个因素。这也是很多商品增加增值服务后，变得更有价值的一个非常重要的因素。

5. 软件产品的价格

在满足以上几个因素的情况下，价格是市场主体考虑的另一个因素，性价比高的产品在市场上更受欢迎。高价格的产品，一方面可能是产品存在垄断现象，另一方面是产品确实能够给市场主体提供增值服务。

6. 软件所需的硬件配置及其他方面

目前工程造价类软件对硬件配置有比较高的要求，这在某种程度上也是对市场主体的使用成本的要求，所以硬件配置也会成为市场主体选择某一款工程造价软件的考虑因素。

其他方面也会影响市场主体的选择，如软件产品授权方式（SAAS 模式、云授权模式）等。随着互联网、云计算、大数据技术的发展，软件产品的授权方式也开始有了一些变化，从以前的永久版模式到 SAAS 模式、云模式，用户会根据自己的需求进行相关选择。

7. 技术同盟

部分企业为了增强软件产品的核心竞争力、争取更多的市场占有率，会选择联合形成技术同盟。同盟内企业数据互联互通，能形成更全面、完善的解决方案，在市场上增强竞争力的同时也能够相互引导推销从而增大用户选择面。

8. 垄断

如何把新产品成功推向市场，这是每个行业里的每家企业都在思考与探索的永久性、持续性的课题。新的工程造价软件产品在市场上推广时，能否得到市场认可会与一些因素有关。

任何一款新产品要得到市场的认可，不仅需要国家政策的支持，而且与当地市场开放性、使用人群对于品牌的接受度、软件推广力度、产品本身的质量、产品本地化、售后服务等多方面的因素有关。

如果用户习惯使用某一类软件，包括习惯软件的操作界面、功能、风格以及服务方式、宣传方式，那么对于其他品牌新的软件产品，用户很难轻易接受。在某品牌新款造价软件的整个推广过程中，每拜访 10 家企业就有 6~7 家在使用同一品牌产品，并且拒绝新的品牌进入，这在某种程度上加大了软件推广的难度。

大部分新开发的产品都必须要经过不断地改进才能符合市场的要求，这就要求厂家在产品推出市场以后，对于用户使用产品后的情况进行跟踪，主动收集有关产品使用过程的各种信息，出现问题及时改进，只有这样通过市场的反复检验，新产品才能更容易被市场接受，而不是等用户反映有关的情况后厂家才知道哪里出了问题。

所以，外来造价软件产品无法进入当地市场，主要是因为当地软件市场已经被占领，这是造成区域性垄断现象的原因。

3.3.2　工程造价软件市场常见"壁垒"

1. 工程造价软件市场上存在的"壁垒"现象

工程造价软件市场与其他市场一样，竞争非常激烈。在社会和政府部门推进智能化办公、提升工作效率的双重目标下，除了软件厂商需要不断突破技术难题外，市场化经济带来的一些"壁垒"也需要我们正视和面对，只有这样才能更好地维护工程造价信息化良性发展。目前对工程造价软件市场影响较大的两个方面"壁垒"是技术同盟和垄断行为。

这里以课题组在对工程造价软件行业研究中发现的三种常见场景进行举例分析。

（1）某公司连续多年承接某地方性电子招标投标平台的开发和维护工作，在此期间，该公司利用平台建设的垄断地位以公谋私，强行推广与平台无关的其他商业软件，涉嫌获取不当利益。同时，在有关部门出台关于投标文件审核标准类的政策时，该公司利用其开发配套软件的有利条件，强行推出并宣传可规避废标的辅助类应用软件，扰乱了公平的市场交易秩序，损害了投标人的利益，造成了非常恶劣的社会影响。

（2）除直接规定或推销某一产品的垄断方式之外，市场上还存在数据交互标准限制特有格式从而造成的垄断的现象。例如，某地方交易中心出台的数据交互标准，对多个文件限定使用具有特定公司身影的数据格式，同时在交易中心官网下载的应用软件除需要该公司授权外，还带有许多该公司自身的接口。在这样一个标准开放性差、指向性明显的情况下，众多竞争类产品望而却步，这在一定程度上造成了垄断。

（3）技术同盟可为用户提供更完善的解决方案，提高工作效率。例如，国内某计价软件和某信息网站的技术同盟，打通了计价软件和信息网站的数据交互，便于用户在计价软件中查询和使用信息网站提供的价格信息，减少了软件系统之间的切换和人工操作，可提高工作效率和避免人工操作的失误。

2. 工程造价软件市场存在的技术同盟、垄断等行为的分析

技术同盟是为获取竞争优势而结成的一种较复杂的战略性伙伴关系，指基于造价软件的技术研发、技术产业化、市场拓展等共同目标，通过适当的组织形式和运作制度，多家具有类似产业背景的企业组织（也可能包括高校、科研机构、中介服务组织等）联合起来的具有战略意义的产业组织形式，它为同盟成员在聚集优质资源、分担创新风险、提高合作深度和效率、实现合作共赢等方面提供帮助。

随着工程造价行业 BIM 的加速发展，行业新知识、新技术的应用对企业研发能力的要求越来越高，仅仅依靠单个企业的研发投入很难完全改变整个产业技术的发展趋势。在这一背景下，技术同盟作为整合产业内的技术和科研资源、提高创新效率、有效发挥同盟成员核心技术优势的一种创新组织形式，受到政府相关部门和企业管理者的关注。

技术同盟形成的主要原因有两个。一是市场经济组织发展的需要。由于BIM 新技术革命所带来的经济利益对创新要素的需求，推动高校、科研组织、

企业、其他组织以及政府结盟来共同推进工程造价行业经济及技术的发展。二是企业发展的需要。技术同盟是为了实现同盟成员间技术领先以及建立和保持技术市场优势的目标，是创新和领先的动力源泉，也是技术同盟形成的原动力。

一定范围内的技术同盟可促进行业技术的创新，使资源共享最大化，但随着行业竞争日益激烈，市场中出现了技术垄断现象。

技术垄断是指某经营者对某件产品（或某类产品、或平台）拥有关键技术，其通过关键技术拥有权（专利）将竞争对手排挤出局，从而达到垄断生产此类产品的目的。企业通过自身的强大实力以及对新技术的掌握，设置一定的门槛从而影响市场走向。

3. 工程造价软件市场的"壁垒"对行业的影响

（1）技术同盟对企业生产经营产生的正面影响

1）提高企业经济效益。技术同盟促进了专业化生产和分工程度的提高，不仅可以使成员在局部获得专业化优势，而且可以使同盟整体有效地发挥各成员的技术专业化分工优势，即实现专业化经济与一体化经济的统一，提高技术创新效率，实现技术创新中的规模经济。规模经济促进了资源配置的优化和改进，既可促进经济效益的提高，又带来社会福利的增长。

2）提高技术创新效率。技术同盟有效地利用各成员的研究开发力量，使研发资源在更大范围、更高层次、更深入的专业化分工基础上得到有效配置。在合作研发中，能进一步提高某些专用性仪器设备的利用效率，减少固定资产、设备及研究

3）人员等方面的投入。成员拥有不同的技术积累，通过合作研发可使各自的技术优势叠加，从而较易产生新的技术突破、获得更多的技术创新成果、提高技术创新效率。

（2）技术同盟对企业生产经营产生的负面影响

1）机会成本损失。合作伙伴在研发活动中的表现并不像期望的那样，或企业进入市场状况不理想，这样就削弱了技术同盟对外竞争的优势，从而降低

了企业的利益回报率。

2）丧失企业的主体地位。在加盟前，企业可自主支配研发和生产、销售活动；加盟后，企业的这些活动会受到限制。另外，企业加盟后会对合作伙伴的技术、资金和信息产生依赖，如果这种依赖长期化，一旦同盟解体，企业正常进行研发和生产、销售活动的能力将受到考验，影响企业长期稳定发展。

3）缩小了发展的选择空间。企业加入技术同盟后，主要在同盟相关的领域发展，从而失去了在其他领域发展的可能性。由于技术同盟的排他性，同盟中的企业一般不能再与同盟外的经济组织建立同类技术合作关系。

4）技术同盟的创新风险。技术同盟的主要目标是通过合作进行技术创新，合作技术创新不仅是一个技术创新过程，而且也是一个社会互动过程。合作能否达成、能否取得预期收益，不仅取决于各方技术、资源方面的互补性，以及市场风险、技术风险等因素，还取决于合作方对对方的信心、信任程度、双方的关系、沟通的有效性等。合作过程中的信息因素导致的风险是技术同盟合作创新独有的风险。

（3）垄断对工程造价软件行业造成的影响

虽然从辩证的角度看，垄断产生的正面影响可体现在社会资源的投入上，避免行业内重复投入资源的浪费，加快垄断企业本身的技术创新，但垄断产生的正面影响更多的是成就企业本身，然而对工程造价软件行业的影响大多却是负面的。

1）垄断会拉高行业成本，降低竞争力。工程造价软件价格垄断造成该软件使用人员的成本增加，行业人员缺乏选择其他软件产品的公平的环境。

2）垄断导致技术创新滞后。垄断使软件产品不受竞争者的威胁，用户长期使用同款软件进行工程造价或审计会导致他们"墨守成规"地忽视国家、行业建筑标准的规定与限定，这不利于软件产品的创新，也影响着国家、行业建筑标准的修订与发展。

3.3.3　面对工程造价软件行业"壁垒"的解决方案

在整个工程造价软件行业发展的进程中，"壁垒"会随着政策、技术、经济收益等多方面因素的变化而变化。通过对当前市场上存在的工程造价软件"壁垒"进行分析，结合目前行业的发展现状，我们应该更加理性地看待"壁垒"。

打破行业内存在的技术"壁垒"，可促进行业的健康发展。企业通过技术创新攻破行业难题可为行业的发展提供重要支撑，助推整个行业的进一步发展。当然，形成技术同盟的企业也可以合理利用同盟带来的技术共享、人才共享等优势，加快对于技术瓶颈的发现及攻破。与此同时，人为设置的技术"壁垒"会阻碍行业的进一步发展。营造相对封闭的市场环境、造成技术性贸易"壁垒"的行为，不利于保持行业发展的互促性原则。因此，相关单位或机构应该牵头制定行业内通用的、可落地实行的数据交换标准，推动企业开发数据接口，做到数据互联互通，为创新企业提供市场机会和更多方向的尝试机会，使它们不再对这些"人为设置的技术'壁垒'"望而却步，进而为用户提供更多的选择。

面对垄断带来的市场影响，我们应该采取行动，减少市场上存在的既是"裁判员"又是"参赛员"的现象，比如，对于一些掌握重点项目的交易中心、招投标中心等，不建议它们参与到软件供应链的生产或引导选择的过程中，类似的机构应该合理制定数据标准并将其公开，这类标准的制定过程也不应让利益相关方或同盟机构参与。

3.4　现有工程造价信息化标准情况

课题组研究收集和整理现有与工程造价信息化有关的国家标准、行业标准、地方标准，并将各种标准按照数据编码标准、数据采集标准、数据形成标准、数据应用标准、数据交换标准进行分类。

3.4.1　数据编码标准

数据编码标准见表3-20。

表 3-20   数据编码标准

实施地区	名称	实施时间	发布机构	简介
全国	《建设工程人工材料设备机械数据标准》（GB/T 50851—2013）	2013 年	中华人民共和国住房和城乡建设部 中华人民共和国国家质量监督检验检疫总局	本标准适用于编制建设工程计价依据及收集、整理、分析、上报、发布建设工程工料机价格信息
北京	《建设工程人工材料设备机械数据分类标准及编码规则》（T/BCAT 0001—2018）	2018 年	北京市建筑业联合会	本标准适用于：收集、整理、分析、发布建设工程相关专业人工材料设备机械信息数据；在建设项目的全生命周期中，收集、整理、分析、发布不同阶段人工材料设备机械信息数据
海南	《海南省建设工程人工材料设备机械数据标准》（DBJ 46—051—2019）	2019 年	海南省住房和城乡建设厅	本标准适用于海南省工程建设项目的全生命周期中人工材料设备机械信息数据的收集、整理、分析、发布等过程的应用
上海	《建设工程人工、材料、设备、机械数据编码标准》（DG/TJ 08—2267—2018）	2018 年	上海市住房和城乡建设管理委员会	本标准适用于编制建设工程计价依据及收集、整理、分析、上报、发布建设工程工料机价格信息
全国	《建设工程工程量清单计价规范》（GB 50500—2013）	2013 年	中华人民共和国住房和城乡建设部 中华人民共和国国家质量监督检验检疫总局	本规范适用于建设工程发承包及实施阶段的计价活动
全国	《房屋建筑与装饰工程工程量计算规范》（GB 50854—2013）	2013 年	中华人民共和国住房和城乡建设部 中华人民共和国国家质量监督检验检疫总局	本规范适用于工业与民用的房屋建筑与装饰工程发承包及实施阶段计价活动中的工程计量和工程量清单编制
全国	《仿古建筑工程工程量计算规范》（GB 50855—2013）	2013 年	中华人民共和国住房和城乡建设部 中华人民共和国国家质量监督检验检疫总局	本规范适用于仿古建筑物、构筑物和纪念性建筑等工程发承包及实施阶段计价活动中的工程计量和工程量清单编制

续表

实施地区	名称	实施时间	发布机构	简介
全国	《通用安装工程工程量计算规范》（GB 50856—2013）	2013 年	中华人民共和国住房和城乡建设部 中华人民共和国国家质量监督检验检疫总局	本规范适用于工业、民用、公共设施建设安装工程的计量和工程计量清单编制
全国	《市政工程工程量计算规范》（GB 50857—2013）	2013 年	中华人民共和国住房和城乡建设部 中华人民共和国国家质量监督检验检疫总局	本规范适用于市政工程发承包及实施阶段计价活动中的工程计量和工程量清单编制
全国	《园林绿化工程工程量计算规范》（GB 50858—2013）	2013 年	中华人民共和国住房和城乡建设部 中华人民共和国国家质量监督检验检疫总局	本规范适用于园林绿化工程发承包及实施阶段计价活动中的工程计量和工程量清单编制
全国	《矿山工程工程量计算规范》（GB 50859—2013）	2013 年	中华人民共和国住房和城乡建设部 中华人民共和国国家质量监督检验检疫总局	本规范适用于矿山建设工程发承包及实施阶段计价活动中的工程计量和工程量清单编制
全国	《构筑物工程工程量计算规范》（GB 50860—2013）	2013 年	中华人民共和国住房和城乡建设部 中华人民共和国国家质量监督检验检疫总局	本规范适用于构筑物工程发承包及实施阶段计价活动中的工程计量和工程量清单编制
全国	《城市轨道交通工程工程量计算规范》（GB 50861—2013）	2013 年	中华人民共和国住房和城乡建设部 中华人民共和国国家质量监督检验检疫总局	本规范适用于城市轨道交通的路基、围护结构、高架桥、地下区间、地下结构、轨道、通信、信号、供电、智能与控制系统安装、机电设备安装、车辆基地工艺设备以及拆除等公用事业工程的发承包及实施阶段计价活动中的工程计量和工程量清单编制
全国	《爆破工程工程量计算规范》（GB 50862—2013）	2013 年	中华人民共和国住房和城乡建设部 中华人民共和国国家质量监督检验检疫总局	本规范适用于建筑物、构筑物、基础设施、地下空间建设及拆除、岩石（混凝土）钻孔开挖、硐室等爆破工程施工发承包及实施阶段计价活动中的工程计量和工程量清单编制

续表

实施地区	名称	实施时间	发布机构	简介
全国	《建筑信息模型分类和编码标准》（GB/T 51269—2017）	2018 年	中华人民共和国住房和城乡建设部 中华人民共和国国家质量监督检验检疫总局	本标准适用于民用建筑及通用工业厂房建筑信息模型中信息的分类和编码

3.4.2 数据采集标准

数据采集标准见表 3-21。

表 3-21 数据采集标准

实施地区	名称	实施时间	发布机构	简介
重庆	《重庆市建设工程造价技术经济指标采集与发布标准》（DBJ50/T—213—2015）	2015 年	重庆市城乡建设委员会	本标准适用于重庆市行政区域内的建筑、安装、市政工程造价技术经济指标的采集和发布及工程计价软件的开发和应用
四川	《四川省建设工程造价技术经济指标采集与发布标准》（DBJ51/T 096—2018）	2018 年	四川省住房和城乡建设厅	本标准适用于四川省行政区域内的房屋建筑和市政基础设施工程造价技术经济指标的采集和发布及工程计价软件的开发和应用
广东	《建设工程政府投资项目造价数据标准》（DBJ/T 15—145—2018）	2019 年	广东省住房和城乡建设厅	本标准适用于广东省建设工程政府投资项目全过程造价数据的生成、存储、交换、编辑、管理和应用等活动。其他建设工程项目的造价数据，可参照执行
北京	《建设工程造价技术经济指标采集标准》（DB11/T 1711—2019）	2020 年	北京市住房和城乡建设委员会 北京市市场监督管理局	本标准适用于北京市行政区域内的房屋建筑安装、市政、城市轨道交通、房屋修缮及城市轨道交通运营改造工程造价技术经济指标的采集

3.4.3 数据形成标准

数据形成标准见表 3-22。

表 3-22 数据形成标准

实施地区	名称	实施时间	发布机构	简介
全国	《建设工程造价指标指数分类与测算标准》（GB/T 51290—2018）	2018 年	中华人民共和国住房和城乡建设部 中华人民共和国国家质量监督检验检疫总局	本标准适用于新建房屋建筑与装饰工程、仿古建筑工程、通用安装工程、市政工程、园林绿化工程、矿山工程、构筑物工程、城市轨道交通工程和爆破工程造价指标指数的分类与测算
重庆	《重庆市建设工程造价技术经济指标采集与发布标准》（DBJ50/T—213—2015）	2015 年	重庆市城乡建设委员会	本标准适用于重庆市行政区域内的建筑、安装、市政工程造价技术经济指标的采集和发布及工程计价软件的开发和应用
四川	《四川省建设工程造价技术经济指标采集与发布标准》（DBJ51/T 096—2018）	2018 年	四川省住房和城乡建设厅	本标准适用于四川省行政区域内的房屋建筑和市政基础设施工程造价技术经济指标的采集和发布及工程计价软件的开发和应用

3.4.4 数据应用标准

数据应用标准见表 3-23。

表 3-23 数据应用标准

实施地区	名称	实施时间	发布机构	简介
全国	《建设工程造价指标指数分类与测算标准》（GB/T 51290—2018）	2018 年	中华人民共和国住房和城乡建设部 中华人民共和国国家质量监督检验检疫总局	本标准适用于新建房屋建筑与装饰工程、仿古建筑工程、通用安装工程、市政工程、园林绿化工程、矿山工程、构筑物工程、城市轨道交通工程和爆破工程造价指标指数的分类与测算

实施地区	名称	实施时间	发布机构	简介
重庆	《重庆市建设工程造价技术经济指标采集与发布标准》（DBJ50/T—213—2015）	2015 年	重庆市城乡建设委员会	本标准适用于重庆市行政区域内的建筑、安装、市政工程造价技术经济指标的采集和发布及工程计价软件的开发和应用
四川	《四川省建设工程造价技术经济指标采集与发布标准》（DBJ51/T 096—2018）	2018 年	四川省住房和城乡建设厅	本标准适用于四川省行政区域内的房屋建筑和市政基础设施工程造价技术经济指标的采集和发布及工程计价软件的开发和应用

3.4.5 数据交换标准

数据交换标准见表 3-24。

表 3-24　　　　　　　　　　　数据交换标准

实施地区	名称	实施时间	发布机构	简介
福建	《福建省建设工程造价电子数据交换导则(2017 版)》	2017 年	福建省住房和城乡建设厅	本导则适用于福建省建设工程投资估算、设计概算、施工图预算、招标工程量清单、招标控制价（最高投标限价）、投标报价、合同价、竣工结算价的造价电子数据交换
广东	《建设工程政府投资项目造价数据标准》（DBJ/T 15—145—2018）	2019 年	广东省住房和城乡建设厅	本标准适用于广东省建设工程政府投资项目全过程造价数据的生成、存储、交换、编辑、管理和应用等活动。其他建设工程项目的造价数据，可参照执行
重庆	《重庆市建设工程造价数据交换标准》（CQSJJH-V2.0）》	2008 年	重庆市建设工程造价管理总站	本标准适用于采用国家标准《建设工程工程量清单计价规范》（GB 50500—2013）及重庆市现行计价依据编制的工程数据

实施地区	名称	实施时间	发布机构	简介
河南	《建设工程造价电子数据标准》（DBJ41/T 087—2017）	2017 年	河南省住房和城乡建设厅	本标准规范河南省建设工程造价软件市场，实现不同软件之间的数据共享，并为招标评标工作提供统一数据格式接口
山东	《山东省建设工程造价计价软件数据接口标准（试行)》	2009 年	山东省工程建设标准定额站	本标准为山东省统一的计价软件之间以及计价软件和工程造价信息网之间的数据交换接口标准，为不同来源的建设工程造价数据建立一个统一的数据交换格式
辽宁	《辽宁省建设工程造价文件数据交换标准化规定》	2010 年	辽宁省建设厅招标投标管理处	本规定为辽宁省建设工程造价领域中的多种计价软件和经济标电子标书及评标定标软件等提供一个开放式的数据交换标准
云南	《云南省建设工程造价成果文件数据标准》（DBJ53/T—38—2011）	2011 年	云南省住房和城乡建设厅	本标准用于规范云南省建设工程造价计价软件的成果输出、建立造价信息数据交换的统一接口
湖北	《湖北建设工程造价应用软件数据交换规范》（DB42/T 749—2011）	2012 年	湖北省住房和城乡建设厅	本标准适用于湖北省各类建设工程计价软件与工程造价指标分析系统、招投标清（评）标系统等工程造价应用软件的数据交换
广西	《广西壮族自治区建设工程造价软件数据交换标准》	2017 年	广西建设工程造价管理总站	本标准保证广西建设工程计价数据库的通用性和正确性，方便不同计价软件之间正确的数据交换
浙江	《浙江省建设工程计价成果文件数据标准》（DB33/T 1103—2014）	2014 年	浙江省住房和城乡建设厅	本标准适用于浙江省行政区域内规范建设工程计价成果文件的数据输出格式，统一数据交换规则，实现数据共享
四川	《四川省建设工程造价电子数据标准》（DBJ51/T 048—2015）	2016 年	四川省住房和城乡建设厅	本标准适用于四川省行政区域内开发与应用的建设工程计价软件和电子辅助评标软件

实施地区	名称	实施时间	发布机构	简介
陕西	《陕西省工程建设项目电子评标数据交换标准接口》	2017 年	陕西省公共资源交易中心	本标准适用于在陕西省行政区域内工程建设所使用的各软件公司开发的计价软件
安徽	《2018 版安徽省建设工程计价依据电子招投标造价数据交换导则（试行）》	2018 年	安徽省住房和城乡建设厅 安徽省发展和改革委员会	本导则适用于安徽省行政区域内建设工程计价软件系统与电子招投标系统之间数据正常交换，提高电子招标投标活动效率
北京	《建设工程造价数据存储标准》 （DB11/T 1667—2019）	2020 年	北京市住房和城乡建设委员会 北京市市场监督管理局	本标准适用于北京市建设工程项目全过程的工程造价数据能在不同应用系统中进行数据识别、转换，为指数指标采集、计算机辅助评标提供统一的数据标准
湖南	《湖南省房屋建筑和市政工程施工电子化招投标数据接口标准（2018 版）》	2018 年	湖南省住房和城乡建设厅	本标准适用于统一规范湖南省电子化招投标软件市场，搭建房屋建筑和市政工程施工招标投标中的多种计价软件、标书制作软件、电子标书生成软件、评标软件及政府监管平台等之间的开放式数据交换平台
黑龙江	《黑龙江省建设工程造价电子数据交换标准（试行）》	2006 年	黑龙江省住房和城乡建设厅	本标准适用于黑龙江省行政区域内建设工程造价软件、商务标电子标书及评标定标软件、工程造价监督管理系统、工程造价信息系统及其他相关软件之间进行数据交换，提高信息资源的共享和利用率
吉林	《长春市建设工程造价文件数据交换标准结构说明 V1.1》	2015 年	长春市城乡建设委员会招标投标管理处	本标准为实现长春市工程造价领域中多种计价软件和经济标电子标书及评标定标软件之间进行数据交换而制定
甘肃	《甘肃省建设工程电子招投标数据交换导则》	2011 年	甘肃省住房和城乡建设厅	本标准对甘肃省行政区域内建设工程造价电子数据文档的数据交换格式进行必要的定义和规范

续表

实施地区	名称	实施时间	发布机构	简介
青海	《青海省房屋建筑和市政工程工程量清单数据交换标准（V1.0)》	2017 年	青海省住房和城乡建设厅 青海省人民政府行政服务和公共资源交易中心	本标准为实现青海省行政区域内建设工程造价领域中的多种计价软件和评标软件之间进行数据交换而制定
江西	《江西省建设工程电子化招投标数据交换标准（3.3)》	2018 年	江西省住房和城乡建设厅	本标准适用于江西省行政区域内建设工程在电子化招投标数据交换时，满足电子化招投标活动的要求
江苏	《江苏省建设工程专业工具软件数据交换标准（V3.0)》	2014 年	江苏省建设工程招标投标办公室	本标准适用于江苏省行政区域内建设工程电子招投标计价软件、标书制作工具、评标软件之间数据交换的开放有序
海南	《海南省建设工程造价电子数据标准》（DBJ 46—030—2014)	2014 年	海南省住房和城乡建设厅	本标准适用于使各建设、施工、工程造价咨询和招标代理单位之间能够进行有效的数据交换，促进海南省建设工程造价数据资源的科学积累和有效利用
贵州	《贵州省建设工程造价数据交换标准（V2.2)》	2020 年	贵州省公共资源交易中心	本标准适用于贵州省内建设工程所使用的各软件公司开发的计价软件以及与计价数据交换有关的计算机辅助评标系统、投标文件制作等相关软件计价数据的制作、生成、交换与识别等
上海	《上海市建设工程工程量清单数据文件标准》（VER1.0—2015)	2015 年	上海市城乡建设和管理委员会	本标准适用于规范上海市建设工程电子招投标系统的建设和运行，统一招标、投标和最高投标限价工程量清单数据标准，规范工程量清单编制，实现工程量清单数据在电子招投标系统和各类工具软件之间的交换和共享

续表

实施地区	名称	实施时间	发布机构	简介
新疆	《新疆维吾尔自治区规划编制电子成果数据标准》	2014 年	新疆维吾尔自治区住房和城乡建设厅	本标准适用于指导新疆维吾尔自治区范围内地州域城镇体系规划、城市总体规划、县城总体规划、控制性详细规划的编制及成果提交的技术依据，而且其他与城市总体规划相关的设计和管理也必须遵照执行
宁夏	《宁夏回族自治区建设工程工程量清单计价应用软件数据交换标准（2013 计价规则）》	2014 年	宁夏回族自治区住房和城乡建设厅	本标准适用于宁夏回族自治区行政区域内建设工程所使用的各软件公司开发的计价软件以及与计价数据交换有关的计算机辅助评标系统、投标文件制作等相关软件计价数据的制作、生成、交换与识别等
广东	《建设工程政府投资项目造价数据标准》（DBJ/T 15—145—2018）	2019 年	广东省住房和城乡建设厅	本标准适用于广东省建设工程政府投资项目全过程造价数据的生成、存储、交换、编辑、管理和应用等活动。其他建设工程项目的造价数据，可参照执行
全国	《建筑信息模型设计交付标准》（GB/T 51301—2018）	2019 年	中华人民共和国住房和城乡建设部　国家市场监督管理总局	本标准适用于建筑工程设计中应用建筑信息模型建立和交付设计信息，以及各参与方之间和参与方内部信息传递的过程

在工程造价信息数据标准研究方面，最权威的标准是 2012 年 12 月由住房和城乡建设部、国家质量监督检验检疫总局发布的《建设工程人工材料设备机械数据标准》（GB/T 50851—2013）。该标准通过规定工料机编码与特征描述、工料机数据库组成内容、工料机信息库价格特征描述内容、工料机数据交换接口数据元素等，规范了建设工程工料机价格信息的收集、整理、分析、上报和发布工作。此外，2008 年 3 月，由住房和城乡建设部标准定额司发布的《城市住宅建筑工程造价信息数据标准》，规范了城市住宅建筑工程造价数据采集、统计、分析和发布。2011 年 9 月，由住房和城乡建设部发布了《建设工程造价数据编码规则》，旨在建立针对单项工程整体数据汇总文件的编码体系，借以规范工程造价信息收

集和整理工作。根据网络不完全统计，我国部分省份（如重庆、河南、辽宁、云南、湖北、广西、浙江）也制定了地区数据标准，用于规范建设工程计价成果文件的数据输出格式，统一数据交换规则，实现数据共享。尽管住房和城乡建设部已经出台了《建设工程人工材料设备机械数据标准》，但工程造价信息化的发展仍需要全面的技术标准体系作支撑，不仅需要工料机数据标准和造价指数指标、成果文件标准，也需要工程造价信息收集、处理、交流和共享标准，以及相关配套技术标准。在地方层面，部分省份发布的数据标准内容仅局限于文件交互格式，且各省份出台的数据标准之间亦存在明显差异，不能全面满足工程造价信息数据库建设以及数据在全国范围内交流与共享的需要。

3.5 工程造价信息收集、发布及应用现状

3.5.1 工程造价信息发布现状

1. 工程造价信息的发布主体和服务方式

政府建设行政主管部门是工程造价信息发布的主体，它们一般通过省级或市级工程造价信息网发布人工、材料、施工机械设备台班及仪器仪表台班的价格，工程造价指标和指数，行业动态，典型工程（案例）造价信息，新技术、新产品、新工艺、新材料等信息。目前，全国有 31 个省份建立了工程造价信息网站发布材料价格、政务和计价依据等信息，一些省份也通过政府官网发布类似信息，例如，云南省工程建设科技与标准定额管理网发布工程建设标准、主材综合价、主材价格波动报告等信息。除了省级的造价信息网，一些市级网站也发布当地造价信息，例如，南京市工程造价信息网发布南京市材料市场价格和建设工程造价指数等信息。

工程造价管理协会一般是通过工程造价管理协会官网和工程造价管理协会出版的刊物进行相关信息的发布。例如，上海市建设工程造价管理协会通过上海市建设工程信息网按月发布建筑、安装、市政、公路、水利、园林、供水、

燃气、民防等工程的工料机价格以及造价指标指数等信息；广西建设工程造价管理协会通过网站发布材料价格、定额、造价指标和指数等信息；江苏省工程造价管理协会通过《江苏省工程造价管理》杂志，发布造价文件、造价动态案例分析、新技术新工艺以及一些工料机价格等信息。

在工程造价信息发布方式方面，除了利用官方网站发布，部分省份也会通过现场会议、纸质刊物、微信公众号、App 等方式来发布、更新造价工程信息。例如，北京市建设工程管理处出版《北京工程造价信息》、昆明市建设工程造价信息网每月出版昆明市建筑材料市场《造价信息期刊》。

在工程造价信息发布周期方面，通过期刊发布主材、人工价格指数、典型工程造价等信息基本可以做到每月更新，通过新媒体发布信息会较为及时，例如，昆明市利用微信公众号及时发布主材价格、厂商报价、人工单价、材料租赁和造价指标等信息。

2. 工程造价信息的采集和加工处理

（1）要素市场价格信息

要素市场价格信息是政府工程造价信息发布的主要内容，政府选择发布的材料价格信息一般是符合国家相关生产标准、相关管理部门规定并正在市场上流通的合格产品价格的信息，材料价格信息包括含税价、除税价、含税价+除税价三种类型。材料价格信息的获取方式一般包括电话、邮件、网络、实地调查，以及通过联系材料生产厂家及建设、施工、咨询等企业获得价格信息。例如，北京市材料价格信息来源于北京市建委交易中心的备案数据；南京市则建立了材料价格采集系统，由信息员对材料价格进行采集并填报到材料价格信息系统；云南省开发的云南省建设工程材料及设备价格监测系统，对造价影响较大的主材和地方重点材料进行价格变化监测，提供价格数据、价格指数、同比数据、环比数据等价格相关数据；广西建设工程造价管理协会通过材料供应商以及甲方单位和中介咨询单位的信息员获得材料价格信息。

（2）定额信息

定额信息一般包括土建、安装、市政、装饰、仿古园林等不同类别的信息，这些信息主要通过经验估工法、统计分析法、比较类推法和技术测定法获得。根据定额编制办法的规定，各级定额编制单位都会定期修订定额，也会结合新材料、新技术、新结构、新工艺的出现对现行定额进行补充或编制新定额。对新定额的编制，也会通过征询专家意见、召开讨论会或现场重测等方式进行数据采集。

（3）工程造价指标和指数

政府发布的工程造价指标，是以编制期内本地区的实际单位工程造价数据为基础，采用数据统计法、典型工程法或汇总计算法等方式，按工程建筑面积、体积、长度或自然计量单位反映的人工、材料和机械台班的消耗量和价格信息进行计算。工程造价指数分为建设市场综合指数、单项工程造价指数、工料机市场价格指数，一般由政府根据工程造价指标加上时间参数计算得出。由于工程造价指数和指标的发展仍在探索期，我国目前发布的造价指数种类不足，缺乏完善的包含单项价格指数和综合价格指数的工程造价指数体系。由于工程造价管理采取分行业和分地区的管理，因此各行业和各地区发展不平衡、统计标准不一致，以至信息采集标准和编制方法也不尽相同。

（4）典型工程（案例）造价信息

典型工程（案例）造价信息一般以某一单项工程为例，按不同专业进行划分，内容包含工程功能类别、建筑特征、结构类型、建筑面积、编制依据、编制日期、计价方式、造价类别、建筑安装工程总造价、建筑安装工程平方米造价、分部分项工程单方造价、每平方米工料机消耗量指标、各类消耗量指标等数据。这些信息主要通过造价咨询机构工程信息上报获得。目前，典型工程（案例）的种类尚有欠缺，信息的详细程度也有待进一步完善，信息公开程度尚显不足。

（5）法规标准信息

法规标准信息一般包括国家法律法规、标准和造价方面的规范性文件。法律法规由国家发布；标准由标准发布机构发布；造价方面的规范性文件由各级政府发布，主要结合社会发展需求、建筑业发展潮流和工程计价的实际需求进行编制和发布。

（6）技术发展信息

技术发展信息主要包括 BIM 技术、装配式技术和高铁施工技术等随着建筑科技的发展产生的新事物信息。上述信息一般由各类科技型、制造类或施工企业研发，通过市场采集的造价信息会被发布在相应造价信息平台上，也会在定额编制过程中被增补。

政府和工程造价行业协会都有严格的信息审核发布流程，工程造价信息发布审核流程一般为信息源单位管控、优质材价平台共享、外聘专家审核、外单位评审、市场价格动态分析和编委会集体决策。

3.5.2 信息服务商工程造价信息平台建设情况

1. 典型信息服务商工程造价信息平台及其服务内容

目前，造价信息平台较多，课题组通过对工程造价用户问卷调查反馈的信息进行分析得知，被普遍应用的工程信息服务商造价信息平台（以下简称平台）包括广材网、建材在线、造价通、慧讯网等，这些平台为用户提供全国各地不同类别材料的市场价、信息价以及人工询价等服务。但是，每个平台的运营又各具特色。其中，广材网特有企业造价指标库，为企业进行工程造价数据管理提供整体解决方案；造价通信息服务平台特有造价通参考价，并向用户提供云造价服务，即向用户提供企业数据应用、管理、存储、定制等服务；慧讯网特有慧招采服务，基于强大的供应商库和精准的分类体系确保信息快速推送给匹配的供应商；建材在线平台还提供建筑材料成交价。对于定额、工程造价指标和指数、典型工程（案例）造价以及法规标准等信息，每个平台发布的内容不同。其中，造价通平台提供定额信息，包括国家定额、各地定额以及定额解释，还设有关于 BIM 技术和造价指标信息板块的讨论区；广材网提供应用BIM 技术的典型工程（案例）信息，以及各地政策信息及解读；慧讯网提供全国各地不同建筑类别的造价指标信息。

2. 信息服务商工程造价信息采集渠道和加工方式

信息服务商工程造价信息平台采集信息的渠道一般包括以下几种形式：

①对于市场价格信息，一般各地供应商提供价格，由信息服务商平台整理、审核之后进行发布。其中，大多数人材机价格信息可以做到每日更新，对于一些价格波动频繁的材料，如钢材、电缆等，除了能做到每日更新之外，还能提供这些材料的价格趋势图。②对于成交价格信息，一般由当地的开发商和施工单位采购人员收集整理并反馈数据。③对于信息价、定额和法规标准信息，一般各地政府更新发布之后，由信息服务商平台实时同步更新。④对于典型工程（案例）造价信息，造价通平台由用户上传工程造价编制实例文件，广材网平台由工作人员收集典型工程（案例）信息，整理之后发布。

为保证信息的真实性，信息服务商工程造价信息平台一般采取两种做法。一种是由服务小组进行专业性审核。服务商拥有由经验丰富的专业项目管理人员、材料人员、技术人员组成的服务小组，服务小组对工程预算造价与物资采购有着丰富的经验，可以对供应商的报价进行专业性审核，保障信息的可靠性。另一种是通过严格的审核流程保证信息的真实性。以广材网为例，审核流程为供应商提供报价，各分站进行数据的整理、审核，分站整理审核之后提交总部审核，总部审核之后，专家用户验证，最后发布在信息平台上。

3.5.3 工程造价信息用户获取工料价格信息的方式

课题组通过在全国范围内随机发放问卷的方式，对 120 个工程造价信息用户获取工料价格信息的方式进行了调查，其中工程造价信息用户分布情况如图 3-9 所示。

在工程造价信息用户获取信息渠道方面，调查结果显示，用户获取工料价格信息采用最多的方式是网络查询（网页搜索、各类专业 App），占比为 17.43%，用户主要通过官方网站获取工料指导价或商业网站获取工料市场价信息。网络查询方式方便快捷，是获取工料价格信息效率最高的方式，用户可在短时间内获取大量的信息，但是需要对所获信息进行筛选，工作量较大，且部分官方网站的工料指导价、商业网站的工料市场价及经销商信息只对会员开放。其次是采用企业内部资料查询的方式，占比为 16.57%，通过企业内部资

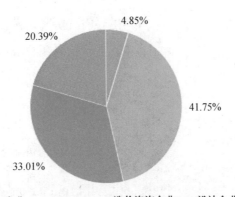

图 3-9　工程造价信息用户分布情况

料的查询，用户可以获取以往类似工程的造价指标和指数、材料采购、设备购置租赁、人工费及相关结算资料等信息，这些价格信息真实可靠、内容详尽、覆盖面广。但截至目前，大多数企业并未建立自己的数据库，工料价格信息查询费时费力，对用户的专业经验要求较高，且这些信息多是历史性的数据，时效性较差，遇到物价大幅变动等情况时，不能有效反映当前的市场行情，很难满足新建工程的全部信息需要。再次是通过电子邮件、电话直接向生产厂家或经销商询价的方式，占比为14%。这种获取工料价格信息的方式较为直接，用户可以省去大量筛选信息的时间，且时效性强，但是工程材料、设备种类繁多，规格型号复杂，厂家、经销商有时并不能完全理解用户的询价要求，且与用户未真正建立供需关系时，出于对商业信息的保护，他们的报价与实际成交价格有时会有较大差距。另外还包括通过工程造价协会、工程所在地直接调查等方式，企业通过加入工程造价协会，获取工程管理活动的各种信息，这些途径得到的信息来源及时可靠，但需要缴纳一定的费用。工程所在地直接调查获取的工料价格信息包括当地的人工、材料、机械价格以及建设地区行政主管部门对工程造价的具体要求和管理措施等信息，通过此途径获取的信息准确、详细，但需要耗费较多的时间和人力。而通过专业报纸、杂志等获取的工料价格信息，对工料的规格和型号类型以及人工工种描述详尽，且地域性、专业性强，特别是在新技术、新材料的介绍方面有较大的优势，但是工料价格信息的时效性相对较差。

以上获取工料价格信息的方式虽然各有优势与不足，但是目前在信息询价过程中都发挥着相当重要的作用，工料造价信息用户获取工料价格信息的方式分布如图 3-10 所示。

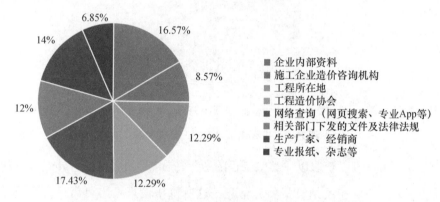

图 3-10 工程造价信息用户获取工料价格信息的方式分布

在工程造价信息用户获取工料价格信息分布方面，调查结果显示，工程造价信息用户获取的工料价格信息类别主要集中在材料价格，其次是人工价格，排名第三的是机械台班价息，如图 3-11 所示。

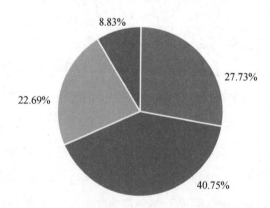

图 3-11 工程造价信息用户获取价格信息类别分布

在用户对获取的工料价格信息的满意度方面，按照"非常不满意""不满意""一般满意""满意""非常满意"五个满意度指标分别对应 0~5 分，调查结果（见图3-12）显示，用户对获取的工料价格信息的满意度普遍较低。具体而言，用户对信息的可靠性满意度较高（得分为3.21分），其次是信息更新及时性（得分为3.13分）、信息准确性（得分为3.11分）、信息细致程度（得分为2.89分），对信息涵盖范围较不满意（得分为2.85分）。满意度评分结果显示工程造价信息用户对平台发布的工料价格信息比较信任，但是对工料价格信息涵盖的范围及信息质量不太满意。

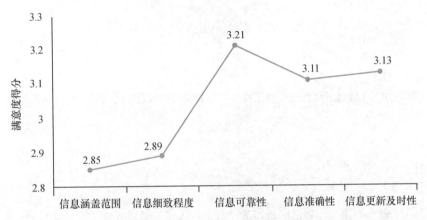

图3-12　工程造价信息用户对获取的工料价格信息的满意度评价（满分5分）

在用户对现有的工程造价信息平台的意见方面，按照调研结果的词频分析，提及最多的词汇是"价格"，主要指价格信息的细致程度、涵盖范围和及时性等；其次是"材料"，主要指统计的材料种类等；还有"信息""细致""安全性""准确性""品牌"等，说明用户认为现有信息平台在这些方面还应有所改进。另外，也提到了询价时间长、会员准入门槛较高、信息价与市场价存在一定的差距、需要注册缴费等问题，如图3-13所示。

在不同企业获取工程造价信息的方式方面，调查显示，设计企业和施工企业主要通过企业内部资料查询获取材料价格信息，建设企业主要通过网络查询的方式获取材料价格信息，工程造价咨询企业主要通过网络查询、企业内部资料查询的方式获取人工价格与材料价格信息，如图3-14、图3-15所示。

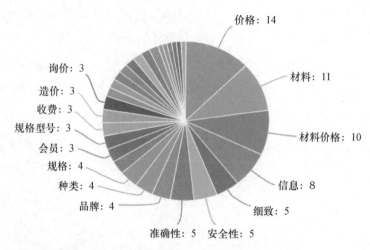

图 3-13　工程造价信息用户对工程造价信息发布平台意见的词频分布（单位/次）

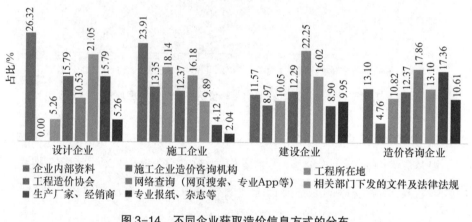

图 3-14　不同企业获取造价信息方式的分布

3.5.4　工程造价信息收集、发布及应用现状问题分析

1. 信息发布不够及时

调查发现，虽然各个省份对工程造价信息能做到按月更新，但是不同地区更新的速度不一致。同时，各地区的工程造价信息系统与智能化数据库没有有机结合，使得信息的收集、整理、加工、发布等工作需要人工辅助完成，导致采样点少、信息量不足、花费时间长、更新滞后，不能真实地反映造价信息的

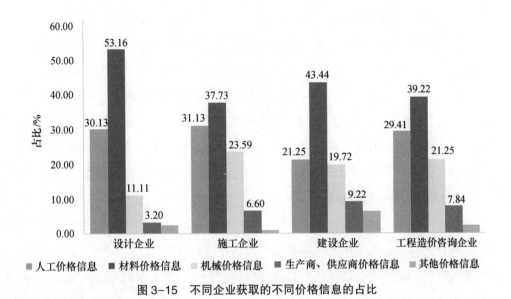

图 3-15　不同企业获取的不同价格信息的占比

实际动态。需要借助先进的技术手段，如大数据分析等，来改变这一现状。以云南省为例，建设了工程材料及设备价格监测系统，对于造价影响较大的主材和地方重点材料进行监测，及时、准确、直观地监测工程材料及设备价格变化和波动情况，提供价格数据、价格指数、同比数据、环比数据等价格相关数据，并可以根据用户设定条件生成价格分析报告。

2. 信息质量有待提高

虽然政府、协会和企业均会发布各种类型的工程造价信息，这些信息也被社会各方广泛应用，但系统化、整体的信息结构体系尚未被建立，导致信息种类不全。北京、上海等地的人材机价格信息发布机制较成熟、发布内容较全面，但仍未做到对价格信息的全面覆盖。全国大多数造价信息网站的价格信息、指标信息、指数信息、典型工程（案例）的种类不够全面，信息与市场实际情况存在偏差，信息的详细程度也有待进一步完善，比如，人工价格比市场价格低，材料价格不注明非标、国标、厂家、产地及运费等。以上情况造成信息用户对获取的工料价格信息的满意度普遍较低，尤其是对工料价格信息细致程度及涵盖范围不尽满意。

3. 信息标准不够统一

工程造价信息化的发展需要全面的技术标准体系作支撑，不仅需要工料机数据标准、造价指数指标、成果文件标准，还需要工程造价信息收集和处理、交流和共享以及相关配套技术标准。目前，由于缺乏信息标准的系统分类以及统一规划，信息资源的远程传递和加工处理比较困难，造成了使用上的混乱。在信息标准的建立方面，各地区开始形成自己的地方标准，全国性的标准尚未形成导致信息共享难以实现，不利于全面地分析和研究工程造价信息。

4. 信息深加工程度较低

信息加工不仅包括信息采集员通过各种渠道采集价格信息和已完工工程信息，而且还包括专门工作人员对采集到的信息进行深度加工后得到工程造价指数和工程造价指标等造价信息。目前各省份、协会、企业都积累了大量的已完工工程资料，但对工程建设平台上备案的已完工及在建工程数据利用不充分，导致大量的造价信息得不到整理和加工，信息价值不能很好地得到实现。

5. 信息公开程度尚显不足

虽然各省份、协会都建立了工程造价信息平台，但信息的公开程度尚显不足，大部分平台只在注册会员登录之后才能查看材料价格的信息，对不经常访问该网站的用户产生了使用上的障碍。建议相关网站可以开发游客登录的模式，让询价过程变得更加简单。

综上所述，在工程造价信息收集、发布和应用的过程中存在一些尚待解决的问题，在今后的发展中，要重视新科技、新技术的应用，重视信息标准的统一，重视信息的开放共享，充分发挥政府和协会的引导及服务作用。

3.6 信息化新技术在工程造价领域的应用情况

3.6.1 云计算技术在工程造价领域的应用情况

1. 云计算技术的概念

云计算技术是传统计算方式结合互联网技术得到的新产物，国内、国际上很多学者从不同的角度对云计算的概念作出了描述，目前尚未形成统一的定义。美国国家标准与技术研究院认为，云计算是一种按使用量付费的模式，这种模式提供可用的、便捷的、按需的网络访问。中国科学院陈国良院士认为，云计算是基于当前已相对成熟和稳定的互联网的新型计算模式，把原本存储于个人计算机、移动计算机等个人设备中的大量信息和系统连接在一起以提供各种计算服务的方式。中国云计算专家咨询委员会副主任、云计算专家刘鹏认为，云计算将计算任务分布在大量计算机构成的资源池上，使各种应用系统能够根据需要获取计算力、存储空间和各种软件服务。

虽然不同的学者对云计算有不同的定义，但是这些定义有一个共同点，即"云计算是一种基于网络的服务模式"。对云计算的不同定义进行总结，不难发现云计算有以下几个关键点：按需提供丰富的服务，服务资源池化，以互联网为媒介，按需付费的商业模式。

与传统的网络应用模式相比，云计算具有如下优势与特点。

（1）虚拟化

虚拟化突破了时间、空间的界限，是云计算最为显著的特点。虚拟化技术能够使基础物理设施和应用隔离，实现资源的统一。

（2）共享性

计算和存储资源汇聚在云端，整合成一个共享资源池，用户可以从该资源池内获取所需的资源。

（3）可扩展性

用户可以实现对应用软件的快速部署，从而很方便地扩展原有业务和开展新业务。

（4）高可靠性

单点服务器出现故障可通过虚拟化技术、动态扩展功能进行处理，不影响计算与应用的正常运行。

2. 云计算技术在工程造价行业中发挥的作用

工程造价信息在工程造价信息管理工作中发挥着举足轻重的作用。在信息爆炸的新时代，工程造价信息数量增长很快，具有复杂性显著、时效性不断提升等特点，这对信息数据的处理能力提出了更高的要求。行业的快速发展和建设项目的日益复杂化对工程造价信息管理提出了更高的要求。

云计算技术在工程造价行业中发挥的作用有如下几个。

（1）可以对工程造价信息进行存储与挖掘

工程造价信息的数量之多和对计算速度的要求之高是传统的单机模式无法满足的，而其价值密度低的特点也要求通过数据挖掘发现其潜在的价值。

（2）可以实现工程造价软件性能优化

传统的工程造价软件需要下载并安装在本地主机上，软件产生数据存储在个人计算机上，这对个人计算机资源占用较多。工程造价软件升级后，旧版本软件无法打开新版本文件，兼容性较差，云计算技术的应用则可以避免上述不足。

（3）可以降低信息化成本

为了提升工程造价信息化管理水平，企业不仅需要提供计算机硬件设施，也需要配备负责计算机数据处理的技术人员，对于中小型企业而言，这些硬件设施和人力成本是一笔不小的开销。而中小型企业在工程造价行业中所占份额较大，信息化成本相对较高的问题若长期得不到有效解决将会制约行业可持续发展。

（4）可以帮助建设工程造价数据库

《工程造价事业发展"十三五"规划》提出了整合全国及地区工程造价信息资源，建立并逐步完善包括指数指标、要素指标、典型工程（案例）等在内的工程造价数据库。通过工程造价信息平台和网站，可以收集工程造价信息数据，开展工程造价信息的交换和共享服务，因此建设工程造价数据库需要云计算技术来解决海量造价数据资料管理、数据分析及数据安全性问题。

3. 云计算技术的应用现状

云计算是一种应用模式，核心是数据处理技术，通过数据分析与挖掘，为用户提供有价值的数据服务，提升行业、企业和项目的整体管理水平。云计算结构大体上分为服务器集群、资源池、用户端三部分，云计算的三种服务模式分别为基础设施即服务模式（IaaS）、平台即服务模式（PaaS）与软件即服务模式（SaaS），通常被称作 SPI 模式。

（1）IaaS 模式支持云存储和数据挖掘，可以解决工程造价信息存储与挖掘的困难。

分布式计算的特征使云计算技术具备一定的存储能力、测算能力、数据解析与数据管理能力，可以顺利地把大量的数据信息转化为资源池中的服务，为挖掘数据信息提供了优势条件。

通过建设专属性较强的混合云，工程造价信息可以被分类存储，根据保密级别设置差异性的访问权限，实现多端口、多人次、多时间段的访问。公有云具有对外开放的特征，有效解决了云端系统存储空间的问题，将需要共享的工程造价信息存储在公有云中，为工程造价人员查阅、推送造价信息提供了便利条件，提高了信息的分享效率。具备一定附加值的收费信息、企业内部造价信息存储在私有云中，保证了信息的安全性。

数据挖掘是指从存储在数据库的海量数据中提取实用、新颖知识的过程，通常被细化为以下几个程序：数据准备、数据挖掘、结果呈现与诠释。信息检索是 IaaS 模式的基本功能，分布式测算方法使云平台具备强大的计算能力，能在互联网中迅速获取所需的工程造价数据信息，落实数据准备工作，继而借用数理解析、神经网络等挖掘算法落实数据挖掘任务，最终借助发布平台实现挖掘结果的呈现与诠释。

（2）SaaS 模式提供以互联网络为基础的造价软件应用平台，可以解决传统工程造价软件服务模式不足的问题。

云计算软件即服务模式（SaaS）的互联网特性能很好地克服传统软件服务模式的不足。云计算的 SaaS 模式将软件存储在云平台上，用户只需要借助 Web 浏览器就可以随时随地访问使用，不需要在个人的服务器上下载安装软件，软件产生的数据也统一存储在云计算的数据中心，对个人计算机资源占用少。软件供应商统一对软件进行维护升级，不存在版本不兼容的问题。

（3）PaaS 模式提供先进的网络开发平台，IaaS 模式提供计算机基础设施，可以解决企业信息化成本相对较高的问题。

云计算的平台即服务模式（PaaS）可以为软件开发商提供相对开放的网络开发平台去研发软件和应用程序，同时采用软件即服务模式（SaaS）提供造价管理服务，能够压缩由研发至交付应用全过程的资金投入量，降低研发成本。

云计算公有云的基础设施即服务模式（IaaS）能够以租赁模式为广大中小企业提供计算机基础设施，从而运行企业的管理系统。独特的托管服务帮助用户管理、维护其虚拟服务器上的数据库及各类系统，既降低了企业的硬件成本又减少了人力投入，在用户的业务规模扩张时也可实现服务扩容。

（4）在工程造价数据库的建设中，IaaS 模式支持数据库实现资料管理功能，PaaS 和 SaaS 模式支持数据库实现数据分析功能，云计算的安全防护体系保障数据安全，可以为工程造价数据库的建立提供可靠平台。

云计算的 IaaS 模式不仅能够支持云存储和数据挖掘，而且还支持信息的检索。分布式测算方法为云平台提供强大的计算能力，使其能够进行快速的数据分析，最终提供用户所需要的工程造价信息，满足工程造价数据库对资料管理功能的需求。

云计算的 SaaS 和 PaaS 模式可以为造价数据分析提供强有力的支持。云计算的 SaaS 模式支持用户利用云平台上专业的造价软件进行数据分析。云计算的 PaaS 模式支持用户直接在云平台上借助基础设施专注于自己的软件开发，为造价数据分析提供便利。

数据库维护功能的重中之重是数据安全。云计算的数据备份功能和设备安全防护措施能有效地避免发生异常情况时数据的丢失、损坏和泄露，一旦系统出现故障，云计算便启动数据备份功能，采取应急措施维护系统的正常运行。在当今网络时代，网络安全问题频出，云计算采取网络安全防护措施可防护数据库不再受到攻击。账户进行统一授权、统一管理也给数据库正常运行加上了一层保护罩。

云计算海量储存能力、大数据处理能力和灵活交易方式为工程造价行业信息发布水平的提高、数据的快速收集和处理、企业信息化管理水平的提高提供了重要的技术支持，但是要提高云计算在工程造价管理中应用的广度深度，工程造价行业还需要深化改革、优化信息发布模式、放开数据的访问权限、建立能够鼓励企业积极共享工程造价数据的长效机制。目前，国内外企业和学者都在积极探索和完善云计算服务，使得云计算的功能日趋完善，应用领域也不断扩展，相信在不久的将来云计算技术在工程造价行业的应用一定能取得不错的成绩。

3.6.2 大数据技术在工程造价领域的应用情况

1. 大数据技术的概念

"大数据"这个概念早在 1980 年就已被提出，著名未来学家阿尔文·托夫勒在《第三次浪潮》一书中，将"大数据"称为"第三次浪潮的华彩乐章"，标志着人类对大数据认知进入萌芽阶段。2008 年 9 月《科学》（*Science*）杂志发表了一篇名为 *BigData：Science in the Petabyte Era* 的文章，"大数据"这个词开始广泛传播。

目前"大数据"已被广泛接受和应用，大数据具有规模性（volume）、多样性（variety）、高速性（velocity）和价值性（value）四大特点。具体来讲，数据的规模性指数据量极大并仍在持续增大；数据的多样性指数据类型繁多，包括结构化数据、半结构化数据以及非结构化数据；数据的高速性指数据的处理速度快、响应时间短；数据的价值性指数据价值密度低，以视频为例，在不间断的监控录像中，有用的数据长度可能仅有一两秒。

2. 大数据技术在工程造价行业中的作用

（1）可以帮助建立工程造价大数据知识库建立的需求

工程造价的确定与控制依赖于工程造价信息数据，同时工程造价业务本身也能产生大量的工程造价信息数据。在传统工程造价业务中，相关资料大量堆积，后期无法被高效查阅、借鉴。工程造价信息数据保存不当，增加了工程造价活动后期的重复工作。

通过对采集、存储的海量工程造价数据进行挖掘、清洗、提炼，形成动态的、有效的工程造价信息并应用于工程造价业务，需要大数据技术帮助建立行业、企业的工程造价知识库，如各类项目的投资估算指标、工程概预算技术经济指标、工程造价指数、即时准确的建材价格信息等。

（2）为投资决策提供数据支持

在投资决策阶段，由于项目资料不完备，利用工程造价指标估算是企业最常用的方法，但由于样本的限制，往往很难找到类似工程的造价指标进行合理定价。大数据技术可以从海量工程造价数据中找到类似工程，或组装出类似虚拟工程的投资估算指标，为项目投资决策提供数据支持。

（3）为设计概算和限额设计提供支持

在设计阶段，按设计图纸计量，套用概算或预算定额编制设计概算是企业最常用的方法，但由于设计深度及计量工作耗时耗力等原因，很难在初步设计阶段和有限时间内输出准确的设计概算。根据设计深度及已完工程资料，企业可以使用大数据和人工智能技术计算输出工程量清单并计算工程造价，实现设计成本一体化，从而适应限额设计的要求，制定出科学、可执行的设计方案，有效提高设计效率和质量。

（4）为工程交易阶段的清标、评标提供帮助

在招投标阶段，大数据技术可以帮助企业分析招投标活动中的围标串标现象，识别不平衡报价，选择合理报价单位等。比如，通过对工程交易市场主体之间的关联度进行分析，可为判断围标、串标行为提供一定程度的佐证；通过对报价差异性分析、合理性分析，可辅助识别不平衡报价等。

（5）实现对项目全过程的成本管控

在全过程造价管理业务中，企业可以应用可靠的大数据技术，采取科学的方法确定工程造价，编制投资估算、设计概算、施工图预算、合同价、结算价及决算价，保证各个阶段的造价控制在合理的范围内，实现投资控制的目标。

3. 大数据技术在工程造价领域的应用现状

目前大数据技术在工程造价领域的应用尚不深入，仅在造价数据积累、数

据查询、统计分析方面做了应用尝试。大量的工程数据堆积在数据库内，只通过简单的数据库查询与统计操作对工程造价数据进行浅层挖掘，缺乏对工程造价数据深层次分析，很难发现影响一个数据因素变动的内在原因，无法获得更加有价值的内在信息。因此，对大数据技术，尤其是在数据挖掘方面应进行更深入的研究，以实现海量数据的有效分析与应用，挖掘出更多数据信息价值为决策者提供依据。

3.6.3　移动互联网技术在工程造价领域的应用情况

1. 移动互联网技术的概念

移动互联网技术将移动通信技术和互联网技术相结合，充分融合了互联网开放、分享、互动和移动通信随时、随地、随身的优势。随着 4G 通信技术的普及、5G 时代的到来以及移动终端设备的快速发展，"互联网+"从传统的计算机端走向了移动设备，移动互联网技术在一定程度上改变了人类的生活、工作方式，推动了社会各领域的变化和发展。

2. 移动互联网技术在工程造价行业中发挥的作用

由于建筑业具有项目分散、现场环境复杂、人员工作移动性强等特点，工程造价行业作为建筑业的重要组成部分，其工作也具有较强的移动性。移动互联网技术在工程造价行业中发挥着日益重要的作用，主要体现在以下几个方面。

（1）实现了文件编制的协同功能

以工程造价文件的内部审核为例，工程造价人员在计算机上完成工程造价文件的编制后提交审核人审核，而审核人如果无法第一时间在计算机上进行审核，会直接影响后续工作的推进，这时移动互联网技术就能发挥作用。

（2）增强了信息获取的便捷性

由于工作移动性强，工程造价人员经常会遇到受限于客观环境（如在项目现场）无法使用计算机的情况，如果无法及时获取准确的材料种类、价格信息，可能会引起经济损失或给委托方留下不够专业的印象。以现场门牌镶贴石材为例，如委托方负责人在现场确定贴红色的石材，他需要知道常见红色石材的品种及其各自的特点、价格等信息，这时就需要借助移动设备进行查询。

（3）减少了重复工作量

在材料进场阶段，项目采购的材料并不会一次性进场，绝大部分都是分批次陆续进场，由于项目工期长、时间跨度大，部分材料的市场价会与原先采购计划的成本存在偏差。现场材料员需要花费大量时间对每次进场材料的价格信息进行核对、登记，与供应商结算时还需要做材料采购结算单，既费时费力也很难让领导直观了解项目当前的成本变动情况，这时移动互联网技术就能发挥作用。

（4）实现了对工程价款的支付及成本的管理

在工程进度款申请环节，施工方需要根据当期完成的工程量提交工程进度款申请，随后监理需要去现场核实和确认申报内容的真实性，并出具工程款支付证书等多项材料。在这种流程下委托方并不能直观地把握工程整体进度和成本，无法及时对工程造价进行成本分析及调整，这时就需要借助移动设备进行实时调整。

3. 移动互联网技术在工程造价领域的应用现状

（1）在工程造价文件编制协同方面，通过将移动互联网技术与云技术结合，业内主流的计价软件基本上可以提供造价云服务，工程造价人员将编制好的工程造价文件通过计价软件上传到云端；审核人可以随时随地使用手机浏览云端文件，同时可以借助企业内部造价指标、公有造价指标来进行数据准确性的初筛，再结合个人经验发现数据问题并进行批注；工程造价人员可在计算机上直接打开云端文件，查看批注信息并进行针对性修改。

（2）在信息获取方面，材价信息、形色软件等 App 已经成为日常造价工作的重要辅助工具。材价信息 App 通过定位、搜索功能可以帮助工程造价人员快速获取材料价格及周边供应商信息；形色软件则可以用于苗木识别，在施工现场苗木种类繁多的情况下可以用于对不熟悉的苗木进行二次确认，避免因为与施工方信息不对称而造成损失。

（3）在材料进场阶段，材料员借助项目管理 App，采用拍照、扫码等形式收集进场材料凭证、记录材料进场数量及价格。施工方负责人在 App 上可以实时看到材料的进场情况及采购进度、采购价格偏差和成本偏差等信息，从而对工程造价进行宏观把控。

（4）在工程进度款申请方面，将计价软件中的清单与算量软件中的模型进度相关联，施工企业在施工过程中利用 App 记录现场施工进度，并填报进度计划中工程量的完成情况，逐步完成了工程进度款申报的前期工作，大大提高了工程进度款申报的效率。监理、审计单位通过 App 在线审批，可以快速校对施工企业申报的工程进度款，并报送委托方进行最后确认。移动互联网既可实现多工地管理，又可提高工程进度款审批的效率，从而保障施工企业工人工资的及时发放。

3.6.4 物联网技术在工程造价领域的应用情况

1. 物联网技术的概念

物联网即"万物相连的互联网"，是在互联网基础上延伸和扩展的网络，它将各种信息传感设备与互联网结合起来形成了一个巨大网络，实现了在任何时间、任何地点人、机、物的互联互通。

物联网的基本特征可概括为整体感知、可靠传输和智能处理。整体感知，即可以利用射频识别、二维码、智能传感器等感知设备感知获取物体的各类信息；可靠传输，即通过对互联网、无线通信网络的融合，实时、准确地传送物体的信息，以便信息交流、分享；智能处理，即利用各种智能技术对感知和传送的数据、信息进行分析处理，实现智能化监测与控制。

物联网的关键技术包括以下几个方面。

（1）自动识别技术

自动识别技术融合了物理世界和信息世界，是物联网区别于其他网络（如电信网、互联网）最独特的部分。自动识别技术可以对每个物品进行标识和识别，并可以实时更新数据。自动识别技术主要包括条形码技术、射频识别技术和其他识别技术（语音识别技术、光学字符识别技术、生物识别技术等）。

（2）定位跟踪技术

对施工现场数据的及时获取是施工方进行实时监控、及时决策的有力工具。将定位跟踪技术引入工程施工现场，能够有效地提高施工方对工作区域人材机的监管能力。定位跟踪技术主要包括室外定位跟踪和室内定位跟踪。

（3）视频监控技术

视频监控也称图像监控，施工现场视频监控技术主要是通过部署在建筑工地现场的摄像机获取视频信号，再对视频信号进行处理和传输，便于显示和读取。施工现场视频监控技术目前已经非常成熟，可直接应用于施工过程。

（4）传感器与传感网络技术

传感器网络是由许多在空间上分布的自动装置组成的一种计算机网络，这些装置使用传感器协作监控不同位置的物理或环境状况。目前，无线传感器网络技术在建设工程领域中的应用已经扩展到大坝、桥梁、隧道等复杂工程的测量和监测。

2. 物联网技术在造价行业中发挥作用

课题组调查发现，在建筑工程施工成本构成中，占比最大的是材料成本，其次是人工成本，两项成本费用约占施工总成本的70%以上。因此，对人工、材料的有效管理是降低工程造价、减少工程浪费的重要途径。物联网技术能实现施工现场劳务用工、材料、设备和机械用量情况的自动、即时采集，对掌握和了解项目真实建造成本有重要的作用。

3. 物联网技术在工程造价领域的应用现状

（1）实名制管理系统

实名制管理主要是为解决建筑企业因对施工现场人员数量、基本情况、进出时间、出勤和工资等情况不了解，导致劳务用工管理不规范而引起的劳资纠纷等问题。

劳务用工实名制管理是强化现场合法用工管理和保证农民工工资按时足额发放的一项重要措施。实名制管理系统能够更加准确地反映项目建设过程中劳务用工发生的费用情况，通过系统采集到的劳务用工基础数据可以作为工程造价中人工费用、人工数量的重要基础数据。

目前基于物联网技术的劳务用工实名制管理系统的主要功能包括实名认证和考勤统计。

1）实名认证。通过扫描身份证、现场拍照、采集虹膜三步可完成真实身份核实和人像采集，首先通过扫描身份证获取人员的基本信息，然后通过现场拍照获取备案人员的脸部特征，再利用人脸识别技术与身份证照片进行对比，最后将信息上传到服务器，如图3-16所示。

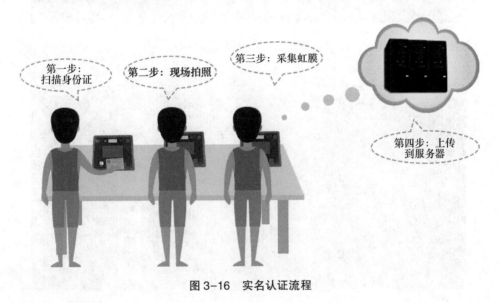

图3-16　实名认证流程

2）考勤统计。实名认证后，采集的人员信息被自动传输到考勤设备中，通过人脸识别进行考勤统计，如图3-17和图3-18所示。

（2）材料设备管理系统

工程建设过程中材料的消耗量巨大，材料费占工程总造价的60%左右，对工程造价的影响非常大。做好施工材料设备管理工作能够有效降低工程造价、减少浪费。在实际施工过程中，施工计划、材料设备调配安排不合理以及施工质量、成本控制不严格的情况普遍存在，解决这些问题需要建立完善的材料设

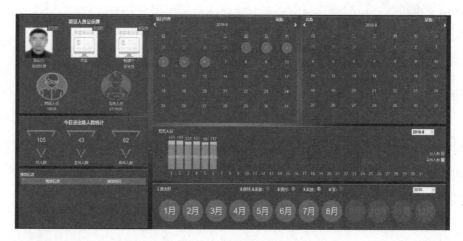

图 3-17　考勤统计（1）

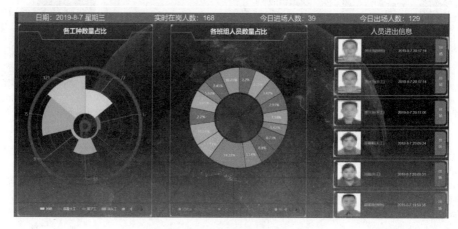

图 3-18　考勤统计（2）

备管理制度，利用信息化手段加强对施工材料设备的管理。

物联网的二维码和射频识别技术在材料设备管理中被运用的比较多，通过在施工材料上粘贴或挂接电子标签来标识物料的属性，在进场验收、入库登记、领料出库等环节进行扫码跟踪，实时更新仓储信息，提高入库、出库、盘点等管理的效率与准确性。

基于物联网技术的材料设备管理系统，不仅提高了对材料设备的管理效率，也为统计分析材料设备实际用量、成本提供了重要的基础数据。

3.6.5 BIM 技术在工程造价领域的应用情况

1. BIM 技术的概念

BIM 即建筑信息模型。BIM 技术是在目前已经广泛应用的计算机辅助设计等计算机技术的基础上发展起来的多维模型信息集成技术，是对建筑及基础设施物理特性和功能特性的数字化表达，能够实现建筑工程项目全生命周期各阶段（包括规划、设计、施工、运维等）、多参与方（包括业主、设计方、施工方、分包方等）和多专业（包括建筑、结构、给排水、供暖通风、电气设备等）之间信息的自动交换和共享。BIM 技术作为一种全新的工程理念和信息技术，正在引领和促进建设领域包括规划、设计、施工、运维等一系列技术及管理创新，推动传统的建设工程行业行为模式和管理方式的深刻变革，促进传统建筑业的技术改造、升级和创新。

2. BIM 技术在造价行业中发挥的作用

（1）增强了工程造价信息的共享与协同，提高了造价数据的时效性

工程造价管理涉及的部门多、企业多、层次多，相互之间缺乏必要的沟通与协调配合，由于技术手段、数据格式等不同，工程造价人员所需要或者提供的项目成本数据无法和其他部门或人员直接共享，需要通过计算机处理或采用手工输入等方式进行二次加工。传统的交流方式造成了数据的重复输入，而且很容易因为人为失误导致信息流失或输入错误，工作效率较低。

目前我国工程造价数据滞后性明显。首先，建筑材料的品种、型号、价格纷繁复杂，材料价格瞬息万变，定期发布的指导价无法与市场价格同步；其次，消耗量指标与市场实际脱节，大部分企业都采用政府颁布的定额数据，但其更新迟缓，不能准确、及时地反映生产力水平。

（2）可以帮助对工程造价进行精细化管理

精细化管理强调通过最大限度地利用资源来降低成本，体现在工程造价上，就是通过量化手段对项目从投资决策到竣工验收各阶段的造价进行有效的控制和管理。但是我国建筑业目前仍为粗放型经营，这种经营模式缺乏合理有

效的运行体制，造成概算超估算、预算超概算、决算超预算的"三超"现象频频发生，污染物产生量、能源和材料消耗也居高不下。只有将精细化管理的思想渗透到工程建设各个阶段，增强参与项目各成员的成本控制意识，把定量化落实到行动上，才能使工程投资的效益最大化。

3. BIM 技术的应用现状

BIM 技术在工程造价领域的应用虽然相对较晚，但也有了一定的应用基础。课题组采用问卷调查法研究了目前 BIM 技术在工程造价领域的应用情况。

（1）调研背景

本次调研对象包括施工企业、中介咨询公司、建设单位和开发商、教育机构、项目管理咨询公司、设计院以及其他类型企业，各类型企业（机构）所占比例如图 3-19 所示。被访用户中的 56.40% 为工程造价预算部门相关人员，19.50% 为项目总工及各相关负责人，17.30% 为项目实施人员，6.80% 为项目监理相关负责人。从被访用户的分布情况来看，本次调研结果能够较为客观地反映 BIM 技术在工程造价领域的应用现状。

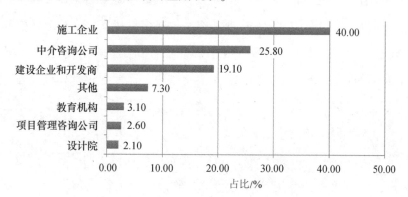

图 3-19　被访企业（机构）类型构成

（2）调研结果

调研结果显示，目前 BIM 技术在我国工程造价领域的应用程度为：大部分企业对 BIM 技术的应用处于导入普及阶段，少部分企业已经深度应用并获得了经济效益。调查显示，60.90% 的企业认为目前 BIM 技术在工程造价领域的应用处于概念普及阶段，29.70% 的企业认为处于局部应用阶段，8.50% 的企业认为进入了全过程应用阶段，仅有 0.90%的企业不看好 BIM 技术在工程造价领域的应用，如图 3-20 所示。由此可见，企业对 BIM 技术在工程造价领域的应用认可度较高。

图 3-20 企业对 BIM 技术在工程造价领域的应用现状认知

调研结果显示，BIM 技术应用最多的阶段是招投标、施工和结算三个阶段。调查显示，48.80%的企业在施工图预算编制时使用了 BIM 技术，32.90%的企业在工程量清单编制时使用了 BIM 技术，32.40%的企业在工程结算时使用了 BIM 技术。此外，有 20.00%以上的企业在投资估算、工程审计阶段使用了 BIM 技术，仅有 12.00%的企业在变更控制阶段使用了 BIM 技术，如图 3-21 所示。

由于 BIM 模型单元完全对应实体构件，且部分实体构件一般从技术角度不进行 BIM 表达（如钢筋、电线电缆、装修构造等），所以 BIM 模型难以全面反映工程量清单，也难以加载全部工程费用，因此，当前 BIM 造价应用仅是局部

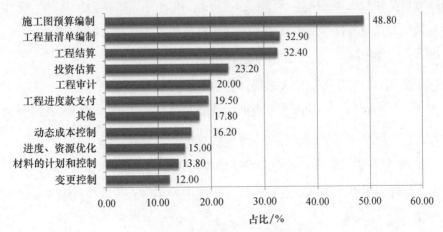

图 3-21 应用 BIM 的工程造价领域

的、兼顾性的，全面 BIM 造价应用的实现尚需时日。

3.6.6　AI 技术在工程造价领域的应用情况

1. AI 技术的概念

人工智能（Artificial Intelligence，AI）是研究、开发用于模拟、延伸和扩展人的智能的理论、方法、技术及应用系统的一门新的技术科学。AI 是计算机科学的一个分支，它试图了解智能的实质，并生产出一种新的能以与人类智能相似的方式做出反应的智能机器，该领域的研究包括机器人、语音识别、图像识别、自然语言处理和专家系统等。AI 不是一种简单的自动化，其核心之一是数字化，它的背后蕴含着数据、算法、计算能力三项要素，这三项要素加上具体的应用场景就构成了整个 AI。

（1）数据

工程造价领域的数据主要包括估算价数据、概算价数据、预算价数据、招标文件数据、投标报价数据、回标分析数据、计量与支付数据、变更签证数据、结算价数据、BIM 图形数据等。

（2）算法

算法具体可分为排序算法、查找算法、资源分配算法、路径分析算法、相似度分析算法以及与机器学习相关的算法，也可分为数据分类算法、聚类算法、预测与估算算法、决策算法、关联规则分析算法及推荐算法。

（3）计算能力

计算能力即云服务器的大数据计算能力，包括分布式计算能力和集中式计算能力。这些软件在两个或多个软件互相共享信息，既可以在同一台计算机上运行，也可以在被网络连接起来的多台计算机上运行。

2. AI 技术在工程造价行业中发挥的作用

计算能力提升、数据爆发式增长、机器学习算法进步、投资力度加大，是推动新一代 AI 技术快速发展的关键要素，实体经济数字化、网络化、智能化转型给 AI 技术的发展带来了巨大的历史机遇。从工程造价管理全过程角度来讲，AI 技术在工程造价行业中发挥的作用主要有以下几个方面。

（1）使工程造价成果文件实现智能编制与审核

决策阶段工程造价成果文件编制流程为：输入语音、文字、图形图像（三维 BIM、图片等），自动识别拟建设项目规模、地点、建设时间等关键参数信息，利用 AI 技术快速计算出拟建设项目的工程总价、技术经济指标、消耗量指标等信息，输出投资估算表。

设计阶段工程造价成果文件编制流程为：读取设计图纸（CAD 图、三维 BIM、纸质图稿等）文件、建设项目关键信息参数（建设规模、建设地点、建设时间、计价方式、计价依据、项目特征等），利用 AI 技术快速计算生成设计概算表。

招标阶段工程造价成果文件编制流程为：读取设计图纸（CAD 图、三维 BIM、纸质图稿等）文件、建设项目关键信息参数（建设规模、建设地点、建设时间、计价方式、计价依据、项目特征等），利用 AI 技术实现对工程量清单、人工材料设备机械的自动计价、询价、快速报价，并形成各种维度的技术经济指标。

商务清标阶段工程造价成果文件编制流程为：读取投标报价、最高投标限价文件，设定各项评比数据的偏离度阈值，利用 AI 技术对每份投标报价文件的符合性、雷同性、不平衡报价自动进行评审、对比，确定合理投标报价文件与排名，自动生成清标报告。

结算阶段工程造价成果文件编制流程为：读取全过程造价文件，利用 AI 技术客观还原工程建设投资管控链条，从工程造价控制全过程的角度快速进行每项结算量、价、费数据变化情况的分析、数据对比及原因分析，快速生成结算文件审核书。

各阶段工程造价成果文件审核流程为：设定工程造价文件中各项数据审核的偏离度阈值，利用 AI 技术实现自动审核、智能审核。

（2）使工程量实现自动计算、二维图形转化为三维 BIM 图形

读取设计图纸（CAD 图、三维 BIM、纸质图稿等）文件，利用 AI 技术自

动完成工程项目清单列项、工程量计算、清单项目特征描述编写等工作，生成工程量计算书；把 CAD 图、纸质图稿等二维设计施工图转化为三维 BIM 图形，基于 BIM 模型进行项目全生命周期的造价管理。

（3）帮助建设企业（行业）的工程造价大数据库

利用 AI 技术对 Excel、Word、PDF、BIM、XML、图片等结构化或半结构化的文件数据进行自动采集、清洗、计算、整合，使之形成完整的、结构化的数据文件；对数据进行快速处理、智能分析，按业务需求、应用场景分类归档，形成工程造价大数据库，包括工程项目案例数据库、技术经济指标数据库、人工材料设备机械价格数据库、清单综合单价数据库、动态定额数据库等。

（4）进行价格趋势分析

以海量历史工程造价数据为基础，利用 AI 技术对未来一段时间的价格指数进行趋势分析、预测。

3. AI 技术在工程造价领域的应用现状

（1）自然语言处理技术

用 AI 的自然语言处理技术，在进行数据采集和清理时，可将非结构化的数据变成结构化的标准数据，例如，识别清单项目的特征描述需要提取和理解各种特征描述文本的核心意思；识别材料设备机械的名称、规格型号需要对文字内容进行标签化、分词组处理，然后再进行智能识别、归档、相似度计算等。AI 技术应用整体架构如图 3-22 所示。

目前已有部分工程造价计价软件采用了基于词典和词库的分词方法、词频统计的分词方法、人工智能机器学习的分词方法、中文分词和特征提取方法等方法的 AI 技术，把清单项目的编码、名称、特征描述、计量单位、所属单项工程、单位工程等信息分解为特征词，将清单表示为能够被清单规范化分类模型和异常数据检测模型接收的形式，如图 3-23 所示。

清单项目分类体系包括 90 多个类别标签，如 "name" 为清单名称，"category" 为该条明细清单的分类标签，"spec" 是该条清单的清单描述，"cost"数据为清单的综合单价，"dx_name""dw_name""raw_paragraph" 是原始工程

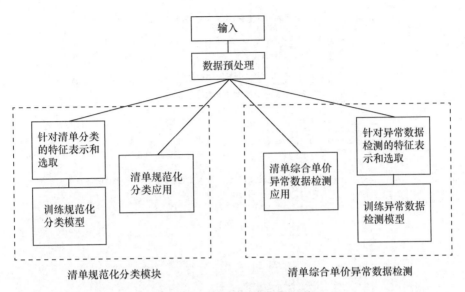

图 3-22 AI 技术应用整体架构

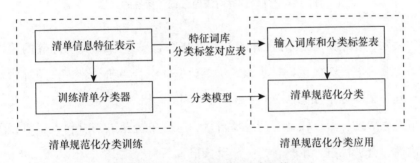

图 3-23 清单规范化分类架构

造价文件编制人给该条清单的分类，"children"是该条清单的材料详情。计价软件对清单分词、标签的处理如图 3-24 所示。

计价软件对标签化的数据采用相似度模型计算数据库中每条计价数据的相似度，并从中抓取相似度最高的计价数据作为当前清单项目的报价，实现自动计价。人工材料设备机械的智能询价处理方法、流程与清单项目智能计价一样。

智能审核是以清单综合单价为标签的基于清单分类的异常数据检测方法，首先对正常的清单描述按照综合单价进行聚类，将聚类中心作为每一类清单的标签，之后根据正常清单做数据训练，生成清单分类器以分析清单数据与清单

```
"category": "分部分项与单价措施/安装工程/强电工程/配电箱",
"spec": "1.名称：配电箱
        2.型号：4AL0001
        3.规格：Pe=6kW
        4.基础形式、材质、规格：无
        5.接线端子材质、规格：详设计
        6.端子板外部接线材质、规格：详设计
        7.安装方式：距地.5m明装
        8.箱体开孔、接地包含在本清单内",
"unit": "台",
"cost": 5370.7,
"dx_name": "地下室",
"dw_name": "安装工程",
"raw_paragraph": "强电工程",
"children": [
        {
            "id": "CD0347",
            "name": "成套配电箱安装 悬挂嵌入式配电箱(半周长)≤1.5m",
            "unit": "台",
            "cost": 5264.68,
            "material": [
                {
                    "name": "配电箱 4AL0001",
                    "cost": 5026.12
                }
            ]
        },
        {
            "id": "CD0453",
            "name": "端子箱 无端子外部接线≤2.5mm2",
```

图 3-24　计价软件对清单分词、标签的处理

标签的关联，利用测试数据分析清单数据与综合单价所属类别标签的关联程度，若关联程度低于阈值则认为该条清单数据的综合单价异常。清单异常数据检测流程和架构分别如图 3-25 和图 3-26 所示。

借助大数据，可以快速对清单项目量、综合单价及人工材料设备机械单价的准确性、合理性进行审核，并生成审核报告书。

（2）图像识别技术

通过 AI 图像识别技术可以自动识别设计图纸（如 CAD 图、三维 BIM 等）并生成标准化模型，按照内置的工程量计量规则快速计算工程量，提高算量、核量的工作效率。目前工程造价领域很多软件均已不同程度地采用了该技术。

（3）专家系统

专家系统是运用 AI 技术和计算机技术，根据某领域一个或多个专家提供的知识和经验，进行推理和判断，模拟人类专家的决策过程，以便解决那些需要人类专家处理的复杂问题。专家系统是一个具有专业知识和经验的程序系统，能够对储备的知识和经验进行智能化处理。

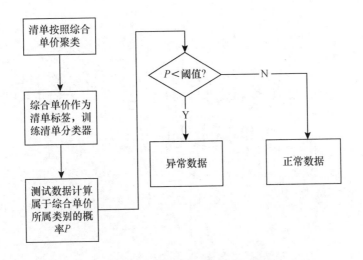

图 3-25 清单异常数据检测流程

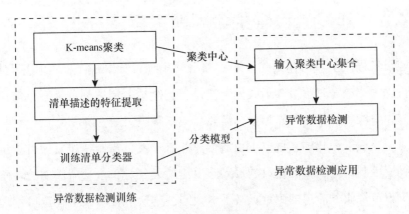

图 3-26 清单异常数据检测架构

工程造价工作中涉及大量的数据，积累的历史工程数据和经验知识一直得不到有效利用，专家系统可以对这些数据和知识进行有效的深度挖掘，自动匹配当前数据后出具报告文件，完善企业的工程造价知识数据库。

在工程造价中引入 AI 技术已成为未来工程造价行业智能化、数据化发展的方向，AI 技术对造价项目的影响因素、工作重点、规划管理等方面都产生了一定的影响。

4 工程造价信息化建设整体规划

4.1 建设工程全生命周期工程造价业务需求

建设工程全生命周期是建设工程项目从规划设计到施工，再到运营维护，直至拆除为止的全过程。一般我们将建设工程全生命周期划分为五个阶段，即规划立项阶段、设计阶段、招投标阶段、实施阶段、运营阶段。

对于建设工程总体来说，工程造价业务需求就是要使得建设项目全生命周期的投资控制最优，工程建设的投入产出比最大。对于全生命周期的各阶段来说，工程造价业务需求的侧重点又不尽相同，这是由各阶段工程造价管理的侧重点不同决定的。

4.1.1 规划立项阶段工程造价业务需求

规划立项阶段工程造价业务主要需求如下。

1. 决策需求

决策需求主要是项目投资方的需求，项目决策正确与否直接关系到项目建设的成败，也关系到投资效果的好坏，从工程造价角度衡量项目的合理性和可行性可以为项目决策提供重要依据。例如，对项目建议书中的投资方案进行多方案比选，可以为项目决策提供比较客观的依据。

2. 立项需求

立项需求主要是项目管理方（包括政府管理方）的需求，如投资估算。

3. 筹融资需求

筹融资需求主要是项目建设方（包括金融企业）的需求，如融资方案和计划的编制等。

4.1.2 设计阶段工程造价业务需求

设计阶段不仅是决定建设工程价值和使用价值的主要阶段，而且是控制工程造价的关键环节。一方面，设计基本决定了工程建设的规模、标准、结构形式等；另一方面，设计形成了设计概算，能够确定投资的最高限额。实践证明，设计阶段对投资控制的影响程度高达75%以上，设计阶段工程造价业务需求是极其重要的。在设计工作中应及时地分析对比工程造价，通过工程造价反馈信息不断优化工程设计，为科学控制工程造价提供依据。这一阶段主要需求如下。

（1）编制初步设计概算，进一步确认建设工程总投资。

（2）主要设备询价，进一步控制设备购置费用。

（3）参与设计优化，包括总体设计优化、布局设计优化、主要的工艺流程优化、设备及材料的选型及设计工程量的计算等。

（4）应用 BIM 技术等手段，实现设计、造价、多专业检查同步，在设计阶段准确计算消耗量有利于控制成本，多专业可视化检查有利于减少变更索赔的发生。

4.1.3 招投标阶段工程造价业务需求

招投标阶段是确定合同价款的一个重要阶段，它对今后的施工以及工程竣工结算都有着直接的影响。工程造价业务需求主体既包括招标人和投资人，也包括投标人和项目采购相关方（如评标专家）。这一阶段主要需求如下。

（1）依据确定的概预算文件并结合建设工程实际情况，合理划分招标标段，为招标投标工作提供依据。

（2）最高投标限价的编制，工程招标清单的编审，为招标文件的确定提供支持。

（3）依照设计图纸编制投标报价。

（4）清理投标文件，严格执行计价规范，遵守招标文件要求。

（5）评标专家依据招标文件规定的评标标准和方法对投标文件进行审查、评审和比较，评选出最符合招标文件各项要求的投标者。

4.1.4　实施阶段工程造价业务需求

工程实施阶段，施工图纸设计已经完成，工程量已经具体化，工程招标工作已经完成，工程承包合同已经签订。这一阶段工程造价业务需求主要基于施工准备、施工管理、竣工验收三个方面，如果管控不好，极易造成资源的浪费。这一阶段主要需求如下。

（1）编制施工预算。

（2）申报及审核工程进度款。

（3）处理施工阶段各类索赔事项与计价。

（4）对工程投资进行动态跟踪调整，以利于有效利用资金，减少工程投资风险。

（5）编制及审核竣工结算、决算等。

4.1.5　运营阶段工程造价业务需求

运营阶段即使用维护阶段，是建设投资效益发挥和回收的阶段，此阶段产生的造价费用即运营及维护费用。对建筑设施和设备使用维护不当，会减少工程的寿命和生存周期，既影响工程项目的投资收益，又造成运营及维护费用过多。这一阶段的工程造价管理是工程造价全生命周期控制的最后一环，造价控制重点应放在制定合理的使用维护造价规划上，运用现代管理手段和修缮技术，对已投入使用的各类设施和设备实施多功能、全方位的统一动态造价管理，建立市场机制和树立招投标理念，做好风险预测，进行连续、有效的运营优化及维护，降低运营及维护费用，实现运营及维护成本可控，提高项目综合经济价值。这一阶段主要需求如下。

（1）对尾工项目的造价管理。

（2）工程、设备及设施的维护费用及质保金的支出管理。

（3）参与项目后进行评价，完善实际造价指标数据，以便提高同类工程的投资管控水平。

4.2　建设工程各方主体的工程造价工作职责

4.2.1　建设主管部门主要职责

建设主管部门（主要包括住房和城乡建设部、交通运输部、水利部等和省级住房和城乡建设厅、交通运输厅、水利厅等，以及各地住房和城乡建设局、交通运输局、水利局等）的主要职责如下：①贯彻执行国家工程造价相关法律；②研究制定工程造价管理的法规、规章、制度；③建立科学规范的工程建设标准体系，组织拟订工程建设标准、定额、建设项目评价方法、经济参数；④拟订工程造价咨询单位的资质标准并监督执行；⑤指导监督各类工程建设标准定额的实施和工程造价计价；⑥搭建市场价格信息发布平台，统一信息发布标准和规则；⑦建立造价监测平台系统等，监测全国造价数据。

4.2.2　发展和改革部门主要职责

发展和改革部门（主要包括各级发展和改革委员会）主要职责如下：①贯彻落实党中央关于发展改革工作的方针政策和决策部署；②拟订和制定国民经济和社会发展以及经济体制改革、对外开放的有关行政法规和规章，参与有关法律、行政法规的起草和实施；③安排财政性建设资金，按国务院规定权限审批、核准、审核重大建设项目、重大外资项目、境外资源开发类重大投资项目和大额用汇投资项目；④指导和监督国外贷款建设资金的使用，引导民间投资的方向，研究提出利用外资和境外投资的战略、规划、总量平衡以及结构优化的目标和政策；⑤组织开展重大建设项目稽查；⑥负责对政府投资项目的项目方案、可行性研究报告进行批复，负责对政府投资项目的投资概算进行审查和批复，负责对政府投资项目进行评价。

4.2.3　财政部门主要职责

财政部门（主要包括财政部、省级财政厅及市级财政局）主要职责如下：①分析预测宏观经济形势，参与制定宏观经济政策，并贯彻执行；②审核批复财政预算；③监督财政资金执行和落实情况。

4.2.4　审计部门主要职责

审计部门（主要包括审计署、省级审计厅及市级审计局）主要职责如下：①贯彻执行国家有关审计工作的方针政策和法律法规；②承担审计法律法规草案、规章制度、国家审计准则和指南的起草工作，制定部门规章和地方法规；③负责审计政府投资和以政府投资为主的建设项目的预算执行情况和决算，开展专项审计和审计调查，负责对重点项目的全过程进行跟踪审计。

4.2.5　建设单位主要职责

建设单位主要职责如下：①负责工程建设造价管理办法的制定、指导和监督执行；②负责项目投资估算的编制并报发展和改革部门审批、核准或备案；③负责初步设计概算编制并报发展和改革部门审批、核准或备案；④负责最高投标限价或施工图预算价的审核；⑤负责项目资金使用计划的编制；⑥负责施工单位、材料供应单位的招标和采购；⑦负责施工、材料（设备）合同价的控制，实施过程中投资的动态管理，严格控制施工过程中的工程进度款支付，审核签证、变更、索赔、材料（设备）询价等；⑧采用信息化手段对投资变化进行分析、监控，对因计量支付、签证、变更、索赔、材料（设备）询价等造成增加项目投资预算的应严格按相关规定执行；⑨负责结算和决算的编制审核工作，并接受国家审计；⑩采用信息化手段收集整理工程造价指标、材料价格等。

4.2.6　设计单位主要职责

设计单位主要职责如下：①编制项目估算、初步设计概算等，对建设工程总投资进行控制；②采用限额设计方式控制投资；③进行设计优化，包括总体设计优化、布局设计优化、主要的工艺流程优化；④应用 BIM 技术等手段，实现设计、造价和多专业检查同步，减少实施过程中变更索赔的发生；⑤通过材料、设备选型控制投资。

4.2.7　施工单位主要职责

施工单位主要职责如下：①严格按照施工合同约定计量计价；②及时申报工程进度款、认质认价材料价格单、索赔费用、变更签证费用；③办理现场签证资料，并提供现场签证费用清单；④采用 BIM 等信息化管理软件指导现场施工，控制工程成本；⑤编制竣工结算并配合完成竣工结算审核。

4.2.8　造价咨询单位主要职责

造价咨询单位主要职责如下：①参与招标文件的拟订，制定造价控制条款；②参与项目成本测算及编制，拟订成本控制目标；③编制或审核项目概算；④编制工程量清单及最高投标限价或者施工图预算价；⑤对投标文件进行清标，并向业主提出造价控制方案及目标；⑥审核工程进度款、变更造价、签证造价及索赔造价；⑦动态监测项目造价，及时向建设单位提供造价风险分析报告；⑧提供各类变更方案、措施方案、索赔报告的经济数据比较报告；⑨根据施工合同对材料（设备）价格进行确认；⑩审核竣工结算并配合国家审计；⑪采用信息化手段归类整理项目造价数据，沉积工程造价指标。

4.2.9　监理单位主要职责

监理单位主要职责：①对工程设计中的技术问题，按照安全和优化的原则，向设计人员提出建议，如果拟提出的建议可能会提高工程造价或延长工期，应当事先征得委托人的同意；②审批工程施工涉及的技术方案，按照保质量、保工期和降低成本的原则，向承包人提出建议，并向委托人提出书面报告；③工程施工过程中材料的认质认价；④工程预付款、进度款支付的审核和确认；⑤工程变更和签证的审核和确认；⑥工程索赔金额的审核和确认。

4.3 各主体在工程建设各阶段的工程造价信息化需求

各主体在工程建设各阶段的工程造价信息化需求见表4-1。

表4-1 各主体在工程建设各阶段的工程造价信息化需求

主体	阶段	需求
建设主管部门	规划阶段	暂无需求
	设计阶段	概算指标
	招投标阶段	有关造价管理的法规、规章、制度整合平台，信息发布平台
	施工阶段	造价数据、工料机价格信息
	运营阶段	房屋修缮、改扩建项目造价指标
发展和改革部门	规划阶段	建设工程成本数据分析平台、投资动态分析平台
	设计阶段	估算指标、概算指标
	招投标阶段	暂无需求
	施工阶段	暂无需求
	运营阶段	房屋修缮、改扩建项目造价指标
财政部门	规划阶段	投资动态分析预测软件及平台、宏观经济形势分析预测软件及平台
	设计阶段	暂无需求
	招投标阶段	暂无需求
	施工阶段	建设工程成本审计、监控、监督平台
	运营阶段	房屋修缮、改扩建项目造价指标

续表

主体	阶段	需求
审计部门	规划阶段	暂无需求
	设计阶段	暂无需求
	招投标阶段	建设项目过程跟踪、监控、监督平台
	施工阶段	预算执行情况监控平台、项目全过程跟踪审计数据收集分析平台
	运营阶段	房屋修缮、改扩建项目造价指标
建设单位	规划阶段	投资估算指标，开发报建过程跟踪平台、决策分析平台
	设计阶段	概算指标，三算（方案测算、设计概算、施工图预算）对比分析平台、设计方案管理平台、设计优化管理平台
	招投标阶段	招标采购管理、资金计划管理、评标决策分析、合同管理、供应商管理平台
	施工阶段	项目管理平台（进行材料设备管理、资金动态管理及分析、变更索赔管理、工程进度款管理、过程资料归档管理）
	运营阶段	房屋修缮、改扩建项目造价指标，运营管理平台
设计单位	规划阶段	暂无需求
	设计阶段	概算指标
	招投标阶段	暂无需求
	施工阶段	项目管理平台（进行变更管理）
	运营阶段	房屋修缮、改扩建项目造价指标，运营管理平台
施工单位	规划阶段	暂无需求
	设计阶段	暂无需求
	招投标阶段	历史投标报价数据及指标
	施工阶段	工料机价格及供应商信息平台、项目管理平台
	运营阶段	房屋修缮、改扩建项目造价指标
监理单位	规划阶段	暂无需求
	设计阶段	暂无需求
	招投标阶段	暂无需求
	施工阶段	项目管理平台（进行安全管理、变更管理、进度管理）
	运营阶段	房屋修缮、改扩建项目造价指标

续表

主体	阶段	需求
造价咨询单位	规划阶段	数据库大数据平台（基于数据库对拟建项目的快速测算）
	设计阶段	估算指标、概算指标
	招投标阶段	历史投标报价数据及指标、评标软件
	施工阶段	项目管理平台（进行成本动态跟踪管理，工程进度款、变更、签证及索赔管理，文档管理）
	运营阶段	房屋修缮、改扩建项目造价指标

4.4 工程造价信息化建设现状

　　信息化已成为推动工程经济领域发展的重要力量，国家越来越重视各行各业的信息化建设。近年来，我国政府出台的文件中越来越多地提到信息化战略，包含了从国家层面到建筑业再到工程造价行业的信息化发展战略。在这些战略的指导下，工程造价行业的信息化建设快速发展，取得了显著的成效，同时也存在诸多问题。例如，工程造价信息化建设缺乏统一的组织和规划，存在着信息化建设各方主体自发组织、自我管理等诸多弊端，极大地阻碍了我国工程造价信息化进程。因此，对工程造价信息化建设和发展进行总体布局，可以有效推动信息化建设顺利实施，促进整个工程造价行业健康、可持续发展。

4.4.1 工程造价信息化建设的成就

1. 夯实了信息化发展基础

　　我国工程造价行业的信息化建设工作开始于20世纪90年代，经过多年的努力，特别是"十三五"期间，工程造价行业信息化水平得到了较大的提高。按照政府主导、企业主责、行业协会参与的原则，初步构建了高效的工程造价信息化建设协同机制，逐步完善了各级政府工程造价信息化建设，加强了工程造价信息化技术研究，加快了工程造价信息化标准体系的建设，逐步统一了工程交易阶段造价信息数据交换标准。

2. 提升了造价信息服务能力

"十三五"期间，工程造价动态监测形成一种常态，通过监测系统的应用，工程造价综合价格指数、人工及材料等价格指数的敏感度大大提升，确保了对市场行情的分析、联动和快速反应管理；加强了建设工程投资估算、设计概算、招标控制价、中标价、竣工结算价等工程造价信息数据的积累与分析；逐步实现了工程造价人工、材料价格及综合指标、指数等数据的及时准确发布。

3. 逐步构建了多元化的工程造价信息服务体系

多元化工程造价信息服务体系指在工程造价信息的产生、收集、加工、发布、利用等多个环节中，通过信息种类、信息服务主体、信息服务平台、信息服务方式等的多元化，使工程造价信息能够最大限度地满足不同用户的需求。

"十三五"期间，市场可提供的工程造价服务信息种类不断丰富，逐步满足不同用户对于工程造价要素市场信息、造价指标指数、典型工程（案例）、法规政策等信息的需求；工程造价信息服务主体向着多元化方向发展，逐步构建政府、参建企业、行业协会、科研机构、专业造价信息服务机构等多主体参与的工程造价信息服务体系；多元化的工程造价信息服务平台正逐步建立和完善，主要体现在平台服务范围、服务领域、服务信息的多元化方面；计算机及网络技术的广泛应用，尤其是移动互联网网络环境的改善及移动终端设备的普及，促进了工程造价信息服务方式的多元化，主动型、点对点、个性化、产业型的工程造价信息服务模式正逐步被建立。

4.4.2 工程造价信息化建设存在的问题与不足

随着工程造价信息化建设的不断深入，我们在看到成绩的同时也要认识到信息化建设的艰巨性和复杂性。目前工程造价信息化建设存在的问题仍然很多，本书第3章节已经做了详细分析。在信息化建设过程中存在以下问题与不足。

1. 缺乏总体架构设计，信息化建设仍处于无序状态

工程造价信息化建设中存在的主要问题可以概括为条块分割、孤岛丛生、

重复投资、低水平重复建设等。这些问题的出现与信息化建设模式息息相关，信息化一般会经历一个从分散到集中、从满足个别需求的孤立系统到整合系统的过程，这个过程造成的一个严重后果就是"信息孤立"，行业与行业之间、系统与系统之间存在主观或客观的差异，导致信息化建设虽然实现了个别效率的提高，但从宏观来看整体效率并没有同步提高，既不能保证数据的有效共享，也不能支持项目全生命周期的一体化衔接。

2. 重系统、轻数据

各方主体普遍认为信息化建设与系统实施可以直接画等号，忽视了宝贵的数据信息资源的开发和利用。目前，工程造价信息化已经能够较好地满足业务流程电子化的需求，但是难以满足分析、决策的需求，因此总体的效益仍不尽如人意。

3. 企业技术的持续更新与政府监管相对滞后的矛盾凸显，数据安全管理有待被提上日程

随着云计算、大数据、移动互联网、物联网、BIM、AI 等信息化新技术的推广应用，工程造价信息化技术持续更新，而政府对软件系统的监管相对滞后，矛盾日渐凸显，由于政府监管滞后引发用户对数据安全性的担忧日益加剧，安全管理问题有待被提上日程。

4.4.3 工程造价信息化建设整体规划建议

1. 总体目标

在完善的工程造价信息化组织架构和制度保障的支撑下，构建一套基于信息技术、涵盖工程造价管理体系所有内容，具有科学权威、标准统一，集产、学、研、用为一体的工程造价信息化体系，可以为政府、行业协会和企业等各方主体提供有价值的信息服务，可以促进行业内各种资源、要素的优化与重组，可以提升行业的现代化水平。

2. 阶段目标

工程造价信息化建设各阶段目标见表 4-2。

表 4-2　　　　　　　　　　　　工程造价信息化建设各阶段目标

近期目标（打基础）	中期目标（造环境）	远期目标（成系统）
扩展数据来源，整合多种渠道、多种类型的数据源，统一数据标准，努力建设基于中国自有知识产权数据库的数据标准	构建中国特色的、国际领先的工程造价信息化标准体系	建成覆盖全国的、信息内容全面的工程造价数据库，建成能够系统应用云计算、数据挖掘、物联网、移动互联网、BIM、AI 等先进信息技术的工程造价信息化平台
建设可持续的工程造价信息化协同发展机制	实现共建、共管、共享	
推动具有中国自有知识产权的一系列低成本、易操作的数据存储及分析工具的研发，为信息服务提供技术基础，着力降低信息化系统的使用费用，扩大信息化数据采集范围	构建安全高效的工程造价信息服务体系	
加强数据的治理和管控工作，在整个行业范围内提升数据的一致性、安全性	建立完善的工程造价信息使用、共享及安全机制	
研究、推广信息化新技术在工程造价领域的典型应用案例	推动信息化新技术在建设工程造价领域的应用	

3. 战略支撑

做好工程造价信息化建设整体规划，不仅决定未来信息化建设的目标、方向、策略、步骤，而且会影响到行业的创新和发展，需要认真研究和应对，建议如下。

（1）加强工程造价信息化建设总体构架的设计

应将工程造价信息化建设总体架构的梳理和优化作为一项重点工作，总体构架的设计可以从以下几个方面着手：①建设完善工程造价信息化标准体系；②建设工程造价信息化协同发展机制；③建设工程造价信息服务体系；④建设工程造价信息使用、共享及安全机制；⑤推动信息化新技术在建设工程造价领域的应用。

（2）信息化建设整体规划应考虑全生命周期各阶段的特点

全生命周期各阶段信息化建设的需求是不一样的，信息化建设整体规划编制工作应针对各阶段的特点综合考虑，既要相互衔接，又要突出重点、有针对性，见表4-3。

表4-3 工程建设各阶段工程造价信息化建设重点工作

工程建设阶段	信息化建设重点工作
规划阶段	典型工程（案例）造价信息化建设、造价指标和指数信息化建设、要素市场信息化建设、辅助决策系统信息化建设等
设计阶段	造价指标和定额信息化建设、设计与造价同步管理信息化建设、材料设备价格体系与设计同步信息化建设等
招投标阶段	采购信息化系统与造价信息化系统的结合、清标信息化管理、合同价格信息化管理等
实施阶段	基于项目管理（包括采购、支付、变更、验收等）的造价信息化体系建设
运营阶段	能够实现施工信息化系统与运营的有效交接，实现工程造价信息化系统在运营期的低成本服务和可持续改进

（3）信息化建设规划应考虑各方主体的诉求

制定工程造价信息化建设整体规划方案，应重点关注各方主体的诉求。工程造价管理的参与方较多，包括政府、协会、建设方、施工方、设计方、监理方、咨询方等，各方对造价信息化的关注点并不一样。例如，政府关注信息的标准、信息可靠性等，建设方关注信息的专业性和可用性，施工方关注信息的有效使用和经济效应，设计方关注信息的可行性和成熟性等。因此，信息化建设整体规划既要满足各方主体的差异性诉求，又要考虑以推动工程造价信息化发展为根本的统一性目标，邀请各方代表共同参与规划的制定和完善，分工协作、共同建设。

（4）完善监管机制，推动各方共同参与信息化建设

①完善工程造价信息化建设的监管机制，重点包括信息化软件系统对中国自有知识产权技术的依存度监管、各级政府部门对工程造价信息化平台"放管服"工作的监管、信息化系统安全性监管等；②完善相关的体制、机制，进行工程造价信息化治理和优化；③协会要发挥行业技术专家优势，做好国内与国际标准、体系的对接；④建设单位应加强标准的应用，按标准要求各参与方协同信息管理和使用，加强安全监管，守好信息化第一道防火墙；⑤施工单位应

做好信息的采集、整理、使用工作以及信息化处理工作；⑥监理、咨询单位应充分利用自身的优势，在信息化建设中发挥纽带和桥梁作用，做好信息化的推介和建设工作。

（5）注重制度完善和风险管控，加强信息安全管理

①提高中国自有知识产权技术的占比；②健全数据规范机制，重点完善国家标准；③完善信息化的混合运维，尤其是对各类专业软件"混合造价云"技术的组织安排，实现安全和使用两手抓、两手硬。

我国工程造价信息化发展将进入一个全新的、高速发展的时期，其间机遇与风险并存。面对复杂的形势，我们要保持冷静的头脑，加强统筹规划和顶层设计，科学判断和准确把握好信息化发展趋势，处理好影响信息化发展的突出矛盾和问题，实现高效、快速和可持续发展的信息化建设。

5 工程造价信息化标准体系建设

5.1 工程造价信息化标准体系建设存在的问题

作为工程造价信息化建设的基础性工作，由于缺乏总体架构、顶层规划指导，工程造价信息化标准建设因而进展缓慢，工程造价信息化标准建设体系尚未构建完善，且整体落后于工程造价信息化建设实践。通过对目前国家、行业、地方工程造价信息化标准体系建设工作的收集汇总和梳理分析，课题组发现现有建设工程造价信息化标准体系在总体部署和顶层设计、基础性和区域发展的平衡性、标准的实施监督反馈机制上存在较大的问题。

5.1.1 工程造价信息化体系标准建设缺乏总体部署和顶层设计

工程造价信息化标准体系建设既是工程造价信息化建设的基础工作，也是未来工程造价管理活动的基础，同时是建设领域信息化标准的重要组成部分。近年来政府主管部门发布的《住房城乡建设部关于进一步推进工程造价管理改革的指导意见》（建标〔2014〕142号）、《住房城乡建设部关于印发2016—2020年建筑业信息化发展纲要的通知》（建质函〔2016〕183号）、《住房城乡建设部关于印发工程造价事业发展"十三五"规划的通知》（建标〔2017〕164号）、《工程造价改革工作方案》（建办标〔2020〕38号），当中涉及"工程造价信息化标准体系建设"的规划指引篇幅少、所占比重低，只是笼统提出了体系建设的大方向，至于工程造价信息化标准体系要怎么做、做到什么程度、建设参与主体如何分工落实，则没有进行具体的介绍，后续也未见发布实施细则、工作方案、任务分解表等文件。

近年来各地住房和城乡建设部门发布的年度工程建设标准制定、修订计划的内容几乎涵盖工程建设整个领域，唯独未见针对工程造价信息化标准制定、修订工作提出单独的计划。

5.1.2 工程造价信息化标准体系建设在基础性、区域发展上不平衡

课题组对收集到的工程造价信息化标准体系的相关信息进行了分类、分析，发现工程造价信息化标准体系可分为数据编码标准、数据采集标准、数据管理（形成）标准、数据应用标准和数据交换标准，如图5-1所示。

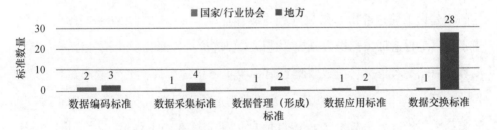

图5-1 现有工程造价信息化标准分类和数量

统计结果显示，数据交换标准是目前从政府主管部门到地区再到企业探索最多的一类标准。公开资料显示，目前多个省份已制定了电子化招投标数据交换标准、造价软件数据交换标准、工程造价数据交换标准，基本可以满足地区内的数据交流、工程造价数据监测上报，以及工程计价、审计、招投标、评标等软件业务所需，但要实现造价信息在全国范围内无障碍的跨地域、跨部门联通，仍要以国家标准为准则。

从工程造价信息和标准发布实施的区域分布看，多数地方工程造价信息和标准分布在经济发达、建设行业发展繁荣、造价咨询业务收入多的地区，中东部地区工程造价信息化标准体系建设的能力较强，东北、西北部地区在地方标准体系建设方面稍有落后，仍以贯彻执行国家和行业标准为主。当然，执行工程造价信息化标准时应以国家标准、行业标准为主，以地方标准为辅。地方标准更多是作为一种补充、细化、提高的手段，要避免重复建设和浪费。

我国目前在工程造价信息化标准体系建设上力量较为薄弱，对于新技术、新工艺、新材料、新设备应用标准的编制存在前瞻性不足等问题。《建设工程人工材料设备机械数据标准》（GB/T 50851—2013）是近年来发布的最高的数据标准，其规定相对较详细，但是它给出的材料目录不全面，许多常用材料并没有被收录，还存在定义、分类模糊的情况。在此情况下行业或地方标准的补充就显得尤为必要，但从目前的公开资料来看，只有少数省份推出了地方的人工材料设备机械数据分类标准及编码规则，相比于造价咨询行业应用的迫切需求，信息化标准建设显得缓慢、滞后。同样的情况还发生在一些概念标准存在歧义上，在建设工程造价指标指数的收集方法方面，2018年实施的《建设工程造价指标指数分类与测算标准》（GB/T 51290—2018），只涵盖了建设工程造价指标指数分类、建设工程造价指标测算、建设工程造价指数测算，而没有对指标、指数收集渠道和收集方法的合规性乃至发布进行规范。目前，只有北京、重庆、四川、广东等地制定了工程造价技术经济指标采集与发布的相关标准。另外，工程造价信息化配套标准如工程造价计算机应用软件、系统等产品生产及验收、测评标准，以及建设工程造价信息工作规程等都比较缺乏。

5.1.3 工程造价信息化体系建设在标准实施、监督反馈机制方面的不足

标准实施管理包括标准的培训、解释和监督管理。对标准所规范的行为人进行普及性宣贯、培训，同时让标准执行人广泛知晓标准，这是标准使用、落

实的前提和基础。标准执行过程中，执行人难免对标准内容、条款含义、主体、效力、程序等有不同认识和理解，这就要求对标准的解释、咨询成为必要的日常管理内容。标准解释工作由标准批准部门负责，标准起草人及技术委员会在未得到授权的情况下，对标准内容的解答不能成为正式解释，不具法律效力。标准评价是从定性评价与定量评价两方面开展的，定性评价是对标准的完整性、适用性、符合性等的评价，定量评价是对标准的准确性、可比性、效益性等的评价。

工程造价行业已颁布实施或正在编制的有关工程造价信息化标准信息零散分布在各处，包括住房和城乡建设部官网、国家工程建设标准化信息网、中国标准在线服务网、中国建设工程造价管理协会网站、中国建设工程造价信息网、各地住房和城乡建设厅官网、省级工程造价信息网站、省级工程造价协会网站等。上述这些网站多是政务服务网站或综合性的信息网站，而非适用于工程造价信息化标准制定、实施与监督管理的专业性网站，从工程造价信息化标准的规划、备案、公告、征求意见到标准状态（在编、作废、修订）、标准体系的管理都没有独立划分出来，给公众、行业用户、标准执行人对于前述罗列内容的查阅、查询带来了使用上的不便。工程造价信息化标准体系建设需要打造一个开放、动态、可查询的信息系统，以方便群众、服务行业，同时要通过网络、出版发行渠道及时发布标准规范，促进新标准的贯彻执行；及时做好强制性条文检索系统的数据更新及维护，也是同步适应行业业务应用之需；畅通标准实施的信息反馈渠道，组织、收集、分析建设活动各方责任主体、相关监管机构和社会公众对标准实施的意见和建议，并进行分类处理，也是提升服务质量的途径。

5.2 工程造价信息化标准体系建设的分类

工程造价信息化标准体系建设涉及面非常广泛，包括大量标准和规范，课题组认为要对这些标准和规范进行整体分析，按照内在联系进行有序规划，才能建立结构化、系统化的工程造价信息化标准体系。工程造价行业亟须在现有工程造价信息数据标准的基础上，进行统一规划、系统分类，以尽快建立完整的、科学的工程造价信息数据标准。完善针对造价指标、造价指数、项目特征类指标的数据标准，是推动我国工程造价信息化发展的当务之急和基础条件。

为了工程造价信息化标准体系能保障项目数据的统一与应用顺畅，发挥数据驱动的价值，从信息化系统正常运转的角度出发可将整个标准体系分为数据编码标准、数据采集标准、数据管理（形成）标准、数据应用标准、数据交换标准。

5.2.1 建立数据编码标准

为了实现信息数据的规范统一，消除重复信息，实现数据编码的唯一性，需要建立统一的数据编码标准。规范数据编码，能够促进信息数据的表述、共享、传递、存储及分发，有效提高行业的工作效率和管理水平。数据编码标准包括《建设工程人工材料设备机械数据编码标准》《建设工程清单编码标准》和《造价信息分类与编码标准》。

5.2.2 建立数据采集标准

获得及时、准确、完整、可靠的信息依靠合理的采集方法，因此需要建立数据采集标准。数据采集标准是指对信息的采集对象、选取原则、基本方法等进行规定，避免因收集人员、收集方法等不同造成偏差而导致造价信息无法有效共享。数据采集标准包括《（各业态）建设工程指数指标分类及采集标准》和《建设工程消耗量数据采集标准》。

5.2.3 建立数据管理（形成）标准

数据管理（形成）标准从取样方法、数据加工方式、计算规则、数据成果格式等方面进行规定，可以保证工程造价数据完整地传递其包含的信息。数据管理（形成）标准包括《（各业态）建设工程造价指数测算标准》《（各业态）

建设工程造价指标测算标准》《建设工程消耗量测算标准》和《BIM 建筑信息模型存储标准》。

5.2.4 建立数据应用标准

数据应用标准从发挥数据价值的角度出发，主要针对应用过程中数据的使用、数据的分析、分析工具、可视化工具等进行规范。数据应用标准包括《建设工程项各个阶段项目划分标准》《建设工程费用划分标准》《建设工程清单计价、计量规范》《建设工程消耗量定额》《建设工程项目特征描述标准》《全过程造价管理 BIM 模型标准》和《全过程造价管理 BIM 应用标准》。

5.2.5 建立数据交换标准

为了让在不同地方、使用不同计算机和不同软件的用户能够有效读取他人数据并进行各种操作运算和分析，需要制定数据交换标准。数据交换标准主要解决存储、传输及交流问题。数据交换标准包括《建设工程 BIM 模型交付标准》《IFC 数据交换标准》和《建设工程造价数据交换标准》。

5.3 工程造价信息化标准体系建设的落地措施

5.3.1 成立工程造价信息化项目推进领导小组

成立工程造价信息化项目推进领导小组，全面推动工程造价信息化建设，确保工程造价信息化项目的顺利运转。

5.3.2 着重做好工程造价信息的开发和利用

以统一的标准和格式为基础，建立完善的工程造价信息化标准体系，实现工程造价信息处理和管理的现代化，把建库、联库作为工程造价信息资源开发和利用的重点方向和突破口。

5.3.3　制定统一的工程造价信息化建设目标

根据住房和城乡建设部发布的《2016—2020 年建筑业信息化发展纲要》《工程造价事业发展"十三五"规划》的内容，进一步加强工程造价信息化建设，不断提高信息技术在工程造价工作中的应用水平，促进建筑行业技术的不断进步以及管理水平的不断提高。

同时，工程造价信息化建设需要确定统一的目标，以住房和城乡建设部门的总体思想为指导，按照政府引导、多方参与、资源整合、信息共享的原则，进行统一规划、分步实施。

5.3.4　规范工程造价信息化管理

规范工程造价信息化管理是工程造价信息化建设工作健康发展的基础。要加强对工程造价信息化软件环境的优化，建立公平、公正、公开的市场竞争秩序，规范市场建设工程各方主体的行为，保证工程造价信息化建设工作健康有序地进行。

5.3.5　加强工程造价信息化专业人才队伍建设

要加强工程造价信息化系统的应用，提高业务人员的操作水平，组织相关单位对工程造价信息化动态管理系统进行专项培训，确保各项信息系统平稳高效运行。

5.3.6　广泛参与和充分论证

编制工程造价信息化标准时充分发扬民主精神，广泛听取意见，充分发挥专家的作用，提高工程造价信息化标准编制的科学性，保证工程造价信息化标准编制的严谨性和内容的高质量，促进工程造价信息化标准落地。

5.3.7　建立工程造价信息化标准认证体系

工程造价信息化标准认证体系包括工程造价软件认证以及工程造价信息化

企业信用认证,通过工程造价信息化标准配套的检查工具,验证工程造价软件是否符合标准;通过建立工程造价信息化企业信用管理办法及认证标准,帮助企业提质增效,吸引更多优质企业加入工程造价信息化认证体系,为推动工程造价信息化的高质量发展、高水平开放发挥积极作用。

6 工程造价信息化协同发展机制

工程造价信息化协同发展机制，即全面提升工程造价信息化水平，建立数字经济协同发展的决策层、协调层和执行层的"三级运作"机制。

（1）决策层

作为具体推进方，全面负责工程造价信息化协同发展工作，督促检查工作落实情况，总结推广经验和做法，为推进工程造价信息化协同发展提供政策和决策支持。

（2）协调层

起承上启下、上传下达、协调沟通、执行控制的作用。各级政府相关部门要共同参与，建立工作协调机制，构建多领域、多行业、多部门的协调联动机制。

（3）执行层

各职能部门、行业协会、企业在决策层的统筹下各尽其责，从加快推动工程造价信息化发展、培育工程造价信息化新型市场主体、深化重点领域改革、完善工程造价信息化支撑保障体系、共享工程造价信息化红利等方面入手，探索建立符合工程造价信息化实际的机制，构建工程造价信息化协调发展的良好模式和环境。

6.1 工程造价信息化协同发展的意义

6.1.1 有利于节约资源、避免重复开发

工程造价信息化协同发展，可以打破各地区、各部门资源和信息系统的条块分割，实现服务数据的汇聚共享和业务协同，加大行业信息的汇集力度，有利于减少信息化平台建设中存在的各自为政、重复建设、信息缺失或信息冗余现象，促进社会信息资源的高效利用。采用统一的技术标准和规范，充分发挥各方的积极性，鼓励在优势互补的基础上大力协同、加快发展；充分发挥已有资源的作用，以信息资源的开发利用为重点，实现信息互通、资源共享，避免重复建设与信息隔离的现象；充分利用已有资源设施，加强集约化建设，整合、优化存量信息化资源，拓展、延伸、完善已有平台功能，搭建统一的服务平台，避免重复开发。

6.1.2 有利于工程造价行业信息化发展

统筹规划，按照政府主导、企业主责、行业协会参与的原则，统一标准、分步实施，构建高效的工程造价信息化协同发展机制有利于工程造价信息化标准的落地。分级、分工、分专业，为协同发展创更好、更多、更优的信息系统、数据软件平台等，鼓励创新，促进良性竞争，使工程造价行业信息化服务的主导平台成为覆盖全国、信息内容全面的工程造价行业信息化服务平台，追求信息的全面汇集和信息资源的高效利用。而专项的工程造价行业信息化服务平台强调平台的专业性，面向特定行业或一定范围提供更为专业、及时的信息服务，它是工程造价行业信息化服务的特色平台、补充平台。覆盖全国、信息内容全面的工程造价行业信息化服务平台和专项的工程造价行业信息化服务平台在工程造价信息化服务市场中相互促进、相互支持、协调共进，只有覆盖全国、信息内容全面的行业信息化服务平台内容越全面、功能越完善，专项的工

程造价行业信息化服务平台才能越专业、越具特色。

6.1.3　有利于工程造价信息信用体系的建设

工程造价信息化协同发展，可以打造诚信企业示范区，推动信用信息数据共享和跨区域信用联合奖惩，实现守信、失信行为认定标准、措施互认。以提高企业核心竞争力为目标，坚持需求与效益相结合，加强信息资源的整合、开发与利用，促进业务流程的优化、重组，提高企业的管理能力、运作效率和服务水平，促进工程造价信息信用体系建设。

6.2　工程造价信息化协同发展过程中出现的问题

6.2.1　数据库建设、信息化标准缺乏统一规划

目前统一的工程造价信息数据库尚未建立，各个终端还处于独立状态，形成一座座"信息孤岛"。需要完善数据资源，进而有效地利用各种相关造价信息。目前工程造价信息数据缺乏统一的标准，信息采集、加工和发布缺乏统一规划、编码和分类。各省份独立管理工程造价，各自为政，全国性的工程造价综合管理体系没有被建立，跨区域查询工程造价信息尚未实现。

6.2.2　缺乏有效的资源集成

资源集成的重点是有效组织各类工程造价信息资源，通过对工程造价信息资源的规划，重点进行工程造价信息数据库整合以及信息系统集成，以实现工程造价相关信息的共享，提高组织整体运作效率。目前我国的工程造价信息数据缺乏统一的采集标准，各造价信息管理系统的数据存储格式不一致，也没有行业约定的交换协议与接口，给工程造价信息的互联互通、共享、交换造成了很大的困难。

6.2.3 造价信息更新不及时，信息化平台缺乏持续改进

我国工程造价信息发布时间极其不固定，工程造价指标和价格信息更新不及时，工程造价人员查询的工程造价信息不能与最新的市场行情相符。各省份的工程造价信息都很简单，缺少行业层面和典型工程的横向和纵向的对比分析，还不能很好地为投资决策提供全面的依据。工程造价信息化平台的建立不是一个最终状态，而是一个持续改进的过程。持续改进，需要通过学习、治理、创新不断对信息化平台进行优化和完善，以适应工程造价行业的变化。随着时代的发展，与工程造价行业相关的各类应用系统会不断推陈出新，这就要求工程造价信息化平台通过持续改进，能承载新兴的应用系统，应对市场的变化。

6.3 建立工程造价信息化协同发展机制的具体途径

6.3.1 通过认证认可手段，有效减小技术风险和打破市场"壁垒"、降低工程成本

目前国内开发工程造价软件的公司较多，软件水平参差不齐，软件功能也不一致，工程造价软件水平与国外存在一定的差距。因此，对于国内的软件开发商而言，应当优先发展自己的强势软件，在某一个具体的造价功能上做大做强，不同的工程造价软件之间的数据接口应当标准化，这样能够大大提升不同工程造价软件的兼容性。通过认证认可从供需两端发力，既能使供需有效对接，解决信息不对称带来的资源错配、效率低下等问题，又能促进供需良性互动，建立双向反馈机制，形成激励约束效应，激发市场活力，提升国内工程造价软件的应用水平。

（1）成立工程造价信息化认证联盟

通过成立开放性的工程造价信息化标准与认证联盟，吸引国内标准、认证、服务机构参与体系建设，使他们基于共同的标准通则进行企业标准制定和认证。引导企业进行信息化技术研发，参与企业评价标准和认证技术规范的制定，以规则制定为抓手，促进企业信息化建设，提升企业竞争力。

（2）建立工程造价信息化认证机制

探索制定适用于工程造价信息化的评价标准和认证技术规范，政府部门负责制定政策、建立制度并实施监管，相关市场主体采信评价结果。建立市场各方共同依据标准、共同参与质量管理、共同采信认证认可结果的共治机制，有效消解市场内在的不利因素，引导各方采取一致性行动，形成质量提升的合力。这种运行方式决定了认证认可能够在市场中传递权威可靠的信息，有助于建立市场信任机制，引导市场优胜劣汰，实现良性发展。市场主体采用公认的认证认可标准和规则，可以实现互信互认，打破市场"壁垒"，促进贸易便利化，减少制度性交易成本；市场监管部门采用认证认可手段，可以加强质量安全监管，严格市场准入和市场监管，规范市场秩序。

（3）认证认可为非强制性认证

对具有代表性、典型性和广泛性的企业和产品先试先行开展认证审核、探索试点方法。针对先试先行过程中遇到的难点堵点问题，进一步明确认证认可的要求，规定认证认可意见分歧的处理办法等事项。

（4）认证咨询机构承担相关责任

认证咨询机构应当建立与认证咨询活动相适应的认证咨询实施程序，并按照认证咨询实施程序为认证咨询委托人提供认证咨询服务，保证认证咨询活动的真实、有效，让认证认可行为有效，并对相关认证的有效性承担责任，确保认证认可体系要求纳入业务运作，让认证认可有价值。

6.3.2 通过信用机制等手段避免恶性竞争

建立信用机制，可以强化信用约束和信用监管。信用与信用监管是构建新型市场监管体制的核心，通过信用机制可以有效约束违法失信行为。通过信用机制能够提升整个行业的信用形象和社会地位，进而降低行业内每家企业的交易成本，能够有效防范整个行业面临的系统性风险，进而减少行业内企业的损失。推动协会等行业中介组织完善自身功能，使其更好地发挥自律、服务、沟通、协调的作用，为规范市场秩序服务，为促进行业发展服务。

信用机制建设的目标包括提高会员企业的诚信意识和风险防范能力、增强行业自律水平、规范行业内部竞争秩序、促进行业健康发展。需要把握以下几个原则：服务相关企业的原则、协会自主建设的原则、正面褒扬和失信惩戒相结合的原则等。

（1）全面实施企业信用承诺机制

第一，企业对填报信息的真实性、准确性、完整性作出守信承诺。将企业信用承诺的履行情况纳入企业信用记录，提醒和引导企业重视自身信用，并视情况予以失信惩戒。第二，要建立健全企业信用记录。研究制定企业信用管理的制度办法，全面建立企业信用信息采集、记录、查询、应用、修复、安全管理和权益维护机制，依法依规采集和评价企业信用信息，形成全国企业信用信息库，并与全国信用信息共享平台建立数据共享机制。第三，将违背诚实信用原则、存在失信行为的企业列入重点关注对象，依法依规采取行政性约束和惩戒措施，切实做到"一旦失信违法，一处受限，处处受限"。

（2）完善守信联合激励和失信联合惩戒机制

对守信企业提供更多便利和机会。对信用记录持续优良的企业，相关部门应提供更多服务便利，依法实施绿色通道、容缺受理等激励措施；鼓励相关管理部门在颁发荣誉证书、荣誉称号时将企业信用记录作为参考因素。联通各级政府部门和单位，把跨部门、跨领域、跨层级的各类行政许可、行政处罚、注册登记、抽查检查等在市场准入和市场监管中产生的企业所有信息进行统一归集，并以统一社会信用代码为索引记于企业名下，形成全面的企业信用状况，有效打通信息孤岛，推进系统整合和数据共享，实现部门间"双告知""双随机""联合惩戒"等协同监管。通过公示系统的建设，形成企业信用信息公示

"全国一张网"，有效促进了"以信用监管"为核心的新型市场监管体系的形成，为简政放权、放管服结合、优化服务提供数据支撑。通过涉企信息数据的归集，最终达到成员单位、各行政执法部门和广大群众对市场主体信用信息数据的共享、共用和社会共治管理的目的。

7 工程造价信息服务市场需求分析

7.1 工程造价管理部门对工程造价信息服务的需求

工程造价管理部门既是工程建设的行业管理者，也是政府投资项目工程造价的控制者，这两种身份导致工程造价管理部门既是工程造价信息的需求者，也是工程造价信息的提供者。

7.1.1 工程造价管理部门的职责、角色定位和提供的信息

1. 工程造价管理部门对于工程造价信息化相关工作的职责

（1）贯彻执行国家和省级有关工程造价管理的方针、政策和法律法规。

（2）负责国家和省级工程造价法规、规章制度的起草、报批并组织实施。

（3）负责实施全国统一计价依据、计价办法的监督管理。

（4）负责制定国家和省级统一计价依据、计价办法、工期定额，并对计价活动进行监督管理。

（5）负责国家和省级工程造价咨询企业资质的审核报批和监督管理。

（6）负责国家和省级工程造价咨询企业和专业人员的监督管理。

（7）负责国家和省级工程造价的信息管理，组织和监督市、州、县工程造

价管理机构定期发布工程造价信息。

（8）负责工程项目的估算、概算、预算、结算及合同价的监督检查，建设工程造价纠纷的行政调解。

（9）依法对上述职责范围内的违法、违规行为进行查处。

2. 工程造价管理部门在工程造价信息管理中的角色定位

目前我国的工程造价信息管理主要以国家和地方政府工程造价管理部门管理为主，工程造价管理部门通过各种渠道进行工程造价信息的收集、整理、审核和发布，扮演着公共服务职能的角色。

工程造价信息对工程造价行业的发展起着重要的作用，一方面需要市场竞争，促进工程造价信息市场的繁荣，提升工程造价信息服务质量；另一方面需要建设主管部门的规划和监督，推动工程造价信息服务市场的建立，保障公平竞争，维护市场秩序。因此，工程造价管理部门作为宏观管理者，应主要负责发布法律法规、计价规范等宏观造价信息，用于统一行业计价标准、规范行业计价行为；发布人工价格信息，用于维护建筑市场低收入群体的基本利益。

促进信息服务体系良性发展，需要建立健全多元主体分工合作机制，充分发挥各主体的地位优势及针对不同类型造价信息的资源优势、渠道优势。工程造价管理部门可牵头建设工程造价行业管理平台和以政府投资项目造价信息为主的国家工程造价信息服务平台及国家工程造价数据库。工程造价管理部门可发挥其在行政管理上的优势，通过获取一手的国有建设项目工程交易价格信息保证信息的质量。因此，建设主管部门也应当联合行业协会、社会力量，在拥有一手政府投资建设项目造价信息的基础上，通过利用行业协会的平台优势和社会力量的运营效率、市场导向、信息开发能力，为社会提供更加专业、高效、优质的造价信息服务。

3. 工程造价管理部门向市场提供的信息

工程造价管理部门作为业主造价控制方，产生大量的国有建设项目工程造价信息，是工程造价信息的主要提供者之一，工程造价管理部门从事行业管理产生大量行业发展信息。在工程承发包市场和工程建设中，工程造价是最灵敏的调解器和指示器，无论是政府工程造价管理部门还是工程承发包双方，都要通过收集工程造价信息来了解工程建设市场的动态指标，预测工程造价发展，决定政府的工程造价决策和工程承发包价。工程造价作为一种社会资源在工程建设中的地位日趋明显，工程价格逐渐从政府计划的指令性价格向市场定价转变，而在市场定价过程中，信息起着举足轻重的作用，因此科学、有效地发布和管理好工程造价信息是工程造价管理工作中一项非常重要的工作任务。

工程造价信息是一切有关工程造价的特征、状态及其变动的消息的组合。从广义上讲，工程造价信息是指所有对工程造价的确定和控制发挥作用的信息，既包括国家正式发布的与工程造价相关的文件，如计价活动的相关规章、工程量清单计价和计量规范、工程定额、价格信息以及市场价格指导文件等，也包括大量的工程造价指数、指标等。这些信息既反映了国家、行业整体建造水平和资源价格的宏观工程造价信息，又反映了具体项目造价情况的微观工程造价信息。工程造价信息按照其特征主要可以分为以下六类：①要素市场信息；②定额信息；③造价指标和指数信息；④典型工程（案例）造价信息；⑤法规标准信息；⑥技术发展信息等。从狭义上说，对工程产品的市场价格起重要作用的工程造价信息主要指价格信息、指数信息和已完工工程指标信息。

（1）要素市场信息

人材机价格信息是指人工、材料、机械等要素的单位价格信息，其中人工成本、市场劳务价格信息是经工程造价管理部门发文公布的区域定额人工最低工日单价、综合工日单价；材料价格信息是由工程造价管理部门（或行业协会）经过信息的采集、整理、汇总后，通过刊物或网络形式定期对外发布的综合价格，实行动态管理；机械设备价格信息包括机械设备市场及其机械设备租赁市场价格信息。

（2）定额信息

定额信息包括国家发布的计价规范、统一定额（指标）等，地方及行业发布的定额（指标）、估价表等工程计价依据。其中定额主要包括施工定额、基础定额、预算定额、概算定额、概算指标、投资估算指标、费用定额、工期定额、企业定额等各类定额。

（3）造价指标指数信息

工程造价指标包括消耗量指标、造价（费用）及其占比指标、工程技术经济指标等各类造价指标。指标信息是指按工程类型、价格形式等分类形成的造价和消耗量指标。工程造价指数是反映一定时期价格变化对工程造价影响程度的一种指标。造价指数包括单项价格指数和综合价格指数。单项价格指数主要包括人工价格指数、主要材料价格指数、施工机械台班价格指数等，综合价格指数主要包括建筑安装工程造价指数、建设项目或单项工程造价指数等。

（4）典型工程（案例）造价信息

典型工程（案例）造价信息主要包括典型已完工和在建工程功能信息、建筑特征、结构特征、交易信息、建设和施工单位信息等，以及交易中心发布的各种招标工程信息。典型已完工和在建工程造价信息，包括单方造价、总造价、分部分项工程单方造价、每平方米工料机消耗量指标、各类消耗量信息等。已完工和在建工程造价信息，可以为拟建工程或在建工程造价提供依据。

（5）法规标准信息

法规标准信息包括工程造价管理相关的法律法规、政策性文件、行政许可、工作动态等信息。

（6）技术发展信息

技术发展信息指能为工程计价提供服务的其他信息，如各类新技术、新产品、新工艺、新材料的开发利用信息等。

7.1.2 工程造价管理部门需要掌握的工程造价信息

《国务院办公厅关于促进建筑业持续健康发展的实施意见》（国办发〔2017〕19号）明确指出，工程造价管理部门要完善工程量清单计价体系和工程造价信息发布机制，形成统一的工程造价计价规则，合理确定和有效控制工程造价。为履行政府职能、指导和规范市场，建设主管部门需要加强对工程造价的管理，需要掌握工程造价相关的一手信息。工程造价的核心是工程计价，工程计价活动离不开工程造价信息服务的支持，工程定额、材料机械价格和指标指数等工程造价信息是工程计价的主要需求。当前上述信息主要依赖各工程造价管理部门和信息服务公司提供的纸质或电子信息，提供在线信息服务的少，提供在线计价服务的则更少。

1. 需要掌握工程定额有效且准确的数据

工程定额是工程计价的基础，是确定工程造价的重要依据。工程定额数据的有效和准确性是保证工程计价顺利实施的前提条件。《建设工程定额管理办法》明确指出，定额是指在正常施工条件下完成规定计量单位的合格建筑安装工程所消耗的人工、材料、施工机具台班、工期天数及相关费率等的数量基准。定额是国有资金投资工程编制投资估算、设计概算和最高投标限价的依据，对其他工程仅供参考。而工程造价管理部门由于人员和技术力量都有限，不能够有效且准确掌握正常施工条件下完成规定计量单位的合格建筑安装工程所消耗的人工、材料、施工机具台班、工期天数及相关费率等数据，导致无法有效控制国有资金投资的工程造价，亟须利用信息化手段及时获取或掌握工程定额有效且准确的数据。

2. 需要掌握准确的材料机械价格

在工程造价的构成中，人工、材料、机械使用费是构成直接费（定额直接费）的三大要素。材料费涉及各种材料的价格，而材料价格因地域、供应渠道、采购部门管理水平和时间的变化而变化。仅从价格信息来源来看，常有政府信息价、市场询价、甲方对乙方供材的核实价、实际采购价等种类。可见，在人、材、机三大要素中，材料价格的动态因素最多，再加上材料品种众多，往往同一类材料有几十个品种，而且各品种价格相差甚大等因素，导致造价人员在材料价格上往往要花很多精力和时间才能确定。因此，在市场经济条件下，人、材、机价格的动态性最强，对造价影响也最大。现阶段计价中多采用各地区造价管理机构发布的价格信息，一般用人工采集的方式，存在着价格种类不全、价格信息更新不及时不准确等弊端。利用信息化手段，通过互联网技术高效采集、有效整合价格信息，实现价格信息的跨地区、跨部门联通是掌握准确的材料机械价格亟须解决的问题。

3. 需要掌握工程造价指标指数

工程造价指标指数是快速形成工程造价、及时调整造价的基础性数据。传统的指标指数一般是基于假设的典型工程造价数据形成的，对实际工程造价数据的利用程度很低，与实际工程的匹配程度比较低。亟须借助信息化手段，利用"互联网+"平台，深度挖掘和利用工程造价成果数据，才可以形成时效性更强的指标指数，使其更加符合实际工程计价的需要。

7.1.3 工程造价管理部门获取工程造价信息的方式

1. 利用信息化平台收集准确的材料机械价格

（1）价格信息的在线采集

通过"互联网+"平台拓宽丰富的价格信息采集渠道，使供应商、采集员、施工单位及评审单位等各方主体能够通过平台及时地提供及使用材料价格信息。根据《建设工程人工材料设备机械数据标准》建立材料机械设备数据库，平台对各方提供的材料、机械等价格信息能够准确识别并分类入库。根据历史数据建立数学模型，使平台能够按照数学模型预测价格信息的趋势。

（2）价格信息的全方位共享

"互联网+"平台中生成的材料价格信息在整个平台范围内互通可用，对各类价格信息按照时间和地区等多个维度进行精细化管理，在整个行业用户中共享各类价格信息。确保招标控制价、合同价和结算价等工程造价信息具有可比较性，指导各方主体确定工程造价，保证全过程计价行为的有效管理。实现材料价格的跨地区、跨行业应用，使价格水平的统一有据可依，提高造价管理的精细化水平。

（3）价格信息的深度利用

在"互联网+"平台中建立材料机械价格数据库，与工程定额编制深度结合，应用于工程定额水平的测算、工程定额基价的调整。按照不同地区、专业和计价类型，测算各主要工程材料价格指数，便于及时、快捷地调整各类工程造价。

2. 利用信息化平台挖掘工程造价指标指数

（1）工程造价数据的实时收集

工程造价数据的不及时收集一直是制约工程造价指标指数形成和利用的瓶颈。将工程造价软件在线化形成在线计价平台，与"互联网+造价信息服务"平台结合，可以提高工程造价数据收集利用的可行性。单价版计价软件提供工程造价数据上传功能，对上传工程造价数据的企业和个人进行一定的激励，可以形成数据收集的良性循环。

（2）工程造价数据的自动分类归集

计价软件形成的工程造价数据格式多样，要保证其具有适用性，必须对其进行标准化和结构化的处理，形成通用的 XML 格式文件以便于"互联网+"平台进行识别。造价数据文件同时需要附带工程特征说明，特征描述的详细度决定了"互联网+"平台对造价数据挖掘利用的深度。

（3）工程造价指标指数的自动生成

对进入数据库的工程造价数据，"互联网+"平台能够根据预设值进行分析判断，选取一定区间的数据作为样板数据，能够自动生成单位造价指标指数、常见材料价格指数等。对工程造价数据中的定额使用情况包括消耗量的调整情况、使用频率等进行统计分析，可为定额的动态调整提供支持。

3. 通过政府购买的方式获得需求数据

《住房城乡建设部关于进一步推进工程造价管理改革的指导意见》（建标〔2014〕142 号）指出，要明晰政府与市场的服务边界，明确政府提供的工程造价信息服务清单，鼓励社会力量提供工程造价信息服务，探索政府购买服务，构建多元化的工程造价信息服务方式。

《国务院办公厅关于运用大数据加强对市场主体服务和监管的若干意见》（国办发〔2015〕51 号）指出，要推动政府向社会力量购买大数据资源和技术服务。各地区、各部门要按照有利于转变政府职能、有利于降低行政成本、有利于提升服务质量水平和财政资金效益的原则，充分发挥市场机构在信息基础设施建设、信息技术、信息资源整合开发和服务等方面的优势，通过政府购买服务、协议约定、依法提供等方式，加强政府与企业的合作，为政府科学决策、依法监管和高效服务提供支撑保障。按照规范、安全、经济的要求，建立健全政府向社会力量购买信息产品和信息技术服务的机制，加强采购需求管理和绩效评价，加强对所购买信息资源准确性、可靠性的评估。

《工程造价改革工作方案》（建办标〔2020〕38号）指出，要加强工程造价数据积累，加快建立国有资金投资的工程造价数据库，按地区、工程类型、建筑结构等分类发布人工、材料、项目等造价指标指数信息，利用大数据、人工智能等信息化技术为概预算编制提供依据。加快推进工程总承包和全过程工程咨询，综合运用造价指标指数和市场价格信息，控制设计限额、建造标准、合同价格，确保工程投资效益得到有效发挥。

7.2 发展和改革部门、财政部门对工程造价信息服务的需求

7.2.1 发展和改革部门、财政部门的职责

发展和改革部门对于工程造价信息化相关工作的主要职责是：提出深化投融资体制改革建议；起草固定资产投资管理有关法规办法草案；提出政府投资项目审批权限和修订政府核准的固定资产投资项目目录建议；安排中央预算内补助资金的建设项目和预算内基本建设资金，按权限审批（审核）核准、备案项目（含审批初步设计和概算），编制下达固定资产投资计划；拟订促进民间投资发展的政策，按分工组织、推广传统基础设施领域政府和社会资本合作；指导工程咨询业发展；指导管理政府投资代建制工作；参与制定管理与投资建设有关的标准定额。

财政部门对于工程造价信息化相关工作的主要职责是：参与拟订基建投资财政有关政策，拟订基建财务管理制度；承担有关政策性补贴和专项储备资金的财政管理工作；承担财政预算评审的相关测算工作；承担国有资产、机关事

务等方面的部门预算有关工作；承担行政事业单位新增资产配置预算的审核工作；承担资产评估管理有关工作；拟订政府采购政策、制度和地方性法规草案；拟定政府集中采购目录及政府采购标准草案；受理采购人政府采购计划和采购合同备案审查；承担政府采购方式、政府采购信息管理工作；负责审核、汇编政府采购预算。

7.2.2　发展和改革部门、财政部门使用工程造价信息的获取方式

发展和改革部门、财政部门在工程造价活动中以使用工程造价信息为主，他们使用的造价信息以购买建筑行业工程造价信息的方式为主，少量通过网络下载的方式获取，特殊的造价信息（新科技、特种设备、特殊材料）则通过自己询价的方式获取。

7.2.3　发展和改革部门、财政部门需要掌握的工程造价信息

发展和改革部门、财政部门需要通过工程造价信息来了解和掌控市场动态，通过预测和分析造价的变化趋势，最终形成正确合理的测算和评审结果。

1. 需要掌握准确的造价信息

工程造价信息存在采集手段落后、采样点少、收集的信息量小、收集时间长等问题，而且信息更新滞后，缺乏相关信息的分析和处理，不能真实反映造价实际动态。要掌握准确的造价信息，就需要通过各种渠道进行工程造价信息的收集、整理。

2. 需要掌握历史造价信息

造价信息随着社会的发展在不断变化，政府投资多为大型项目，这些项目不仅工期很长，而且使用的造价信息分布在工程的各个时期，在项目竣工时已经是立项设计的几年甚至十几年之后，这时就需要保留各个工程不同阶段的单位造价和消耗量信息以及不同历史时期的造价指标和工料机价格的走势信息等内容。

3. 需要掌握全面的工程造价信息

发展和改革部门、财政部门在工程造价活动中使用的造价信息不仅包括人工、材料、机械等要素的单位价格，还包括新科技、特种设备、特殊材料等特殊的造价信息。特殊的造价信息不仅建筑行业无法提供，而且网络上各种造价信息网站也无法全面提供。

7.2.4 发展和改革部门、财政部门对工程造价信息的付费意愿

发展和改革部门、财政部门在工程造价活动中，受到造价信息提供方的制约，对工程造价信息的获取方式、工程造价信息的价格只能被动接受。调研发现，发展和改革部门、财政部门对及时准确的工程造价信息的需求极高，他们希望开发网络共享的造价信息化平台，通过政府推广的方式获得更加准确、及时、全面的造价信息，对于造价信息的付费意愿也比较强烈。

7.3 建设项目各参与方对工程造价信息服务的需求

7.3.1 工程造价信息服务需求调研

建设、设计、施工、监理单位对于工程造价信息的需求不尽相同。本课题通过实地走访、调查问卷等形式收集了建设项目各参与方的造价信息服务需求，调研结果如下。

1. 建设单位

（1）项目前期阶段

建设单位是建设项目的投资主体或投资者，也是建设项目管理的主体，主要履行提出建设规划、提供建设用地和建设资金的责任。在项目建设决策阶段建设单位的主要工作包括投资机会研究、项目建议书拟订、可行性研究、项目评估等。

建设单位在决策阶段的主要任务是对工程项目投资的必要性、可能性、可行性、合理性，以及何时投资、在何地建设、如何实施等重大问题进行科学论证和多方案比较。此阶段对项目效益影响大，而且前期决策的失误往往会导致重大的投资损失。为保证工程项目决策的科学性、论证项目投资建设的必要性和可行性，建设单位往往会委托多个专业领域的咨询公司。

因此，建设单位在决策阶段对工程造价信息服务需求较为广泛。调查表明，在从事或熟悉建设单位决策阶段相关业务的被调查者（63 人）中，有58.73%的被调查者认为在决策阶段需要掌握要素市场信息，79.37%的被调查者认为需要掌握典型工程（案例）造价信息，74.60%的被调查者认为需要掌握造价指标和指数信息，44.44%的被调查者认为需要掌握法规标准信息，41.27%的被调查者认为需要掌握定额信息，41.27%的被调查者认为需要掌握技术发展信息。具体数据如图 7-1 所示。

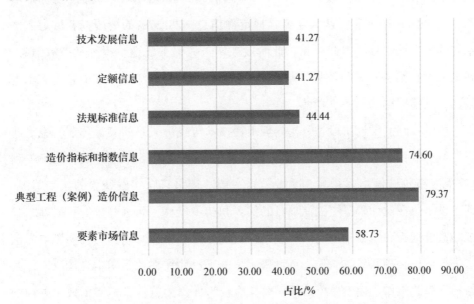

图 7-1　决策阶段建设单位工程造价信息需求调研数据

调查结果表明，被调查者在决策阶段更关注典型工程（案例）造价信息、造价指标和指数信息、要素市场信息，对于其他方面信息关注度也较高。鉴于在项目前期决策阶段，工程基本情况还不明朗，建设单位需要类似的典型工程（案例）造价信息，这有助于帮助其对项目投资形成宏观概念。因此，调查结果符合实践经验的认知情况。

在项目的设计阶段，建设单位的主要工作包括工程项目的初步设计和施工图设计、工程项目征地及建设条件的准备、工程招标并与承包人签订承包合同、获得工程建设相关行政许可、货物采购等。作为工程项目实施阶段的一部分，本阶段是战略决策具体化的阶段，很大程度上决定了工程项目实施的成败及能否高效率地达到预期目标。

调查结果表明，在从事或熟悉建设单位设计阶段相关业务的被调查者（63人）中，46.03%的被调查者认为设计阶段需要掌握要素市场信息，63.49%的被调查者认为需要掌握典型工程（案例）造价信息，73.02%的被调查者认为需要掌握造价指标和指数信息，41.27%的被调查者认为需要掌握法规标准信息，34.92%的被调查者认为需要掌握定额信息，28.57%的被调查者认为需要掌握技术发展信息。由此可见，此阶段被调查者更关注造价指标和指数信息，典型工程（案例）造价信息、此外对于要素市场信息和法规标准信息的需求也较高。具体数据如图7-2所示。

可以看到，设计阶段是分析处理工程技术与经济关系的关键环节，也是建设单位有效控制工程造价的重要阶段，所以掌握造价指标和指数、典型工程（案例）造价等信息显得尤为重要。这一调查结果符合实践经验的认知情况，即建设单位在设计阶段更关注项目的估算和初步概算，而这些造价数据基本是依靠造价指标和指数予以确认的。另外，现阶段PPP（政府方与社会资本方依法进行合作）项目较为普遍，而此模式下的项目往往在项目初步设计阶段即开始招标采购工作，建设单位一般需要依靠较为准确的造价指标和指数，以预估项目的工程投资总额。

（2）施工阶段

施工阶段建设单位的主要任务是控制投资、进度、质量和组织和协调实现工程项目目标，因此建设单位对要素市场、造价指标和指数、定额等工程造价

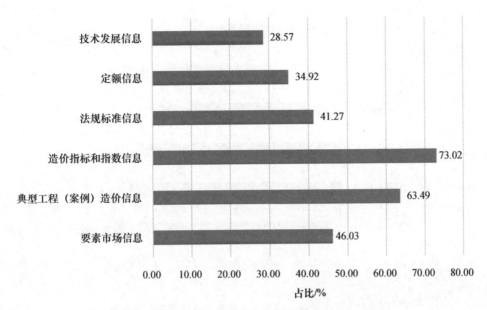

图7-2 设计阶段建设单位工程造价信息需求调研数据

相关信息的需求也尤为迫切。调查发现，在从事或熟悉建设单位施工阶段相关业务的被调查者（63人）中，69.84%的被调查者认为需要掌握要素市场信息，55.56%的被调查者认为需要掌握典型工程（案例）造价信息，58.73%的被调查者认为需要掌握造价指标和指数信息，52.38%的被调查者认为需要掌握法规标准信息，57.14%的被调查者认为需要掌握定额信息，31.75%的被调查者认为需要掌握技术发展信息。具体数据如图7-3所示。

调查结果表明，被调查者在施工阶段更关注要素市场信息，对定额、造价指数和指标等信息的关注度也较高。这一调查结果符合实践经验的认知情况，即建设单位在施工阶段需要实际的要素市场价格信息，以便在施工过程中动态确定工程投资额。一般而言，工程项目施工过程中往往存在大量的变更、签证或索赔工作，这些工作需要掌握准确、及时的要素市场价格信息以便确定工程造价。

（3）运维阶段

项目运维阶段的工作不同于之前的各个阶段，其主要由建设单位自行完成或者成立专门的项目公司承担，此阶段的主要工作有工程保修、回访、相关后

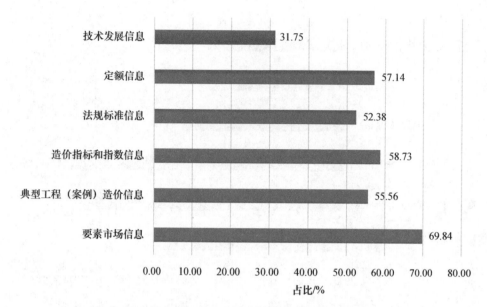

图7-3 施工阶段建设单位工程造价信息需求调研数据

续服务、项目评价等，建设单位在此阶段可能更关注要素市场信息。

调查结果显示，在从事或熟悉建设单位运维阶段相关业务的被调查者（63人）中，47.62%的被调查者认为运维阶段需要掌握要素市场信息，28.57%的被调查者认为需要掌握典型工程（案例）造价信息，34.92%的被调查者认为需要掌握造价指标和指数信息，38.10%的被调查者认为需要掌握法规标准信息，17.46%的被调查者认为需要掌握定额信息，39.68%的被调查者认为需要掌握技术发展信息。具体数据如图7-4所示。

调查结果显示，被调查者在运维阶段更关注要素市场信息和技术发展信息。这一调查结果符合实践经验的认知情况，即建设单位在运维阶段需要实际的要素市场价格信息，以便在运维过程中动态确定运维费用或零星工程的投资额。一般而言，工程项目运维过程中往往存在大量的维修、拆除、安装工程工作，这些工作需要准确、及时的要素市场价格信息以便确定工程造价。

2. 设计单位

（1）项目前期阶段

设计单位在项目前期决策阶段对信息服务的需求较为明显。调查表明，从

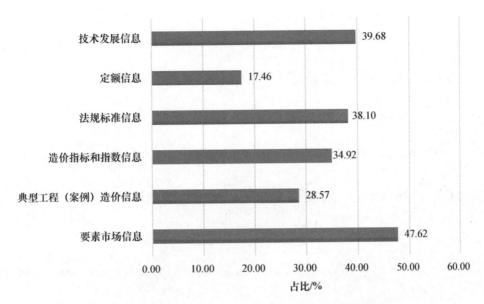

图7-4 运维阶段建设单位工程造价信息需求调研数据

事或熟悉设计单位项目前期决策阶段相关业务的被调查者（18人）中，有55.56%的被调查者认为需要掌握要素市场信息，50.00%的被调查者认为需要掌握典型工程（案例）造价信息，83.33%的被调查者认为需要掌握造价指标和指数信息，61.11%的被调查者认为需要掌握法规标准信息，44.44%的被调查者认为需要掌握定额信息，另外有11.11%的被调查者认为需要掌握技术发展信息。具体数据如图7-5所示。

调查结果显示，被调查者在项目前期决策阶段更关注造价指标和指数信息。这一调查结果符合实践经验的认知情况，即设计单位在项目决策阶段主要负责对项目总投资进行估算，掌握造价指标和指数信息，有利于其工作的快速开展。另外，随着工程总承包业务的不断深入，部分设计单位开始从前期阶段介入项目并开展总承包业务，掌握项目造价指标和指数信息有助于其判断项目的可行性和经济性。

在项目设计阶段，设计单位承担着重要任务。据调查，在从事或熟悉设计单位设计阶段相关业务的被调查者（18人）中，44.44%的被调查者认为需要

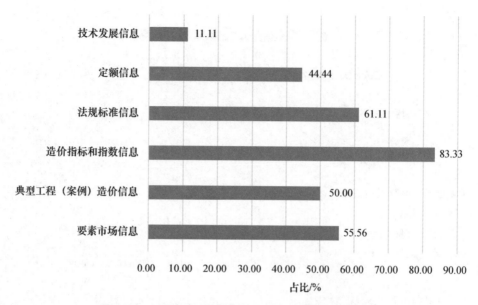

图7-5 决策阶段设计单位工程造价信息需求调研数据

掌握要素市场信息，61.11%的被调查者认为需要掌握典型工程（案例）造价信息，50.00%的被调查者认为需要掌握造价指标和指数信息，55.56%的被调查者认为需要掌握法规标准信息，50.00%的被调查者认为需要掌握定额信息，27.78%的被调查者认为需要掌握技术发展信息。

由此可见，被调查者在设计阶段更关注典型工程（案例）造价信息，对法规标准信息的需求也较高。具体数据如图7-6所示。

可以看到，设计阶段是分析处理工程技术与经济关系的关键环节，也是设计单位有效控制工程造价的重要阶段，所以掌握造价指标和指数、法规标准等信息显得尤为重要。这一调查结果符合实践经验的认知情况，设计单位在此阶段要根据工程设计情况、项目实际情况综合进行工程估算和概算，因此对于典型工程造价、法规标准等信息的需求尤为明显。此外，工程项目设计需要技术性与经济性相统一，设计单位掌握典型工程造价信息，有助于其分析工程设计的合理性。

（2）施工阶段

调查发现，在从事或熟悉设计单位施工阶段相关业务的被调查者（18人）

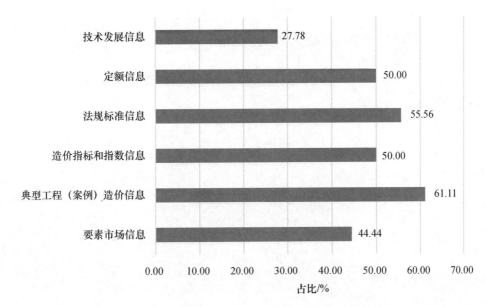

图 7-6　设计阶段设计单位工程造价信息需求调研数据

中，61.11%的被调查者认为需要掌握要素市场信息，38.89%的被调查者认为需要掌握典型工程（案例）造价信息，44.44%的被调查者认为需要掌握造价指标和指数信息，38.89%的被调查者认为需要掌握法规标准信息，66.67%的被调查者认为需要掌握定额信息，33.33%的被调查者认为需要掌握技术发展信息。具体数据如图 7-7 所示。

　　调查结果显示，被调查者在施工阶段更关注定额信息和要素市场信息，对造价指数和指标信息的关注度也较高。这一调查结果符合实践经验的认知情况，即在施工阶段往往存在工程变更、索赔、签证等工作，这些工作均需要设计单位出具必要的工程图纸或说明，因此需要对上述内容进行定价，就需要掌握最新、最全面的定额信息。

3. 工程监理单位

（1）项目前期阶段

　　工程监理单位作为工程责任主体之一，其基本职责是在建设单位委托授权范围内，通过合同管理和信息管理以及协调工程建设相关方的关系，实现对建

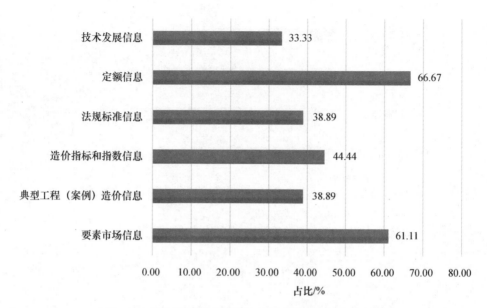

图 7-7 施工阶段设计单位工程造价信息需求调研数据

设工程质量、造价和进度控制的三大目标，即"三控两管一协调"。此外，还需履行工程安全生产管理的法定职责。

根据常规的工程监理合同，工程监理单位在勘察设计阶段也应为项目提供相关服务。例如，协助建设单位编制勘察设计任务书、选择勘察设计单位及协助签订合同；审核勘察设计费用支付申请表、签发勘察设计费用支付证书；审查设计成果并提出评估报告；审查设计概算、施工图预算并提出审查意见；协调处理勘察设计延期、费用索赔等。

因此，工程监理单位在工程项目设计阶段对工程造价相关信息有明确的需求。调查显示，在项目前期涉及或开展过监理业务的被调查者（15 人）中，26.67%的被调查者认为需要掌握要素市场信息，66.67%的被调查者认为需要掌握典型工程（案例）造价信息，60.00%的被调查者认为需要掌握造价指标和指数信息，60.00%的被调查者认为需要掌握法规标准信息，13.33%的被调查者认为需要掌握定额信息，26.67%的被调查者认为需要掌握技术发展信息。具体数据如图 7-8 所示。

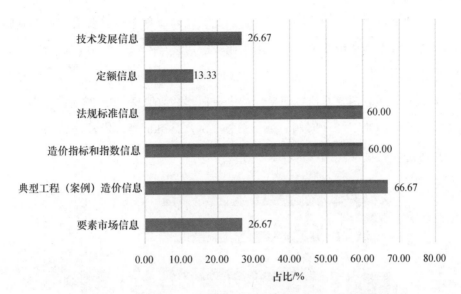

图 7-8 设计阶段工程监理单位工程造价信息需求调研数据

调查结果显示，被调查者在设计阶段更关注典型工程（案例）造价指标和指数、法规标准等信息。这一调查结果符合实践经验的认知情况，工程监理单位在项目前期设计阶段的切入范围较小，主要是通过对典型工程（案例）的分析获取项目的基本情况，以便为其投标或监理工作的开展做准备。应当注意，在推广全过程工程咨询的大背景下，工程监理单位只有在项目前期介入项目，才能掌握项目的全部信息，以便更好地开展全过程工程咨询服务。在此背景下，对典型工程（案例）造价信息的掌握能够帮助工程监理单位更好地熟悉项目。

（2）施工阶段

作为工程项目建设周期实施阶段中至关重要的一环，施工阶段工作量最大，需要投入的人力、物力和财力最多，工程项目的管理难度也最大。在此阶段，投资控制是我国工程监理的一项主要任务，贯穿于监理工作的各个环节。《建设工程监理规范》（GB/T 50319—2013）规定，工程监理单位要依据法律法规、工程建设标准、勘察设计文件及合同，在施工阶段对工程进行造价控制，其主要工作包括工程计量和付款签证、工程量的偏差分析、审核竣工结算款、处理变更费用、处理费用索赔等。因此，工程监理单位对要素市场、造价指标和指数等工程造价相关信息的需求比较迫切。

调查发现，从事工程监理单位业务的被调查者（15人）中，53.33%的被调查者认为需要掌握要素市场信息、造价指标和指数信息，33.33%的被调查者认为需要掌握典型工程（案例）造价信息、法规标准信息、定额信息及技术发展信息。具体数据如图7-9所示。

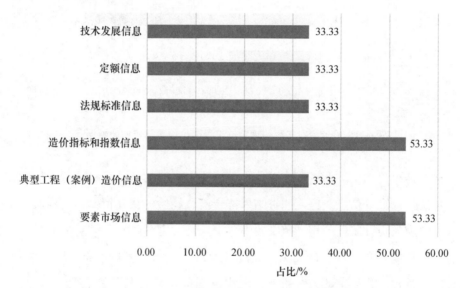

图7-9 施工阶段工程监理单位工程造价信息需求调研数据

调查结果显示，被调查者在施工阶段更关注要素市场、造价指标和指数信息。这一调查结果符合实践经验的认知情况，即在施工阶段往往存在工程变更、索赔、签证等工作，这些工作均需要工程监理单位出具必要的工程图纸或说明，因此需要对上述内容进行定价，就需要掌握最新、最全面的造价指标和指数信息。

4. 施工单位

施工单位是施工阶段的主要参与者，作为向项目提供工程劳务的组织者和设备制造者，要在项目建设与设备制造过程中，通过对人力、物力资源的有效投入到产品的输出来实现其收益。在保证承包的工程项目或设备制造在进度与质量方面达到委托合同规定要求的基础上，追求自身收益的最大化。其主要职责包括：制订施工组织设计和质量保证计划，按施工计划组织施工，按合同要求在工程进度、成本、质量方面进行过程控制，在施工过程中按规定程序及时、主动、自觉接受工程监理单位及建设单位的监督检查等。

因此，施工单位对各类工程造价相关信息的需求更为广泛。调查结果显示，在主要从事或熟悉施工单位业务的被调查者（29 人）中，62.07%的被调查者认为需要掌握要素市场信息，41.38%的被调查者认为需要掌握典型工程（案例）造价信息，51.72%的被调查者认为需要掌握造价指标和指数信息，34.48%的被调查者认为需要掌握法规标准信息，65.52%的被调查者认为需要掌握定额信息，31.03%的被调查者认为需要掌握技术发展信息。具体数据如图 7-10 所示。

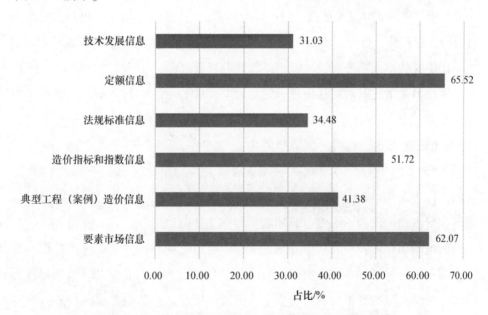

图 7-10 施工阶段施工单位工程造价信息需求调研数据

调查结果显示，被调查者在施工阶段更关注定额信息，对要素市场信息也有较高的关注度。这一调查结果符合实践经验的认知情况，即在施工阶段往往存在工程变更、索赔、签证等工作，这些工作均需要施工单位对上述内容进行定价，这就需要施工单位掌握最新、最全面的定额信息。

综合上述，工程建设、设计、施工、监理单位对于工程造价信息的需求不尽相同。本研究通过实地走访、调查问卷等形式收集建设项目各参与方的造价信息服务需求发现，各方的信息需求主要集中在定额信息、要素市场信息、典型工程（案例）造价信息。目前，工程定额、要素市场信息均已有相关的收集、发布、更新渠道，但典型工程（案例）造价信息的收集、发布、更新渠道尚未完全形成。需要相关各方同心合力，共同探索典型工程（案例）造价信息的收集和使用方法。

7.3.2 工程造价信息服务付费与取费

1. 建设单位

对于"工程造价信息收费"这一问题的调研结果显示，建设单位倾向免费或者费用含在年费、会费、加盟费等中，而且他们很重视信息质量以及更新频率。

在主要从事或熟悉建设单位业务的被调查者（63人）中，9.52%的被调查者认为应当免费且其对信息质量、更新频率要求不高，36.50%的被调查者认为应当免费且很重视信息质量、更新频率，33.33%的被调查者认为应当付费（但费用含在年费、会费、加盟费等中），7.94%的被调查者认为应当单独付500元/年以下的费用，7.94%的被调查者认为应当单独付 500~3 000 元/年的费用，认为应当单独付 3 000~10 000 元/年的费用和前期免费但有固定用户群后再收费占比均仅为 1.59%。具体数据如图 7-11 所示。

调查结果显示，主要从事或熟悉工程建设单位业务的被调查者，对于工程造价信息服务付费的意愿不明朗，即倾向"免费"和"付费"的人员数量较为均等，更倾向免费且很重视信息质量、更新频率。这一结果要求工程造价信息服务在提供的过程中，要格外注意增强对建设单位人员的吸引力。应当注意，对于"免费"的需求可能不准确，因为工程建设领域目前尚无真正的"免费信息"，即无论对定额、造价或指标和指数等信息的获取目前均需要通过付费方式。

2. 设计单位

在主要从事或熟悉设计单位业务的被调查者（18人）中，5.56%的被调查

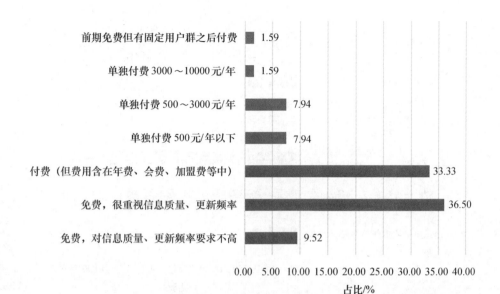

图7-11 工程造价信息服务付费问题调研数据（建设单位）

者认为应当免费且其对信息质量、更新频率要求不高，33.33%的被调查者认为
应当免费且很重视信息质量、更新频率，44.43%的被调查者认为应当付费
（但费用含在年费、会费、加盟费等中），5.56%的被调查者认为应当单独付500
元/年以下的费用，认为应当单独付500~3 000元/年的费用、单独付3 000~
10 000元/年的费用的占比均为5.56%。具体数据如图7-12所示。

　　调查结果显示，主要从事或熟悉工程设计单位业务的被调查者，对于信息
服务付费的意愿较为明显，即倾向"付费"的人员数量较多。这一结果要求工
程造价信息服务在提供过程中，要格外注意增强对相关的设计单位人员的影响
力。另外，实践中的付费信息对于设计单位而言有一定的吸引力，鉴于设计单
位出具的估算、概算多来源于类似工程数据、造价指数和指标，那么付费信息
能够从一定程度上确保信息质量。

3. 工程监理单位

　　调查结果表明，所在单位有工程监理业务的被调查者（15人）中，
13.33%认为应当免费且其对信息质量、更新频率要求不高，33.33%的被调查

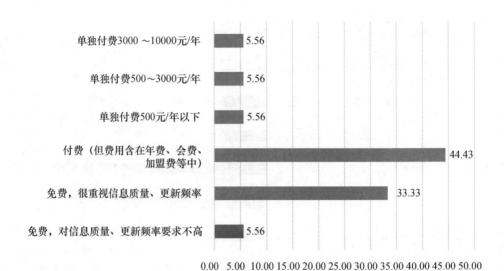

图 7-12　工程造价信息服务付费问题调研数据（设计单位）

者认为应当免费且很重视信息质量、更新频率，40.01%的被调查者认为应当付费（但费用含在年费、会费、加盟费等中），13.33%的被调查者认为应当单独付 500 元/年以下的费用。具体数据如图 7-13 所示。

　　调查结果显示，主要从事或熟悉工程监理单位业务的被调查者，对于工程造价信息服务付费的意愿不明朗，即倾向"免费"和"付费"的人员数量较为均等，更倾向付费且认为费用应含在年费、会费、加盟费等中。

4. 施工单位

　　施工单位更倾向对工程造价信息进行付费，且费用含在年费、会费、加盟费等中。调研结果表明，在主要从事或熟悉施工单位业务的被调查者（29 人）中，13.79%的被调查者认为应当免费且对信息质量、更新频率要求不高，24.14%的被调查者认为应当免费且很重视信息质量、更新频率，48.27%的被调查者认为应当付费（但费用含在年费、会费、加盟费等中），6.90%的被调查者认为应当单独付 500 元/年以下的费用，6.90%的被调查者认为应当单独付 500~3 000 元/年的费用。具体数据如图 7-14 所示。

　　调查结果显示，主要从事或熟悉施工单位业务的被调查者，对于工程造价

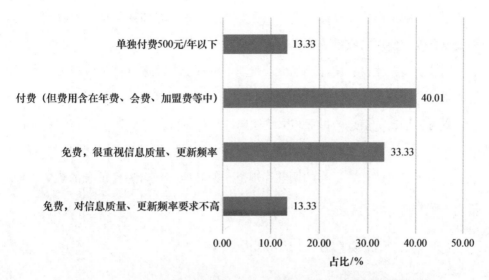

图 7-13 工程造价信息服务付费问题调研数据（工程监理单位）

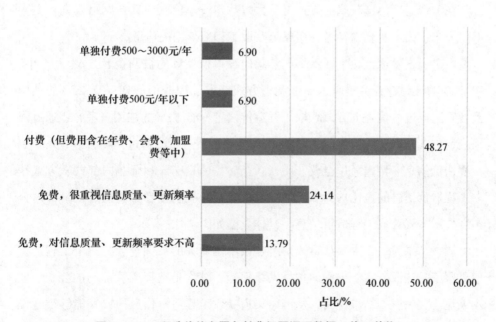

图 7-14 工程造价信息服务付费问题调研数据（施工单位）

信息服务付费的意愿较为明显，即倾向"有偿使用"工程造价信息服务。另外，付费信息能够从一定程度上确保信息质量，对于施工单位而言有一定的现

147 ·

实意义，即施工单位在投标报价、工程变更定价中多是使用类似工程数据、定额或信息价，使用高质量的工程造价信息对其工作有很大帮助。

综合上述，建设、设计、施工、监理单位对于工程造价信息付费与取费问题的意见基本一致。本研究通过实地走访、调查问卷等形式收集了建设项目各参与方对工程造价信息的付费与取费倾向，整体而言，主要集中在"付费（但包含在年费、会费、加盟费之中）"上。这一结论有助于相关单位针对"年费、会费、加盟费"等作出适当的调整和规范，使其能够包含造价信息的收集、分析、发布和更新成本。

7.3.3 工程造价信息获取的方式

1. 建设单位

在工程造价信息获取的方式上，大多数建设单位倾向选择网络查询、主管部门公布、公示及刊物参考，多渠道获取工程造价相关信息。

本次调查显示，在主要从事或熟悉建设单位业务的被调查者（63 人）中，30.16%的被调查者希望通过实地调查方式获取工程造价信息，22.22%的被调查者希望通过通信查询方式获取工程造价信息，85.71%的被调查者希望通过网络查询方式获取工程造价信息，46.03%的被调查者希望通过刊物参考方式获取工程造价信息，希望通过会议、座谈、互访等信息交流和企业内部共享方式获取工程造价信息的占比均为 28.57%，60.32%的被调查者希望通过主管部门公布、公示方式获取工程造价信息。具体数据如图 7-15 所示。

调查结果显示，主要从事或熟悉建设单位业务的被调查者，对于工程造价信息服务的获取方式，更倾向选择网络渠道，其次是选择主管部门的公布、公示渠道。这一调查结果说明，从网络渠道获取工程造价信息的方式能够被建设单位广泛接受，其不受地域、时间的限制，也符合现阶段建设单位工程造价管理工作的实际情况。

2. 设计单位

在工程造价信息获取的方式上，大多数设计单位倾向选择网络查询、刊物

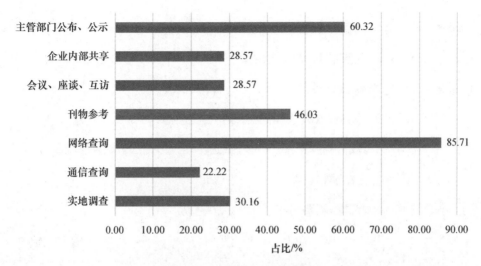

主管部门公布、公示　　　　　　　　　　60.32
企业内部共享　　　28.57
会议、座谈、互访　　　28.57
刊物参考　　　　46.03
网络查询　　　　　　　　　　　85.71
通信查询　　22.22
实地调查　　　30.16

0.00　　10.00　　20.00　　30.00　　40.00　　50.00　　60.00　　70.00　　80.00　　90.00

占比/%

图7-15　工程造价信息获取方式的调研数据（建设单位）

参考。具体而言，本次调查显示，在主要从事或熟悉设计单位业务的被调查者（18人）中，16.67%的被调查者希望通过实地调查方式获取工程造价信息，11.11%的被调查者希望通过通信查询方式获取工程造价信息，83.33%的被调查者希望通过网络查询方式获取工程造价信息，55.56%的被调查者希望通过刊物参考方式获取工程造价信息，希望通过会议、座谈、互访等信息交流方式获取工程造价信息的占比为16.67%，希望通过企业内部共享获取工程造价信息的占比为33.33%，55.56%的被调查者希望通过主管部门公布、公示方式获取。具体数据如图7-16所示。

调查结果显示，主要从事或熟悉设计单位业务的被调查者，对于工程造价信息服务的获取方式，更倾向选择网络渠道，其次是选择主管部门公布、公示和刊物渠道。这一调查结果符合工程造价管理的实际情况。

3. 工程监理单位

工程监理单位希望获取工程造价相关信息的方式与建设单位类似。在主要从事或熟悉工程监理单位业务的被调查者（15人）中，80.00%的被调查者都选择了网络查询和主管部门公布、公示的方式获取工程造价信息，仅有6.67%的被调查者希望通过实地调查方式获取工程造价信息，33.33%的被调查者希望

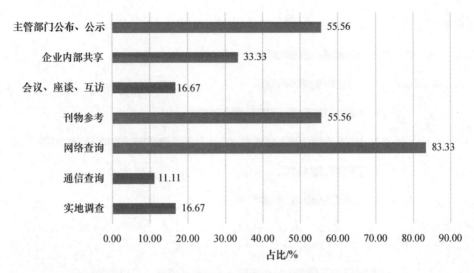

图 7-16　工程造价信息获取方式的调研数据（设计单位）

通过通信查询方式获取工程造价信息，46.67%的被调查者希望通过刊物参考方式获取工程造价信息，20.00%的被调查者希望通过会议、座谈、互访等信息交流方式获取工程造价信息，40.00%的被调查者希望通过企业内部共享方式获取工程造价信息。具体数据如图 7-17 所示。

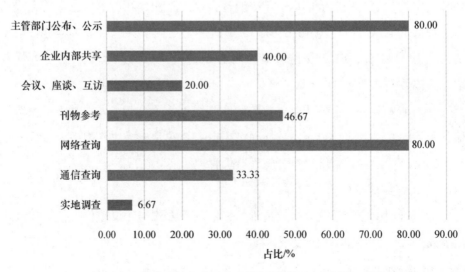

图 7-17　工程造价信息获取方式的调研数据（工程监理单位）

调查结果显示，主要从事或熟悉工程监理单位业务的被调查者，对于工程造价信息服务的获取方式，更倾向选择网络渠道，其次选择主管部门的公布、公示渠道。这一调查结果符合现阶段的工程监理单位工程造价管理工作的实际情况。

4. 施工单位

施工单位倾向选择网络查询、主管部门公布、公示的方式获取工程造价相关信息。在主要从事或熟悉施工单位业务的被调查者（29人）中，希望通过实地调查、通信查询方式获取工程造价相关信息的占比均为20.69%，82.76%的被调查者希望通过网络查询方式获取工程造价信息，24.14%的被调查者希望通过刊物参考方式获取工程造价信息，希望通过会议、座谈、互访等信息交流和企业内部共享方式获取工程造价信息的占比均为31.03%，68.97%的被调查者希望通过主管部门公布、公示方式获取工程造价信息。具体数据如图7-18所示。

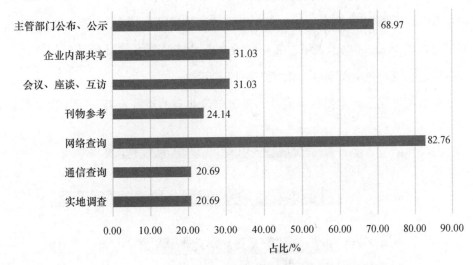

图 7-18　工程造价信息获取方式的调研数据（施工单位）

调查结果显示，主管部门主动公示、网络查询的渠道能够被施工单位广泛接受，这符合现阶段施工单位工程造价管理工作的实际情况。施工单位在工程造价信息的使用过程中，往往伴随着工程价款管理的工作。现阶段的工程价款管理已经趋向采用网络化、信息化的方式。因此，无论是通过主管部门公示的方式获取信息，抑或通过网络查询的方式，均符合施工单位的工作需求。

综合上述，工程建设、设计、施工、监理单位对于工程造价信息获取的方式意见基本一致。本研究通过实地走访、调查问卷等形式收集了建设项目各参与方对于工程造价信息获取方式的意愿，整体而言，各方都愿意通过网络渠道获取工程造价信息。这一调研结果将有助于厘清工程造价信息的发布渠道，也有助于相关单位针对"网络渠道"工程造价信息的收集、发布、更新等工作作出适当的安排，使网络渠道成为工程造价信息汇集和应用的主战场。

7.3.4　工程造价信息获取的格式

1. 建设单位

对于工程造价信息的格式，主要从事或熟悉建设单位业务的被调查者（63人）的需求不是特别集中，即对各类信息格式都比较容易接受。其中，50.79%的被调查者选择纸质印刷资料，61.90%的被调查者选择 Word 电子文档，85.71%的被调查者选择 Excel 电子表格，69.84%的被调查者选择各类计量计价软件（软件更新包、资料包）。具体数据如图 7-19 所示。

调查结果显示，主要从事或熟悉建设单位业务的被调查者对于工程造价信

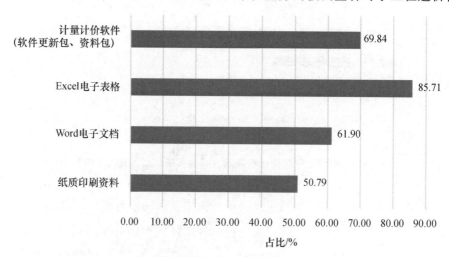

图 7-19　建设单位对于工程造价信息格式需求的调研数据

息的格式，更倾向采用 Excel 电子表格的形式，其次是计量计价软件（软件更新包、资料包）的形式。这一调查结果表明目前绝大部分的工程造价管理工作已经实现了计算机操作，因此相关的数据有必要以更直接的电子表格或计量计价软件（软件更新包、资料包）的形式出现。这一数据呈现方式有助于建设单位开展造价管理工作。

2. 设计单位

对于工程造价信息的格式，主要从事或熟悉设计单位业务的被调查者（18 人）的需求较为集中。其中，55.56%的被调查者选择纸质印刷资料，50.00%的被调查者选择 Word 电子文档，61.11%的被调查者选择 Excel 电子表格，72.22%的被调查者选择各类计量计价软件（软件更新包、资料包），还有 5.56%的被调查者认为可以有其他通过网络渠道的信息发布格式。具体数据如图 7-20 所示。

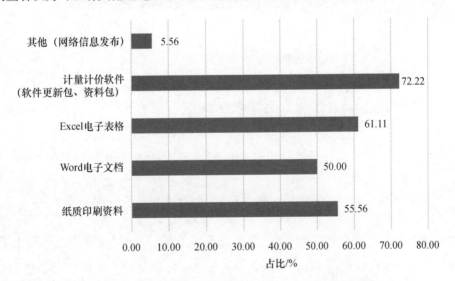

图 7-20　设计单位对于工程造价信息格式需求的调研数据

调查结果显示，主要从事或熟悉设计单位业务的被调查者对于工程造价信息的格式，更倾向采用计量计价软件（软件更新包、资料包）的形式，其次是 Excel 电子表格的形式。这一调查结果表明，设计单位在运用造价管理软件方面已经较为成熟，其进行工程价款管理的主要方式是依靠各类型的计量计价软件。针对这一现状，有必要尽快打通造价管理软件与造价信息数据之间的多维度互联互通接口，使得各类型数据能够被快速发布和共享。

3. 工程监理单位

对于信息的模式，主要从事或熟悉监理单位业务的被调查者（15人）中，选择 Excel 电子表格的人较多。被调查者选择纸质印刷资料、Word 电子文档、Excel 电子表格和各类计量计价软件（软件更新包、资料包）的占比分别为46.67%、26.67%、86.67%和20.00%。具体数据如图7-21所示。

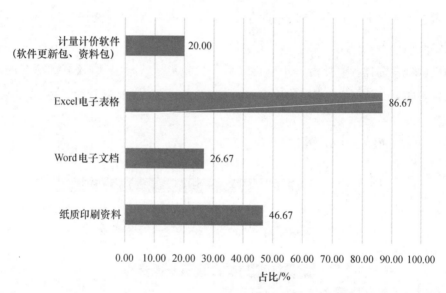

图7-21 工程监理单位对于工程造价信息格式需求的调研数据

调查结果显示，主要从事或熟悉监理单位业务的被调查者对于工程造价信息的格式，更倾向采用 Excel 电子表格的形式。可以看到，工程监理单位主要在施工现场作业，其对于 Excel 电子表格数据的需求量较大，说明现场施工过程中仍需要大量的数据资料作为参考。使用电子表格的形式，有助于提高工程监理单位的工作效率。

4. 施工单位

对于工程造价信息的格式，主要从事或熟悉施工单位业务的被调查者（29人）中，希望信息格式是 Excel 电子表格和各类计量计价软件（软件更新包、资料包）的较多。其中，37.93%的被调查者选择纸质印刷资料，48.28%的被调查者选择 Word 电子文档，68.97%的被调查者选择 Excel 电子表格，55.17%的被调查者选择各类计量计价软件（软件更新包、资料包）。具体数据如图 7-22 所示。

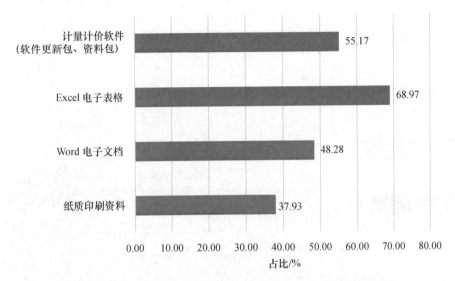

图 7-22　施工单位对于工程造价信息格式需求的调研数据

调查结果显示，主要从事或熟悉施工单位业务的被调查者对于工程造价信息的格式，更倾向采用 Excel 电子表格的形式，其次是计量计价软件（软件更新包、资料包）的形式。这一调查结果与工程监理单位的情况类似，即现场施工阶段的工程造价信息需求倾向于 Excel 电子表格的形式，这种方式较为简洁、高效，有利于现场施工管理。

综合上述调研结果可知，目前工程建设、设计、监理和施工单位都更倾向于采用 Excel 电子表格格式的工程造价信息数据，这一调研结果将有助于规范未来的工程信息数据发布格式。

7.3.5　工程造价信息生成过程中的角色定位

1. 建设单位

在主要从事或熟悉建设单位业务的被调查者（63 人）中，认为其在工程造价信息生成过程中主要扮演接受者角色的占比为 63.49%，而扮演监督者、发布者、传播者角色的占比分别为 7.94%、9.52%、19.05%。具体数据如图 7-23 所示。

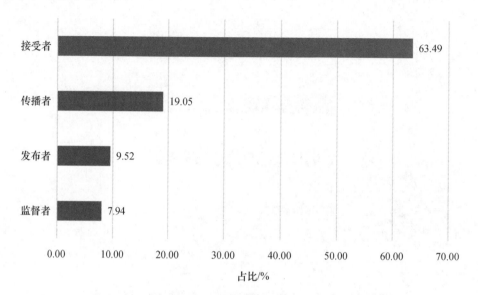

图 7-23　建设单位在工程造价信息生成过程中的角色定位

调查结果显示，主要从事或熟悉建设单位业务的被调查者，对于其在工程造价信息生成过程中的角色定位，更多是倾向扮演接受者的角色。这一调查结果与建设单位的主要职责相匹配。

2. 设计单位

在主要从事或熟悉设计单位业务的被调查者（18 人）中，有 83.33% 的被调查者认为其在工程造价信息生成过程中主要扮演接受者的角色，有 5.56% 的被调查者认为其在工程造价信息生成过程中主要扮演监督者的角色，11.11% 的被调查者认为其在工程造价信息生成过程中主要扮演发布者的角色。具体数据如图 7-24 所示。

调查结果显示，主要从事或熟悉设计单位业务的被调查者，对于其在工程造价信息生成过程中的角色定位，更多是倾向扮演接受者的角色。这一调查结果与设计单位的主要职责相匹配。

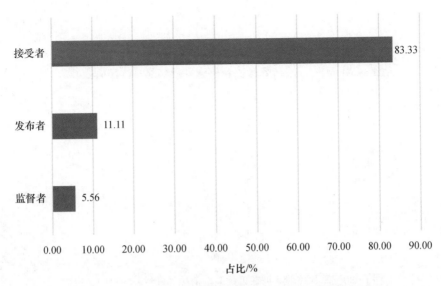

图 7-24 设计单位在工程造价信息生成过程中的角色定位

3. 工程监理单位

在主要从事或熟悉工程监理单位业务的被调查者（15 人）中，有 86.67% 的被调查者认为其在工程造价信息生成过程中主要扮演接受者的角色，仅有 13.33% 的被调查者认为其在工程造价信息生成过程中主要扮演传播者的角色。具体数据如图 7-25 所示。

调查结果显示，主要从事或熟悉监理单位业务的被调查者，对于其在工程造价信息生成过程中的角色定位，更多是倾向扮演接受者的角色。这一调查结果与工程监理单位的主要职责相匹配。

4. 施工单位

在主要从事或熟悉施工单位业务的被调查者（29 人）中，有 89.66% 的被调查者认为其在工程造价信息生成过程中主要扮演接受者的角色，仅有 6.89% 和 3.45% 的被调查者认为其在工程造价信息生成过程中扮演传播者和执行者的角色。具体数据如图 7-26 所示。

调查结果显示，主要从事或熟悉施工单位业务的被调查者，对于其在工程造价信息生成过程中的角色定位，更多是倾向扮演接受者的角色。这一调查结

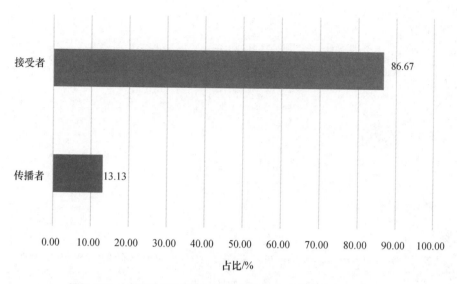

图 7-25　工程监理单位在工程造价信息生成过程中的角色定位

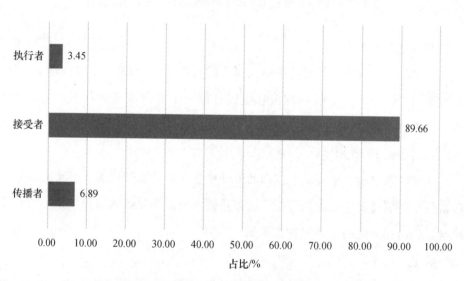

图 7-26　施工单位在工程造价信息生成过程中的角色定位

果与施工单位的主要职责相匹配。

　　目前工程建设、设计、监理和施工单位都更倾向于在工程造价信息生成过程中扮演接受者的角色，而相应的信息监督者、发布者和传播者的角色缺失，这便需要相关的第三方独立机构进行补足。

7.3.6 小结

综合上述，建设项目各参与方的工程造价信息服务需求较有代表性。

（1）建设单位对工程造价信息的需求，主要集中在定额信息、典型工程（案例）造价信息、造价指标和指数信息、要素市场信息方面。对于以上信息，建设单位的服务付费意愿不明显，即倾向"免费"和"付费"的占比参半。对于工程造价信息服务获取的方式，建设单位的从业者更倾向从网络渠道获取，其次是从建设主管部门的公布、公示中获取。对于工程造价信息的格式，建设单位从业者更倾向 Excel 电子表格的形式，其次是计量计价软件（软件更新包、资料包）的形式。建设单位在造价信息生成过程中，扮演的主要是接受者的角色。

（2）设计单位对工程造价信息的需求，主要集中在典型工程（案例）造价信息、法规标准信息方面。对于以上信息，设计单位倾向"付费"的人员数量较多。对于工程造价信息的获取方式，设计单位的从业者更倾向从网络渠道获取。对于工程造价信息的格式，设计单位从业人员更倾向计量计价软件（软件更新包、资料包）的形式，其次是 Excel 电子表格的形式。设计单位在造价信息生成过程中，扮演的主要是接受者的角色。

（3）工程监理单位对工程造价信息的需求，主要集中在要素市场信息、造价指标和指数信息方面。对于以上信息，监理单位倾向"付费"的人员数量较多。对于工程造价信息服务获取的方式，监理单位的从业者更倾向从网络渠道获取，其次是从建设主管部门的公布、公示中获取。对于工程造价信息格式，监理单位的从业者更倾向 Excel 电子表格的形式。监理单位在造价信息生成过程中，扮演的主要是接受者的角色。

（4）施工单位对工程造价信息的需求，主要集中在定额信息方面，但对要素市场信息也有较高的关注度。对于以上信息，施工单位倾向"付费"的人员数量较多。对于工程造价信息服务获取的方式，施工单位从业者更倾向从网络渠道获取，其次是从建设主管部门的公布、公示中获取。对于工程造价信息格式，施工单位从业者更倾向 Excel 电子表格的形式。施工单位在造价信息生成过程中，扮演的主要是接受者的角色。

7.4　工程造价咨询企业对工程造价信息服务的需求

7.4.1　工程造价咨询企业的职责

随着我国社会经济建设的进步与发展，在工程造价控制管理的过程中，工程造价咨询的作用越来越明显。越来越多的建设项目需要工程造价咨询企业参与，工程造价咨询企业在建设项目中也全权负责建设项目的工程造价管理，结合建设项目实际情况，进行工程项目决策、招投标、设计风险、市场环境等动态因素的分析，进而灵活地、合理地进行各个阶段工程造价的控制管理，工程咨询企业的作用日渐突出，工程造价咨询企业的主要职责如下。

（1）遵守国家的法律法规和行业主管部门的相关规定，依法执业。

（2）规范执业行为，遵守执业道德。

（3）坚持独立、客观、公正的宗旨，诚信服务。

（4）建立工程咨询质量保证体系，落实质量控制制度，保证咨询成果技术的可靠性、数据的准确性、结论的科学性和公正性。

（5）对在工程造价咨询活动中出现的重大技术和质量问题，进行研究和分析并提出解决方案。

（6）动态掌控咨询项目实施情况，负责监督检查各咨询质量和各专业的进度，研究解决存在的问题。

（7）根据咨询合同要求科学和公正地为委托方提供咨询服务，主要工作内容如下。

首先，编制工程造价管理文件是工程造价咨询的基本内容。在工程建设领域中，为了有效控制建设投资、规范工程预算，业主或建设企业往往会委托相关的工程造价咨询企业对建设工程进行工程造价管理文件的编制，其中包括工程预算、建设项目投资估算、资金使用计划等内容。这些管理文件的编制不仅让整个建设工程具有严谨的计划性和可控制性，还能使建设工程的开展更加有序、合理、规范。

其次，审核工程造价管理文件是工程造价咨询的主要工作。在建设项目的正常运转中，工程进度报表、工程结算、工程签证、竣工结算等一系列与工程造价相关的文件会不断产生，这些文件的生成需要业主或建设企业在规定的期限内进行审核，并进行总结。这是一项工作量庞大的任务，为了及时高效地完成工程造价管理文件的审核工作，业主或建设企业会将这项工作委托给工程造价咨询企业，这项举措能在准确地完成管理文件审核工作的同时，有效减轻建设企业的工作压力，促进建设行业的不断发展。

最后，提供工程价格咨询服务是工程造价咨询的重要业务。影响建筑产品价格的因素有很多，其往往会涉及建筑工程的财产保险、诉讼、公证等事项，这就使得在建设工程材料的选取上，需要第三方来对其价格进行评估与判断。建设工程造价咨询企业作为建设市场中介服务体系的重要组成部分，具有独立性与专业性的特点，它能够在建设工程材料的选择上，既为建设企业提供科学的价格评估，还能作为独立的部分存在，不受外在因素的影响。

7.4.2 工程造价咨询企业对工程造价信息的需求

近年来，工程造价管理坚持市场化改革方向，在完善工程计价制度、转变工程计价方式、维护各方合法权益等方面，取得了明显成效，但也存在工程建设各主体计价行为不规范、工程计价依据不能很好满足市场需要、造价信息服务水平不高、造价咨询市场诚信环境有待改善等问题。因此，构建多元化的工程造价信息服务体系，是适应我国经济体制改革、建立与市场经济相适应的工程造价体系、满足市场多元化信息需求的需要。多元化的工程造价信息服务体系表现为信息种类、信息提供主体、服务平台及服务方式的多元化，多元化工程造价信息服务体系的构建应当坚持以市场为导向、以技术手段为支撑、以用户需求为中心的基本原则。

为了研究工程造价咨询企业如何保障建设项目的顺利开展、构建多元化的工程造价信息服务体系，结合工程造价咨询企业的职责需要获取工程造价哪些相关的信息、获得这些信息的方式以及希望信息的表达形式有哪些等问题，课题组对工程造价咨询企业员工进行了问卷调查，通过对 240 份调查问卷进行分析，发现从事本行业相关工作 1~3 年的受访者有 16 人，占比为 6.69%；从事本行业相关工作 3~5 年的受访者有 25 人，占比为 10.46%；从事本行业相关工作 5~10 年的受访者有 52 人，占比为 21.76%；从事本行业相关工作 10 年以上的受访者有 146 人，占比为 61.09%。从受访者的工作年限可以看出，此次调查覆盖了行业各相关层级，从事本行业相关工作 10 年以上的受访者占一半以上，说明问卷反馈的信息具有代表性。其中，79.92% 的受访者所在的公司正在进行工程造价信息化建设，说明大多数企业对工程造价信息化建设是比较重视的。

1. 工程造价咨询企业对工程造价信息的需求

本次调查显示，受访者对要素市场信息的需求量占 18.80%，对典型工程（案例）造价方面信息的需求量占 19.32%，对造价指标和指数方面信息的需求量占 22.33%，对法规标准方面信息的需求量占 15.42%，对定额方面信息的需求量占 11.85%，对技术发展方面信息的需求量占 12.04%，对其他方面信息的需求量占 0.26%。其中，在决策阶段对造价指标和指数方面、典型工程（案例）造价方面信息的需求量比较大，占比分别为 24.90% 和 22.03%；在设计阶段对造价指标和指数方面、典型工程（案例）造价方面信息的需求量比较大，占比分别为 25.38% 和 21.41%；在施工阶段对造价指标和指数方面、定额方面信息的需求量比较大，占比分别为 20.06% 和 19.48%；在运维阶段对要素市场方面、造价指标和指数方面、技术发展方面信息的需求量比较大，占比分别为 20.42%、18.15%、18.15%。如图 7-27 所示，这表明总体来说工程造价咨询企业对造价指标和指数方面和典型工程（案例）造价方面信息的需求量比较大，而在建设项目的不同阶段，对信息的需求量也不同。

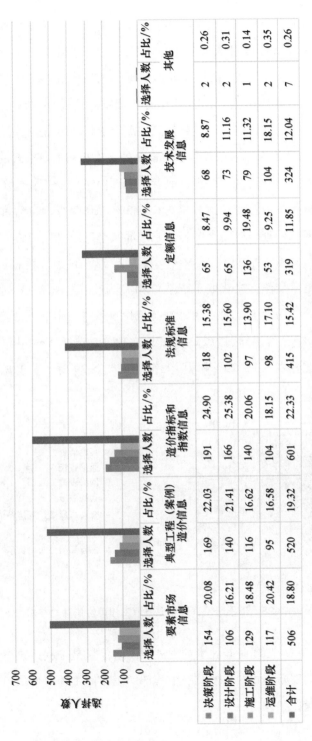

阶段	要素市场信息		典型工程(案例)造价信息		造价指标和指数信息		法规标准信息		定额信息		技术发展信息		其他	
	选择人数	占比/%	选择人数	占比/%	选择人数	占比/%	选择人数	占比/%	选择人数	占比/%	选择人数	占比/%	选择人数	占比/%
决策阶段	154	20.08	169	22.03	191	24.90	118	15.38	65	8.47	68	8.87	2	0.26
设计阶段	106	16.21	140	21.41	166	25.38	102	15.60	65	9.94	73	11.16	2	0.31
施工阶段	129	18.48	116	16.62	140	20.06	97	13.90	136	19.48	79	11.32	1	0.14
运维阶段	117	20.42	95	16.58	104	18.15	98	17.10	53	9.25	104	18.15	2	0.35
合计	506	18.80	520	19.32	601	22.33	415	15.42	319	11.85	324	12.04	7	0.26

图7-27 不同阶段工程造价咨询企业对工程造价信息的需求

调查结果显示，项目所处的阶段不同，工程造价咨询企业服务的侧重点也不同，从而对工程造价信息的要求也就不同。在决策和设计阶段，典型工程（案例）及造价指标和指数是决策的参考依据，也是分析方案及技术选型与经济成本合理配置的参考依据。在施工与后期运维阶段需要对成本进行动态控制，市场要素信息与造价指标和指数信息的需求也就随之增多。

2. 工程造价咨询企业获取工程造价信息的方式和对信息格式的需求

较多的受访者希望通过网络查询或者主管部门主动公布、公示等共享的方式获取工程造价相关信息，占比分别为 29.43%、20.51%；也有部分受访者接受刊物参考、实地调查、通信查询、企业内部共享的信息交流方式，占比分别为 16.11%、10.39%、9.19%、8.66%；仅有 5.73% 的受访者希望通过会议、座谈、互访等信息交流方式获取工程造价相关信息，如图 7-28 所示。在获取信息的格式上，受访者更倾向采用各类计量计价软件（软件更新包、资料包）和 Excel 电子表格，占比分别为 25.42% 和 32.06%，选择 Word 电子文档、纸质印刷资料的占比分别为 22.26% 和 19.93%，如图 7-29 所示。可见选择各种信息格式的都有，占比也比较平均。

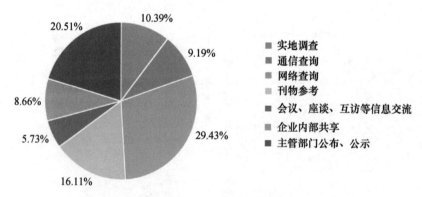

图 7-28　工程造价咨询企业获取工程造价信息的方式

调查结果显示，随着高新技术的发展，网络信息是工程造价咨询企业获取工程造价信息的重要方式，当然政府主管部门发布的工程造价信息也被工程造价咨询企业所信任和采用。

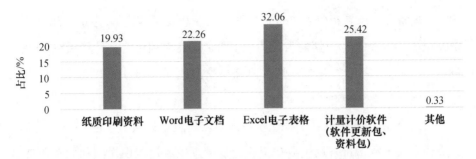

图 7-29　工程造价咨询企业对工程造价信息格式的需求

3. 造价咨询企业对工程造价信息的付费意愿

受访者对工程造价相关信息的付费意愿整体表现一般，愿意付费的占比不到受访者的一半。44.58%的被调查对象很重视信息质量、更新频率，但并不愿意为此付费。对信息质量、更新频率要求不高且不愿付费的仅占5.42%，如图 7-30 所示。

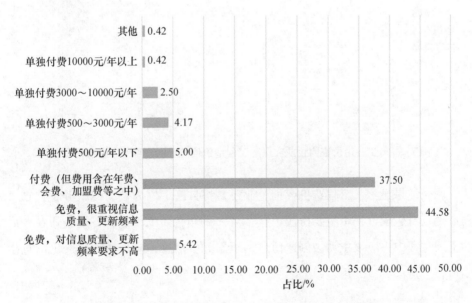

图 7-30　工程造价咨询企业对工程造价信息的付费意愿

进一步分析表明，信息的付费方式、付费金额都是影响被调查对象付费意愿的因素。有 37.50% 的受访者希望费用含在年费、会费、加盟费等中，

5.00%的被调查对象希望单独付费且付费额在 500 元/年以下，愿意单独付费且付费金额在 500~3 000 元/年的占比为 4.17%，愿意单独付费且付费额在 3 000~10 000 元/年的占比为 2.50%，愿意单独付费且付费额在 10 000 元/年以上的占比为 0.42%。

4. 工程造价咨询企业在工程造价信息生成过程中扮演的角色

受访者对工程造价咨询企业在工程造价信息生成过程中扮演的角色整体认识比较一致，如图 7-31 所示，其中 79.59%的受访者认为工程造价咨询企业主要扮演"接受者"的角色；仅有少量的受访者认为工程造价咨询企业扮演其他的角色，其中认为是"监督者"角色的占 5.83%，是"发布者"角色的占 5.83%，是"传播者"角色的占 8.75%。

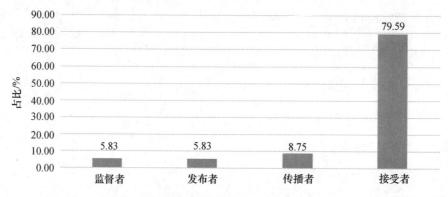

图 7-31　工程造价咨询企业在保障工程造价信息可达、可信中扮演的角色

调查结果显示，工程造价咨询企业还是将自己定位为被动的服务者，在工程造价信息生成过程中主要扮演"接受者"的角色。工程造价咨询企业在今后的发展过程中更应该主动去创造信息、积累分析信息，应当在工程造价信息生成过程中扮演更多的角色。

8 工程造价信息服务体系

8.1 工程造价信息服务主体

工程造价信息服务主体呈多元化状态，主要包括工程造价管理机构、行业协会和企业，各主体由于自身职能定位不同而有着不同的分工。

8.1.1 工程造价信息服务主体简介

1. 工程造价管理机构

工程造价管理机构是指组织制定、修订各行业工程造价标准并进行发布的机构，包括住房和城乡建设部、行使各行业工程造价管理职能的国家各部委或其下属管理单位、行使各行业地方工程造价管理职能的定额站、行使各行业工程造价管理职能的事业单位或企业等。部分工程造价管理机构见表 8-1。

表 8-1　　　　　　　　　部分工程造价管理机构一览表

序号	行业	国家级造价管理机构	地方造价管理机构
1	建筑、市政、园林、城市轨道等	住房和城乡建设部	各省级住房和城乡建设厅（局）定额站

续表

序号	行业	国家级造价管理机构	地方造价管理机构
2	石油	中国石油天然气集团有限公司 中国石油工程造价管理中心	—
3	石化	中国石油化工集团公司 工程定额管理站	—
4	电力	国家能源局	—
5	煤炭	国家能源局	—
6	冶金	冶金工业建设工程定额总站	—
7	电信	中华人民共和国工业和信息化部	—
8	电子	中华人民共和国工业和信息化部	—
9	水利	中华人民共和国水利部	省级水利厅（局） 水利工程定额站
10	能源	国家能源局	—
11	公路	中华人民共和国 交通运输部公路局	省级交通运输厅（局） 公路工程定额站
12	铁路	国家铁路局	—

2. 行业协会

工程造价行业协会包括中国建设工程造价管理协会以及各省级工程造价管理协会，见表8-2。

表8-2　　　　　　　　　　工程造价行业协会一览表

序号	名称
1	中国建设工程造价管理协会
2	北京市建设工程招标投标和造价管理协会
3	天津市建设工程造价和招投标管理协会
4	河北省建筑市场发展研究会
5	山西省建设工程造价管理协会
6	内蒙古自治区工程建设协会
7	辽宁省建设工程造价管理协会
8	吉林省建筑业协会工程造价分会

序号	名称
9	黑龙江省建设工程造价管理协会
10	上海市建设工程咨询行业协会
11	江苏省工程造价管理协会
12	浙江省建设工程造价管理协会
13	安徽省建设工程造价管理协会
14	福建省建设工程造价管理协会
15	江西省工程造价协会
16	山东省工程建设标准造价协会
17	河南省注册造价工程师协会
18	湖北省建设工程造价咨询协会
19	湖南省建设工程造价管理协会
20	广东省工程造价协会
21	广西建设工程造价管理协会
22	海南省建设工程造价管理协会
23	重庆市建设工程造价管理协会
24	四川省造价工程师协会
25	贵州省建设工程造价管理协会
26	云南省建设工程造价协会
27	西藏自治区建筑业协会工程造价管理分会
28	陕西省建设工程造价管理协会
29	甘肃省建设工程造价管理协会
30	青海省建设工程造价管理协会
31	宁夏建设工程造价管理协会
32	新疆建设工程造价管理协会

3. 企业

企业主要包括各行业工程建设单位、设计单位、造价咨询单位、监理单位、施工单位、材料供应商以及建筑类互联网企业等。

8.1.2 工程造价信息服务主体分工

如图 8-1 和表 8-3 所示，在工程造价信息服务体系中，工程造价管理机构、行业协会和企业分工协作，形成了完整的信息生态。

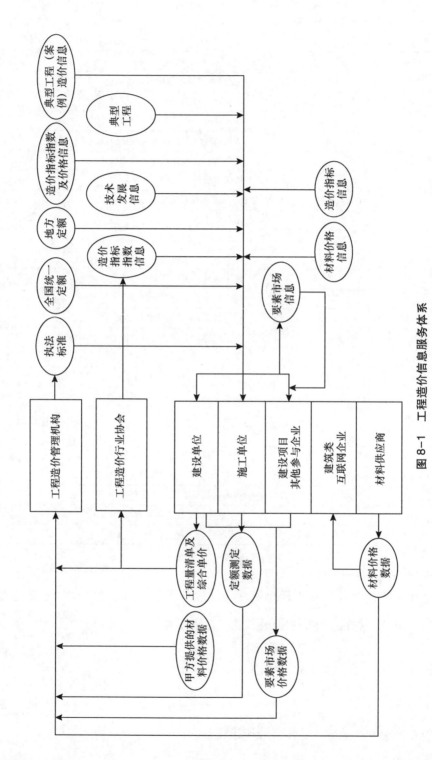

图 8-1　工程造价信息服务体系

表 8-3 工程造价信息服务主体社会分工

序号	主体	提供信息种类	信息发布权威性	付费形式
1	工程造价管理机构	法规标准信息（行业标准、地方标准）	官方	政策法规免费（发布文件）
				造价标准收费（出版书籍）
		定额（各行业全国统一定额、地方定额）	官方	收费（出版书籍）
		典型工程（案例）造价信息	官方	免费（网站发布）
		造价指标和指数信息	官方	免费（网站发布）
				收费（出版书籍）
		价格信息（指导价）	官方	免费（网站发布）
2	工程造价行业协会	典型工程（案例）造价信息	指导	收费（网站会员制）
		造价指标和指数信息	指导	收费（网站会员制）
		技术发展信息	指导	收费（发行期刊）
3	建设项目各参与方（包括建设、设计、造价咨询、监理、施工等单位）	要素市场信息	—	免费（定向提供）
			—	付费（签订合同）
4	建筑类互联网企业	价格信息（市场价）	参考	付费（平台查询）
		造价指标信息	参考	付费（平台查询）
5	材料供应商	材料价格信息（市场价）	—	免费（定向提供）

1. 工程造价管理机构

工程造价管理机构主要负责法规标准和定额的编制、发布、修订及解释工作，部分工程造价管理机构还进行典型工程（案例）造价信息、造价指标指数信息及价格信息的发布工作，以住建行业为例，发布情况见表 8-4。据不完全统计，除住房和城乡建设部进行全国各类工程造价指标及投资估算指标、省会城市建安工程造价指标、主要城市建筑人工成本信息的发布外，全国共有 7 个省份开展了造价指标指数的发布工作，16 个省份开展了价格信息的发布工作，4 个省份开展了典型工程（案例）造价信息的发布工作，此外部分城市也进行了相关信息的发布。

表 8-4 工程造价管理机构工程造价指标指数、价格信息、典型工程（案例）造价信息的发布情况

序号	地区	类别	内容	发布机构	发布时间或周期	发布渠道
1	全国	指标	建筑门窗工程、防水工程、地源热泵工程造价指标	住房和城乡建设部	2018 年	出版书籍
			海绵城市建设工程投资估算指标		2018 年	出版书籍
			城市综合管廊工程投资估算指标		2015 年	出版书籍
			省会城市住宅建安工程造价指标	住房和城乡建设部标准定额研究所	半年	网站
		价格信息	全国 30 城市建筑人工成本信息		季度	网站
2	北京	指标	北京市幕墙专业工程、消防专业工程造价指标	北京市住房和城乡建设委员会	2020 年	网站
		价格信息	北京市材料人工价格信息、材料市场参考价、材料厂商参考价	北京市住房和城乡建设委员会	月度	网站
3	天津	指标	天津市建筑安装工程造价估算经济指标	天津市住房和城乡建设委员会	2015 年	印发文件
		价格信息	天津市建筑工种人工成本信息、施工机械台班价格、建设工程材料价格指数	天津市住房和城乡建设委员会建设工程造价管理总站	月度	网站
		典型案例信息	住宅、公建项目案例造价分析		月度	网站
4	河北	价格信息	河北省周转性材料租赁、施工机械租赁参考价，常用建材价格信息	河北省住房和城乡建设厅工程建设造价管理总站	月度	网站

序号	地区	类别	内容	发布机构	发布时间或周期	发布渠道
5	京津冀	价格信息	京津冀城市地下综合管廊工程人工、材料价格信息	北京市建设工程造价管理处、天津市建筑市场服务中心、河北省建设工程造价服务中心	月度	网站
6	山西	典型案例信息	山西省市政排水工程、住宅楼建安工程、排水工程案例造价指标指数，工料机价格指数	山西省住房和城乡建设厅	双月	网站
		价格信息	山西省常用建设工程材料指导价	山西省住房和城乡建设厅	双月	网站
7	辽宁	价格信息	辽宁省建设工程材料价格、周转性材料租赁参考价格、机械租参考价格、材价综合指数	辽宁省住房和城乡建设厅	月度	网站
			辽宁省建设工程人工费指数		季度	网站
8	吉林	价格信息	吉林省材料价格信息	吉林省住房和城乡建设厅造价站	季度	网站
9	黑龙江	价格信息	黑龙江省部分城市主要建筑材料价格信息	黑龙江省住房和城乡建设厅建设工程造价管理总站	不定期	网站
10	江苏	指标	江苏省建设工程造价估算指标（含建筑工程和市政工程）	江苏省住房和城乡建设厅	2017年发布	出版书籍
		指数	江苏省标准工程造价指数	江苏省住房和城乡建设厅建设工程造价管理总站	半年	网站
		价格信息	江苏省建筑材料、园林苗木、市场人工、实物量人工成本、机械租赁、周边材料租赁价格信息		半年	网站

续表

序号	地区	类别	内容	发布机构	发布时间或周期	发布渠道
11	浙江	指数信息	浙江省房屋建筑工程造价指数	浙江省住房和城乡建设厅建设工程造价管理总站	季度	网站
			浙江省房屋建筑人工综合价格指数		月度	网站
		典型案例信息	浙江省工程案例指标分析		不定期	网站
12	河南	价格信息	河南省建设工程材料价格信息	河南省住房和城乡建设厅建筑工程标准定额站	双月	网站
13	湖北	指标信息	湖北省基础设施投资估算指标	湖北省住房和城乡建设厅	2011 年	—
14	海南	价格信息	海南省建设工程主要材料、园林绿化苗木、机械租赁市场价格信息	海南省住房和城乡建设厅	月度	网站
15	重庆	指数信息	重庆市主要建筑材料价格指数、建设工程人工价格指数	重庆市住房和城乡建设委员会建设工程造价管理总站	季度	网站
		价格信息	重庆市工料机价格及租赁信息		月度	网站
		典型案例信息	重庆市道路工程、市政工程工程案例造价信息		不定期	网站
16	贵州	价格信息	贵州省建设工程材料综合参考价（贵州省建设工程造价信息）	贵州省住房和城乡建设厅建设工程造价管理总站	月度	期刊（网站发行）
17	云南	价格信息	云南省主材综合价格信息	云南省住房和城乡建设厅科技与标准定额处	月度	网站
			云南省主材价格波动情况报告		季度	网站
18	陕西	价格信息	陕西省材料市场价格信息或厂商报价	陕西住房和城乡建设厅建设工程造价总站（协会）	月度	网站

续表

序号	地区	类别	内容	发布机构	发布时间或周期	发布渠道
19	甘肃	指标信息	甘肃省农村建筑工程人、材、机消耗量指标	甘肃省住房和城乡建设厅	2017 年	网站
20	新疆	价格信息	新疆各地区建设工程综合价格信息	新疆维吾尔自治区住房和城乡建设厅	月度	网站
21	郑州	指标信息	郑州市建设工程造价指标	郑州市城乡建设局建设工程造价管理办公室	季度	网站
22	武汉	指标指数信息	武汉市建设工程造价指标服务平台（平台发布各类指标指数）	武汉市城乡建设局工程建设标准定额管理站（协会）	—	网站
23	自贡	指标信息	自贡市建设工程造价估算指标	自贡市城乡建设局建设工程造价管理站	年度	网站

2. 工程造价行业协会

工程造价行业协会作为弥补政府管理短板、辅助调节市场的重要机构，在工程造价信息服务体系中发挥着重要作用，特别是近年来工程造价行业的变革探索表明，由工程造价行业协会承接政府职能，发布部分工程造价信息逐渐成为主要趋势。见表 8-5，据不完全统计，全国共有 3 个省级工程造价行业协会开展了造价指标指数的发布工作，5 个省级工程造价行业协会开展了价格信息的发布工作，2 个省级工程造价行业协会开展了典型工程（案例）造价信息的发布工作。

表 8-5　　　　　　工程造价行业协会有关工程造价信息的发布情况

序号	地区	类别	内容	发布机构	发布时间或周期	发布渠道
1	全国	价格信息	工程造价数据信息	中国建设工程造价管理协会	—	网站

序号	地区	类别	内容	发布机构	发布时间或周期	发布渠道
2	天津	造价指数信息	人工费计价及规费基数调整系数	天津市建设工程造价和招投标管理协会	季度	网站
3	黑龙江	造价指标信息	市政工程案例造价指标	黑龙江省建设工程造价管理协会	不定期	网站
4	江苏	价格信息	江苏省建设材料在线询价	江苏省工程造价管理协会	—	网站（速得材价查询平台）
5	山东	价格信息	山东省各城市材料价格信息	山东省工程建设标准造价协会	月度	网站
		价格信息	建设工程材料市场价、人工询价		—	网站（建材采价网）
		典型工程（案例）造价信息	住宅楼工程案例造价信息		不定期	网站
6	湖北	价格信息	湖北省工程材料市场价格信息	湖北省建设工程造价咨询协会	—	网站
7	重庆	价格信息	重庆市建设材料价格信息	重庆市建设工程造价管理协会	月度	网站
			重庆市建设材料市场询价		—	网站
8	甘肃	造价指标指数信息	甘肃省各市各类工程造价指数指标、人工及主要材料消耗量指标	甘肃省建设工程造价管理协会	季度	网站
		典型工程（案例）造价信息	典型工程（案例）造价信息（含工程概况、工程特征、工程造价组成分析、工程造价费用分析、主要工程量指标、主要消耗量指标）		不定期	网站（会员可见）
		价格信息	建设工程材料指导价		双月	网站（会员可见）
			建设工程材料厂商报价		—	网站（会员可见）

3. 企业

建设工程各参与企业（包括建设单位、设计单位、造价咨询单位、监理单位、施工单位）是法规标准、定额、造价指标指数及价格等信息的主要用户，同时也是底层数据的提供者。

施工单位需为造价管理机构或行业协会提供施工现场定额测定数据用于支撑其进行定额的修编工作。

建设单位需为造价管理机构或行业协会提供建设项目工程量清单及综合单价数据用于支撑其进行造价指标指数及价格信息的制定工作，需向造价管理机构提供甲方提供的材料价格数据用于支撑其进行价格信息的制定工作。

目前市场上一些建筑类互联网企业也推出相关平台，为众多材料供应商提供询价报价服务并发布材料市场价格，汇总典型工程（案例）造价信息后发布单项工程指标、专业分包指标、综合单价供用户参考使用。工程造价管理机构或行业协会也会向市场上的材料供应商进行材价调查，用于获取价格数据、参考制定价格信息。

8.2　工程造价信息服务类型

8.2.1　现阶段工程造价信息服务类型

工程造价信息服务体系是以满足社会信息需求为目的，与信息产生、收集、加工、发布、利用等整个信息服务环节相互关联或相互作用的要素集合体。工程造价咨询服务工作需要大量工程造价信息作为支撑，工程造价信息平台的需求模式决定了工程造价信息服务的方式。现阶段我国工程造价信息服务类型主要有平台产品类服务、受委托类服务两大类。

1. 平台产品类服务

传统模式下，工程造价信息服务方式单一，主要是采用期刊、图书等纸质媒介提供工程造价信息。而在互联网模式下，工程造价信息服务应当采用多元化的服务模式。工程造价信息平台的构建是在总结各地工程造价管理机构、各专业工程造价信息服务公司工作经验的基础上，整合工程计价活动中涉及的计价规则、计价标准、指标指数、工程定额、材料机械价格等信息构建的，可以为造价从业人员和社会公众提供一站式工程造价信息服务。工程造价信息平台提供在线互动网络服务，行政主管部门或行业协会可进行在线答疑，同时建立了学习交流栏目，供学习在线课程、分享典型案例或进行专业问题讨论。此外，随着移动互联网网络环境的改善、移动终端设备的普及应用，基于移动互联网发展的信息服务方式逐渐形成，这种服务方式通过第三方 App、微信（小程序、公众号）等即时通信软件进行工程造价信息的传播与分享。

2. 受委托类服务

当用户在信息内容方面的需求在一定程度上被满足之后，他们就开始注重服务效率和环境，同时也有了更高的体验期望。工程造价的核心是工程计价，工程计价活动离不开工程造价信息服务的支持，指标指数、工程定额、材料机械价格等工程造价信息是用户的主要需求。当前上述信息主要依赖各造价管理部门和信息服务公司提供的纸质或电子信息，在线信息少，受委托或者定制化的信息则更少。但近年来，工程造价信息专业化服务迅速发展，市场上出现了一批专业工程造价信息服务公司。在专业工程造价信息服务公司提供的造价信息中，各公司以提供人工、材料价格信息服务为主，盈利方式以注册会员、收费服务为主，但各公司服务内容大致相同，缺乏差异化竞争内容。

8.2.2　发展趋势

在新时代、新背景下，工程造价行业表现出新的特点，工程造价信息管理和信息化面临新问题，原有的简单的信息化技术已经很难满足工程造价行业发展的新需求。云计算是大数据时代一种先进的信息技术手段，为技术方法和经营模式都带来了创新。虚拟化技术将分散的资源集中共享，并进行计算。分布式存储等技术可以提高计算速度和效率，满足大数据时代的需求。按需索取服务、租用基础设施等经营模式降低了中小企业信息化的门槛，推动了信息化建设。因此，通过专业化、体系化、规范化的手段有效地管理与造价相关的海量数据，搭建造价数据库、工料机数据库、指标数据库、工程项目数据库等，使多库多应用的工程造价大数据处理云平台逐渐形成是大势所趋。

8.3 可持续发展的工程造价信息服务机制

8.3.1 建立可持续发展的工程造价信息服务机制的目的和意义

随着工程造价行业信息服务化水平的提高，维持工程造价信息服务机构的正常运营并更好地满足未来市场的需要，建立可持续的工程造价信息服务机制尤为重要。

1. 保证工程造价信息服务质量

信息化的高速发展为工程造价行业的发展注入了新的活力，但同时也带来了新的挑战。工程造价行业参与主体众多，会产生大量的数据，信息技术的发展使数据传播更加方便、快捷。而辨别数据准确性、保证数据时效性，是当前迫切需要解决的问题。建立可持续发展的工程造价信息服务机制，在工程造价信息流动过程中对工程造价信息加以甄别和修正，加强工程造价信息的时效性及准确性，从而保证信息服务的质量。

2. 提升工程造价信息服务水平

工程造价管理机构、行业协会、建设项目参与企业、互联网企业根据分工的不同，掌握的工程造价信息资源也不同，建立可持续发展的工程造价信息服务机制，可以保证工程造价信息管理的标准化、规范化，使工程造价信息流通更顺畅、更便捷，共同提升工程造价信息服务水平。

在大数据的背景下，工程造价信息服务提供方可以根据用户的喜好、需求、技能高低等，为用户提供专业、人性化的服务。可持续发展的工程造价信息服务机制，在应对不同用户、丰富服务内容、拓展服务类型的同时，可依托人工智能、信息识别等技术，实现一对一智能化的服务。

3. 提高工程造价信息流通能力

工程造价行业参与主体众多，因而保证信息的统一性、时效性至关重要，建立可持续发展工程造价的信息服务机制，可以减少工程造价信息传递过程中的误差，更快、更便捷地利用信息网络技术进行传播，提高工程造价信息的流通能力和用户获取信息的速度。深入发掘工程造价各行业、各方主体掌握的信息，可以形成可共享的工程造价信息资源网络，尤其可以为特殊行业、新兴技术的工程造价全过程提供造价依据。

4. 降低信息获取成本

工程造价行业可以根据其专业性、地域性，充分调动内部各部门、企业对所在行业及区域进行信息的定向采集，整合信息资源库，实行模块化管理，使各方既是信息的提供方又是信息的使用方，这样就可以将信息的成本转变为收益。

可持续发展的工程造价信息服务机制的建立，改变了用户获取信息的方式，信息服务平台从多个独立的网站转变为一个全行业集成式的平台，众多信息推动网站联动，不仅节约了用户的时间成本，而且避免了信息资源的重复收集。

8.3.2 建立可持续发展的工程造价信息服务机制的途径

可持续发展的工程造价信息服务机制是指工程造价管理机构、行业协会、建设项目参与企业、互联网企业根据各自的分工及服务方式的不同，形成统一发展的联合体，共同促进工程造价行业的可持续发展。建立可持续发展的信息服务机制，需要各方的协调与合作。

1. 各服务主体解决困扰发展的难题

（1）工程造价管理机构

目前，工程造价管理机构缺少专项管理资金，导致出现了信息管理人员流失、信息发布更新不及时、发布的要素价格信息与市场实际价格差别较大等问题。工程造价管理机构利用其专业性的优势，联合协会和企业，贴近市场开发多元化信息服务平台、提供咨询服务，不仅可以收集到更多的基础数据，而且可以增加工程造价管理机构的收入，还可以设置专项数据库维护资金，保证信息数据的准确性，加强对定额、指标、指数等信息的动态管理。

但目前工程造价管理机构人员普遍年龄偏大，信息化接受程度低，因此需要实行"老带新、新辅老"的人员培养模式，在保留原有经验的同时，运用信息化新技术提高信息的采集及加工效率，实现数据的实时发布与更新，提升信息化服务水平。

（2）工程造价行业协会

工程造价行业协会应改变"强政府、弱协会"的观念，加强与会员间的连接，提升行业凝聚力，设置自主学习平台，通过组织会员学习、培训、交流等方式密切联系用户，联合企业开展课题研究、专项调研、咨询服务等业务，实现信息服务的可持续发展。

（3）建设项目参与企业、互联网企业

我国的建设项目众多，各行业对工程造价数据的需求不同，对工程造价信息化服务的需求也不同，统一的工程造价数据平台无法满足个性化的需求，各企业应分析所擅长的领域及专业，找准定位，利用自身优势及已有资源，建立项目模型平台、材价平台、工程咨询平台及专业交流平台等各种工程造价信息服务平台。坚持服务为了用户，开发更便捷、更高效的数据传输及使用工具，如移动端 App、云平台等。加强各层次、平台间企业的沟通合作，避免数据重复收集及行业信息垄断，规模小的企业可以采用技术联盟的形式，共担风险、合作共赢。

满足用户的个性化需求，加大平台的开发力度，需要加强人力资源体系建设。工程造价行业人员薪酬普遍较低，在与其他行业的抢人大战中，特别是信息化技术人才的抢夺中，处于劣势。各企业应该积极响应国家政策，申请对高精尖人才引进的补贴，申请国家财税的补贴，对于高质量人才采取相应的鼓励措施，加强企业文化体系建设，为员工创造一个良好的工作氛围。

2. 明确共享机制下的权益分配

共享机制的建立，有助于打破信息孤岛和行业"壁垒"，促进行业互联互通、资源共享，推动信息服务的可持续化发展。但数据共享时代，并不是免费的时代。数据的采集、整理、加工都需投入大量的人力、物力和财力，数据变现、知识付费已成为大家的共识。

信息服务主体大致分为信息提供方、信息渠道平台、用户。根据我国相关法律的规定，信息的所有权及著作权归信息服务提供方所有，信息产生的收益由提供方获得；信息渠道平台可对信息的发布及维护收取一定比例的服务费用；用户根据各方签订的信息服务协议规范使用行为，同时维护自身作为用户的合法权益。对侵犯服务主体权利的违法行为，要进行严惩。

3. 建立信息追溯、数据涉密及安全管理机制

在大数据环境下，信息是经过多个提供者、多个节点、多次修改的数据集合体，用户需要的是完整、准确、时效性强的信息。通过信息追溯技术，可以实现对数据全生命周期的管理，可以识别数据的来源、评估数据质量、监控追溯数据流通渠道。建立信息追溯机制，可以规范数据来源，及时反馈并修改错误信息，防止数据被非法篡改，使数据体系在众多闭环下实现可持续发展。

特殊行业、特殊项目涉及国家及行业等机密数据，应当根据涉密等级进行管理，不仅要保证涉密信息的安全，而且要具备能够直接获得或者推测判断出涉密信息基础数据安全的能力。要把必须保密的数据控制在最小的知悉范围，严格限制可能危害国家安全和利益数据的共享，形成信息安全应急处置方案，涉密人员签订保密协议，应依法处置故意泄露保密数据者。

9 工程造价信息使用及共享机制

9.1 工程造价信息所有权、著作权

随着工程造价信息化进程的加快，工程造价行业积累了很多数据，充分利用这些工程造价数据，挖掘出其价值，推进工程造价行业的发展显得尤为急迫，因此推进大数据环境下的工程造价信息化运用是十分必要的。但如何才能在大数据环境下推进工程造价信息化建设工作的过程中，做好工程造价信息所有权、著作权的认定、标识以及建立起什么样的所有权及著作权的管理机制，是当前需要重点研究和解决的问题。

9.1.1 需要明确所有权和著作权的工程造价信息

工程造价的全生命周期管理理论共分为五个阶段：规划阶段、设计阶段、招投标阶段、施工阶段、运营阶段，每一阶段都是至关重要的。因此，每一阶段的工程造价信息都具有战略价值。在工程造价的全生命周期实现工程造价信息管理的全覆盖，从而使工程造价信息能够为建设单位在项目决策阶段提供可靠性的依据，为施工单位控制成本提供参考，为咨询单位和建设单位提供准确的咨询建议、经济指标及消耗量指标。经调研，各阶段需要明确所有权和著作

权的工程造价信息见表9-1。

（1）规划阶段：定额、造价指标和指数、典型工程（案例）造价等信息。

（2）设计阶段：定额、造价指标和指数、典型工程（案例）造价、技术发展等信息。

（3）招投标阶段：要素市场、定额、造价指标和指数、典型工程（案例）造价、法规标准、技术发展等信息。

（4）施工阶段：要素市场、定额、造价指标和指数、法规标准、技术发展等信息。

（5）运营阶段：要素市场、技术发展等信息。

表9-1　　　　　　　　各阶段需要明确所有权和著作权的工程造价信息

阶段	建设单位	咨询单位	设计单位	施工单位
规划阶段	造价指标和指数信息 典型工程（案例）造价信息	定额信息 造价指标和指数信息 典型工程（案例）造价信息	—	—
设计阶段	定额信息 造价指标和指数信息 典型工程（案例）造价信息	定额信息 造价指标和指数信息 典型工程（案例）造价信息	技术发展信息	—
招投标阶段	造价指标和指数信息 典型工程（案例）造价信息	要素市场信息 定额信息 造价指标和指数信息 典型工程（案例）造价信息 法规标准信息	技术发展信息	要素市场信息 造价指标和指数信息 典型工程（案例）造价信息
施工阶段	—	要素市场信息 定额信息 造价指标和指数信息 法规标准信息	技术发展信息	要素市场信息 造价指标和指数信息 技术发展信息
运营阶段	要素市场信息	技术发展信息	技术发展信息	要素市场信息

9.1.2 著作权、所有权的认定

1. 著作权

著作权亦称版权，是指作者对其创作的文学、艺术和科学技术作品所享有的专有权利。著作权是公民、法人依法享有的一种民事权利，属于无形资产。

工程造价信息库中上传文件的申请人可归类为建设单位、造价咨询服务单位、施工单位等。

对于建设单位、施工单位上传的文件，完全来源于内部的著作权不应当存在争议，但如果来源于如造价咨询单位、第三方协助单位等单位，则文件可能会存在著作权的认定问题。

造价咨询服务单位为用户提供咨询服务所形成的成果文件，造价服务合同对著作权有约定的，应当遵循该约定。没有约定的，一般来说，造价咨询属于技术咨询，按照有关法律的规定，技术成果的知识产权原则上属于造价咨询服务单位，上传的文件除申请人自行甄别外，如果由数据库建设单位专人甄别文件的著作权，则需上传人提供造价服务合同或其他约定文件进行甄别，否则很难判断该文件的著作权是否归属于申请人。

对上传工程造价信息的单位进行分类甄别、对不同类别的上传人上传的文件进行著作权的判定的工作是海量的，也是可能存在潜在纠纷的，因此建议设定熟悉法律业务的专人负责著作权的认定工作。

2. 所有权

所有权是指所有人依法对自己财产所享有的占有、使用、收益和处分的权利，所有权指的是所有人对动产或不动产的拥有权力。对于工程造价信息，所有权的客体指的是承载工程造价信息的载体，如打印的工程造价信息文件、PPT文件、下载的表格资料等。受托方将打印的工程造价信息文件交给委托方之后，委托方就拥有了对那份具体文件的所有权，但是并不拥有造价信息的著作权（合同另有约定的除外）。

经授权可以下载使用的单位或者个人只是对其下载的具体文件拥有所有

权，而不拥有该文件的著作权。

目前尚无法律明确定义工程造价信息的使用权。但行业一般认为：工程造价信息的使用即许可使用，由著作权人许可；如何使用也由著作权人决定。

9.1.3　与工程造价信息著作权有关的政策、法律法规

调研发现，现阶段我国没有特别针对工程造价信息的著作权相关政策法律，但是，工程造价信息不仅属于著作权范畴，而且具有较强的商业机密属性。著作权相关的政策、法律法规如下。

1.《中华人民共和国著作权法》

本法律全文明确了著作权人的权利归属、保护期、权利的限制、转让、出版等信息以及法律责任和执法措施。

2.《中华人民共和国著作权法实施条例》

本条例是国务院根据《中华人民共和国著作权法》制定的全国性条例，进一步明确了著作权法里面的定义以及行政管理措施。

3.《著作权集体管理条例》

国务院为了规范著作权集体管理活动，便于著作权人和与著作权有关的权利人行使权利和使用者使用作品，根据《中华人民共和国著作权法》制定了本条例。

4.《信息网络传播权保护条例》

国务院根据《中华人民共和国著作权法》，为保护著作权人、表演者、录音录像制作者的信息网络传播权，制定了本条例。

5.《中华人民共和国反不正当竞争法》

工程造价相关文件有相当强的机密性，会涉及商业机密。此法明确了经营者不得实施侵犯商业秘密的行为，包括不得以电子侵入的手段获取他人的商业机密。

9.1.4 工程造价信息所有权和著作权的相关问题

1. 如何申请所有权权限

各个咨询单位、建设单位和施工单位等通过全国性的工程造价信息发布网络对工程造价信息进行及时的上报和发布，实现工程造价信息数据的实时发布和更新，确保数据的有效性，需要通过以下渠道申请工程造价信息所有权权限：①在数据共享平台申请；②在微信公众号申请；③在 App 上申请。

2. 由谁赋予所有权

工程造价信息的使用即许可使用，由著作权人许可；如何使用也由著作权人决定。查询人下载的工程造价信息，在未经过著作权单位同意授权的情况下，不能用于生产经营活动，也不能擅自转发给他人。

3. 如何标识著作权

工程造价信息要标识出有关著作权人的基本信息，包括编制单位信息、编制人信息、编制时间、地域、成果文件类别、要素市场信息、定额信息、造价指标和指数信息、典型工程（案例）造价信息、法规标准信息、技术发展信息、项目信息等。其中项目信息要逐级分类，依次为行业（工业与民用建筑、能源、化工、水利、水电、道路、桥梁、轨道交通等）、使用功能（学校、医院、写字楼、住宅、厂房等）、专业（建筑、结构、安装等）、项目概况（建筑面积、结构类型、包含专业等）。

可以对整个文件添加背景水印，用来标明著作权人的相关信息。后期建议采用区块链加密、传输。非授权用户申请下载时，必须选中"接受授权书相关内容及违约时需要承担的法律责任"，阅读并确认同意后方可下载。

9.1.5 工程造价信息的分类

工程造价信息基本都涉及保密的问题、著作权的问题，因此，对成果文件进行分类，可以依次按照保密级别（公开发布、经授权可查询）、行业（工业与民用建筑、能源、化工、水利、水电、道路、桥梁、轨道交通等）、使用功能（学校、医院、写字楼、住宅、厂房等）、专业（建筑、结构、安装等）、成果文件类别、要素市场信息、定额信息、造价指标和指数信息、典型工程（案例）造价信息、法规标准信息、技术发展信息的顺序进行。

建设单位的建设项目，有的涉及其内部的商业机密，因此针对工程造价信息都会有保密的要求。

咨询单位对其劳动成果也有保密的需要。一般在咨询服务合同履行中或者招投标结果确定之前，相关文件的保密性依据法律规定、合同约定进行处理。之后，除非涉及国家秘密或当事人之间另有约定，因相关工作已完成等原因，相关文件失去保密性而可以上传数据库和公开。对于涉及国家秘密的文件，在保密期内不得泄密，因此该文件不得上传到数据库。

施工单位内部的消耗量指标、劳动定额指标信息也属于单位的商业秘密，如果泄露出去，将不利于以后与其他单位进行竞标。

综上所述，鉴于各个单位的保密需要，首先，按照保密级别对文件进行分类是非常必要的，也是一定要做的工作，对于有保密要求的工程造价信息不必上传；其次，按照行业、使用功能、专业、成果文件类别进行分类，会更有利于检索查找，例如，某使用人想查找一个医院的强电专业的电缆、电线、桥架消耗量指标信息，那么他需要得到该强电专业的结算资料，操作时依次选择"行业"中的"工业与民用建筑"、"使用功能"中的"医院"、"专业"中的"强电"或者"全专业"、"成果文件类别"中的"结算文件"即可。

9.1.6 建立所有权、著作权管理机制

要想早日建立行之有效的著作权、所有权管理机制，需要从以下几个方面努力。

第一，要根据法律法规认定并赋予申请单位著作权，数据共享平台要设置专门的著作权认定部门，让素质较高、能力较强、了解相关法律知识的人从事本工作，这样才会有更多的著作权人上传造价信息。

第二，严格按照申请单位的保密级别进行分类，以保证涉密信息的安全。

文件的保密级别分为公开发布、经授权可查询两个等级。对于"公开发布"级别，查询人可以直接查询并下载工程造价信息。对于"经授权可查询"级别，可以通过申请或者扣积分或者付费的方式获得下载权限。

第三，建立积分管理制度或者付费制度。如果著作权单位将上传的成果文件定义为"公开发布"，则可以获得积分奖励，该积分可以在申请单位查询下载其他成果文件时予以使用。如果著作权单位将成果文件定义为"经授权可查询"级别，则查询人需要购买积分或者付费才能下载。因此，此种制度可以增强著作权单位上传文件的积极性。

第四，可以将工程造价信息中的关键项目信息做技术处理，如把项目名称去掉，只标明是某医院或者某学校，从而达到保护著作权单位的目的，免除其后顾之忧。

第五，查询人下载的工程造价信息，在未经过著作权单位同意授权的情况下，不能用于生产经营活动，不能擅自转发给他人。

只有建立行之有效的著作权管理机制，才能鼓励著作权人积极上传数据，进而保障数据平台健康、有效地良性发展。

工程造价信息所有权、著作权的认定，是建立工程造价数据共享平台的前提和基石。只有建立有效的权利认定管理制度，数据共享平台才可以更好地服务各个单位，创造更高的社会价值。

9.2 工程造价信息使用权

9.2.1 与工程造价信息使用权有关的政策、法律法规

每个行业组织、企业单位、从业个人都会有自己的大数据平台的账号以及各自积累的数据信息。

但目前暂未找到工程造价信息使用权直接相关的政策、法律法规，可以作为依据和参考的有《中华人民共和国著作权法》《信息网络传播权保护条

例》等。

9.2.2 工程造价信息使用权的获取方式

工程造价信息的获取有一定的难度，首先，工程造价咨询行业目前还没有形成统一标准的、广泛适用的、互利共享的数据平台；再者，各类工程造价信息著作权人缺乏共享的理念。立足于行业现状，第一，可以依靠政府，进行强制性的推广和信息收集；第二，可以依靠行业组织或者协会的力量，针对会员单位提供一些服务；第三，可以依靠企业或者工程造价行业的工具、软件或者平台收集一线的数据信息。

1. 政府类（免费）

（1）国家层面

目前，行业主管部门一直在努力推动工程造价信息化的发展，也取得了一些成果。如国家建设工程造价数据监测平台，该平台年收集的工程造价数据可达十余万条，并且从下到上形成了一套数据收集上报的完整流程，政府通过"公权力"要求造价咨询企业必须上报数据，然后将收集到的数据经过脱敏处理后对外开放，用户对于这些数据有免费使用权。

（2）地方层面

由于电子招投标或者备案需要，绝大多数地方行业主管部门都已经建设或正在建设自己的工程造价数据平台，这些通过正规渠道获取、经过数据清洗环节规避重要项目信息的工程造价数据形成了一个大数据中心，政府可定期公布一些实施项目的数据信息，用户可以免费使用。

2. 协会类（部分免费和向会员提供服务）

（1）部分免费

部分地方网站可免费提供较为全面的要素市场信息，如石家庄工程造价信息网、辽宁省建设工程造价管理协网站、吉林省建设工程造价信息网、黑龙江工程造价信息网、济南工程造价信息网、福州市建设工程造价管理站网站、上海市建设市场信息服务平台、浙江造价网、四川省工程造价信息网等；部分地方网站可免费提供一类或几类要素市场信息，如北京工程建设交易信息网可免费查询劳务分包交易价格。

（2）向会员提供服务

部分地方工程造价网站仅针对付费用户提供要素市场信息。例如，河北省建设工程造价管理协会网站需注册为付费会员，方可免费在线查看和获得《河北工程建设造价信息》期刊。

3. 企业或商业类（有偿）

（1）需要建立健全行业的共享机制和共享政策，保障数据安全，企业可自主选择一些可共享的历史数据进行数据共享，其他企业可获得共享数据的使用权。首先，不能增加企业的工作负担，例如，在行业的大数据平台建立一些数据端口，对企业开放，做到数据无缝对接，操作简单、快捷，数据安全有保障。其次，建立一些共享的政策、机制，引导企业建立数据共享的概念，共享大数据平台，实现互利共赢，方便用户获得工程造价信息使用权。

（2）广联达指标网、大匠通等建筑工程行业的软件科技公司，在为工程造价行业提供服务与支持的同时，也推动了工程造价咨询行业的发展与进步。它们提供的智能化的平台不仅能提高工作效率，而且能将平台上的数据积累下来形成该平台的数据库。例如，广联达指标网在线作业的同时，也在不断积累数据，也就是说，科技公司在提供服务的同时为自己获取了信息使用权。所以抓取数据，也是科技公司数据来源的方式之一。当然，要考虑到数据的安全性、合理性、合法性等问题。

9.2.3 非自有成果文件二次使用的限制条件和管理制度

对非自有工程造价数据成果文件的二次使用，设置相关的限制条件和管理制度的前提是要有一个数据的载体，也就是在假设已建成的"工程造价大数据共享平台"的基础上，设置相应的限制条件和管理制度。

（1）首先需要所有权人或者著作权人的同意，才能对非自有工程造价数据成果文件是否可以直接使用进行分类。

1）直接使用类：行业定额、基础定额、省或市工程造价信息、法律法规文件等行政主管部门发布的信息。

2）仅需著作权人同意类：个人总结的已脱敏的经济指标或工程量指标等工程造价数据。

3）仅需所有权人同意类：企业定额、企业造价指标等企业自有的工程造价信息成果或者委托他人编制且在合同中明确造价成果所有权关系的。

4）著作权人和所有权人均同意类：委托类合同产生的工程造价数据成果，如业主单位委托咨询公司出具的成果报告或者项目案例等。

（2）对非自有工程造价数据成果文件的二次使用，设置限制条件。

1）凡涉及国家安全、国家秘密的工程造价数据成果文件，必须经过业主单位或所有者同意才能进行公开。

2）只能引用其他人已发表的成果文件或者经过授权的成果文件。

3）文件使用目的仅限于项目案例的参考、引用。

4）必须经过合法的途径取得二次使用权。

5）引用必须适当。

6）如有涉及敏感信息，所有者有特殊要求的，需要按所有者要求对敏感信息进行数据清洗。

（3）对非自有工程造价数据成果文件的二次使用，制定管理制度。

1）VIP 会员付费制：几乎每个平台都经历了一段"爆红"的时期，背后正是抓住了分享经济时代的特点，解决了人们在移动社交体验中知识和经验不对称的问题。从某种意义上说，正是免费内容太多、太杂乱，才促进了人们对精品内容付费意愿的增强。知识付费是在近几年才兴盛起来的，创客匠人、得到、喜马拉雅、微博问答、腾讯课堂等越来越多的知识付费平台接连出现。同样，工程造价成果文件也是有价值的，是可以分享的数据资源，可以参考互联网知识付费的模式，建立相应的付费制度。

2）积分制度：百度积分是百度为鼓励用户参与网站建设、经常使用网站的一种会员制激励手段，它们制定了详细的积分增减奖励。在互联网飞速发展的今天，淘宝、京东等购物平台也同样采用积分政策，用积分抵现金等方式鼓励受众群里更积极、更活跃地去参与各类活动。同理，工程造价大数据共享平台如采用积分制度，可以鼓励平台的用户积极地分享数据以及索取数据，使历史的成果数据为更多的行业同仁提供参考，使之发挥更大的价值。具体可采用以下方式：每提交一份数据成果案例加 2 分，每日最多可获得 20 分；回答被采纳为最佳参考案例加 20 分；回答被提问者采纳为最佳答案，或者通过投票被选为最佳案例加 20 分；回答者可获得系统自动赠送的 20 分加提问者设置的悬赏分。

3）置换：平台用户提供自己的案例成果经平台审核判定为合格的案例后可放入大数据库，这样就获得了置换所需项目的权利。可以制定相应的等值置换规则，采用一对一、一对多、多对一等多种替换方法。

9.3　工程造价信息监管

工程造价监管是建设市场监管的重要内容，加强和改善工程造价监管是维护市场公平竞争、规范市场秩序的重要保障。一方面，市场竞争可以促进工程造价信息市场的繁荣，提升工程造价信息服务质量；另一方面，建设主管部门的规划和监督可以推动工程造价信息服务市场的建立，保障公平竞争，维护市场秩序。

9.3.1　与工程造价信息监管权有关的政策

与工程造价信息监督权有关的政策、法律法规见表 9-2。

表 9-2　　　　　　　　与工程造价信息监督权有关的政策、法律法规

序号	相关文件	相关内容	发布时间	发布机构
1	《国务院关于印发"十三五"市场监管规划的通知》（国发〔2017〕6 号）	加强和改善市场监管，是政府职能转变的重要方向，是维护市场公平竞争、充分激发市场活力和创造力的重要保障，是国家治理体系和治理能力现代化的重要任务	2017-01-23	国务院

序号	相关文件	相关内容	发布时间	发布机构
2	《国务院办公厅关于促进建筑业持续健康发展的意见》（国办发〔2017〕19号）	规范工程价款结算。审计机关应依法加强对以政府投资为主的公共工程建设项目的审计监督，建设单位不得将未完成审计作为延期工程结算、拖欠工程款的理由。未完成竣工结算的项目，有关部门不予办理产权登记。对长期拖欠工程款的单位不得批准新项目开工。严格执行工程预付款制度，及时按合同约定足额向承包单位支付预付款。通过工程款支付担保等经济、法律手段约束建设单位履约行为，预防拖欠工程款	2017-02-24	国务院
3	《住房城乡建设部关于印发工程造价事业发展"十三五"规划的通知》（建标〔2017〕164号）	健全市场决定工程造价机制，建立与市场经济相适应的工程造价监督管理体系。基本形成全面覆盖、更新及时、科学合理的工程计价依据体系。建立多元化工程造价信息服务方式，完善工程造价信用体系和工程计价活动监管机制，形成统一开放、竞争有序的市场环境	2017-08-01	住房和城乡建设部
4	《住房城乡建设部关于加强和改善工程造价监管的意见》（建标〔2017〕209号）	合理确定、有效控制建设工程工期是确保工程质量安全的重要内容。各级住房城乡建设主管部门要指导和监督工程建设各方主体认真贯彻落实《建筑安装工程工期定额》，在可行性研究、初步设计、招标投标及签订合同阶段应结合施工现场实际情况，科学合理确定工期。加大工期定额实施力度，杜绝任意压缩合同工期行为，确保工期管理的各项规定和要求落实到位 各级造价管理机构要加强工程造价咨询服务监督，指导工程造价咨询企业对工程造价成果数据归集、监测，利用信息化手段逐步实现对工程造价的监测，形成监测大数据，为各方主体计价提供服务 建立计价软件监督检查机制。各级造价管理机构要定期开展计价软件评估检查，加强计价依据和相关标准规范执行监管，鼓励计价软件编制企业加大技术投入和创新，更好地服务于工程计价	2017-09-14	住房和城乡建设部

序号	相关文件	相关内容	发布时间	发布机构
5	《住房城乡建设部关于进一步推进工程造价管理改革的指导意见》（建标〔2014〕142号）	发挥造价管理机构专业作用，加强对工程计价活动及参与计价活动的工程建设各方主体、从业人员的监督检查，规范计价行为 加快造价咨询企业职业道德守则和执业标准建设，加强执业质量监管。整合资质资格管理系统与信用信息系统，搭建统一的信息平台。依托统一信息平台，建立信用档案，及时公开信用信息，形成有效的社会监督机制	2014-09-30	住房和城乡建设部
6	《浙江省建设工程造价管理办法》（浙江省政府令第296号）	县级以上人民政府应当建立健全建设工程造价管理制度，完善监督管理机制，保障相关经费投入，督促有关部门和机构依法做好建设工程造价管理工作 县级以上人民政府建设行政主管部门或者人民政府确定的其他部门（以下统称建设工程造价行政主管部门）负责本行政区域内建设工程造价管理工作。建设工程造价行政主管部门所属的建设工程造价管理机构负责造价管理的具体事务工作 交通、水利、电力等专业建设工程的造价行政主管部门（以下简称专业建设工程造价管理部门）依照国家和本办法规定职责，负责专业建设工程造价活动的有关管理工作 发展和改革、财政、监察、审计、工商、国有资产监督管理等有关部门（机关）和机构依照各自职责，负责建设工程造价的相关管理或者监督工作	2012-04-02	浙江省人民政府
7	《安徽省建设工程造价管理条例》〔安徽省人民代表大会常务委员会公告（第20号）〕	县级以上人民政府住房和城乡建设行政主管部门（以下简称建设主管部门）负责本行政区域内建设工程造价的管理监督 省及设区的市人民政府建设主管部门所属的建设工程造价管理机构（以下简称工程造价管理机构）具体负责建设工程造价的管理工作 县级以上人民政府发展改革、财政、审计等部门按照各自职责做好建设工程造价管理监督的相关工作	2014-11-10	安徽省人民代表大会

序号	相关文件	相关内容	发布时间	发布机构
8	《福建省建设工程造价管理办法》（福建省政府令第164号）	县级以上人民政府应当建立健全建设工程造价管理制度，完善监督管理机制，保障相关经费 县级以上人民政府住房城乡建设主管部门负责本行政区域内建设工程造价管理工作 县级以上人民政府发改、财政、审计等部门按照各自职责，负责建设工程造价的相关管理工作 建设工程造价行业协会应当加强行业自律，发挥行业指导、服务和协调作用	2015-06-18	福建省人民政府
9	《广东省建设工程造价管理规定》（广东省政府令第205号）	在本省行政区域内的建设工程造价及监督管理活动，适用本规定。本规定所称建设工程造价活动，包括建设工程造价的确定与控制，以及与之相关的合同管理、工期管理、造价咨询等活动 交通运输、水利等专业建设工程造价活动管理，国家另有规定的，从其规定 第四条 县级以上人民政府住房城乡建设主管部门负责本行政区域内建设工程造价活动的监督管理工作，具体工作由其所属的工程造价主管机构负责。县级以上人民政府发展改革、财政、审计、监察等部门按照职责分工，负责建设工程造价的相关管理或者监督工作。工程造价行业协会应当加强行业自律，发挥行业指导、服务和协调作用，接受各级住房城乡建设主管部门的监督	2014-10-27	广东省人民政府
10	《河北省建筑工程造价管理办法》（河北省政府令第8号）	在本省行政区域内从事建筑工程造价活动及其监督管理工作，适用本办法。交通运输、水利等工程的造价管理，按照有关法律法规和国家规定执行 本办法所称建筑工程，是指各类房屋建筑和市政基础设施以及与其配套的线路、管道、设备安装工程 本办法所称建筑工程造价，是指建筑工程从筹建到竣工验收交付，因工程建设活动所需发生的费用，包括建筑安装工程费用、设备购置费用、工程建设其他费用、预备费以及按照国家和本省规定应当计入的费用	2014-11-11	河北省人民政府

序号	相关文件	相关内容	发布时间	发布机构
11	《河北省建筑工程造价管理办法》（河北省政府令第8号）	省、设区的市、县（市）人民政府住房城乡建设主管部门负责本行政区域内建筑工程造价活动的监督管理工作，具体工作可以委托其所属的工程造价管理机构实施 省、设区的市、县（市）人民政府发展改革、财政、审计等部门，按照各自职责负责相关的建筑工程造价活动的监督管理工作	2014-11-11	河北省人民政府
12	《重庆市建设工程造价管理规定》（重庆市人民政府令第307号）	市城乡建设主管部门负责全市建设工程造价监督管理工作，日常工作由市建设工程造价管理机构承担 区县（自治县）城乡建设主管部门按照职责分工负责本行政区域内建设工程造价监督管理工作 发展改革、财政、审计等部门按照各自职责，共同做好建设工程造价监督管理工作 交通、水利等行业主管部门负责本行业的建设工程造价监督管理工作	2016-11-20	重庆市人民政府
13	《江苏省建设工程造价管理办法》（江苏省人民政府令第66号）	本省行政区域内建设工程造价的确定与控制，以及相关的监督管理活动，适用本办法 本办法所称建设工程，是指各类房屋建筑和市政基础设施，以及与其配套的线路、管道、设备安装工程。交通、水利、电力等工程的造价管理，按照法律法规和国家相关规定执行 本办法所称建设工程造价，是指建设项目从筹建到交付使用期间，因工程建设活动所需发生的费用 县级以上地方人民政府建设行政主管部门负责本行政区域内建设工程造价活动的监督管理，具体工作由其委托建设工程造价管理机构实施 县级以上地方人民政府发展和改革、财政、审计、价格等部门按照各自职责，负责有关建设工程造价的监督管理工作	2010-08-26	江苏省人民政府

序号	相关文件	相关内容	发布时间	发布机构
14	《深圳市建设工程造价管理规定》（深圳市人民政府令第240号）	本规定适用于本市行政区域内建设工程造价活动的监督管理 本规定所称建设工程造价活动，包括建设工程造价的确定与控制，以及与之相关的合同管理、工期管理、造价咨询等活动 市建设行政主管部门负责对全市建设工程造价活动进行监督管理。市建设行政主管部门所属的市建设工程造价管理机构（以下简称市造价管理机构）具体实施建设工程造价活动的监管工作 区政府（含新区管理机构）建设行政主管部门及其所属的造价管理机构（以下简称区造价管理机构）按照市政府规定的项目管理权限对建设工程造价活动进行监督管理 发改、财政、交通、水务、审计、监察等部门按照职责分工对建设工程造价活动进行管理和监督	2012-05-28	深圳市人民政府
15	《甘肃省建设工程造价管理条例》〔甘肃省人民代表大会常务委员会公告（第51号）〕	第三条 县级以上建设行政主管部门对本行政区域内建设工程造价活动实施统一监督管理。其所属的建设工程造价管理机构，负责建设工程造价的日常监督管理工作 发展改革、财政、物价等行政管理部门，按照各自职责，负责相关的建设工程造价管理工作 执行国务院行业工程造价依据的有关部门，负责本专业权限范围内工程造价的监督管理工作	2007-07-27	甘肃省人民代表大会

9.3.2　工程造价信息监管责任主体及其职责分工

按照《国务院关于印发社会信用体系建设规划纲要（2014—2020年）的通知》（国发〔2014〕21号）的要求，坚持政府推动、社会共建、健全法制、规范发展、统筹规划、分步实施、重点突破、强化应用的原则，充分发挥行业组织及企业的积极性，推进工程造价咨询企业及造价师诚信体系建设，对失信者给予惩戒，对守信者给予奖励，最终形成讲诚信的行业环境。《住房城乡建设部关于加强和改善工程造价监管的意见》（建标〔2017〕209 号）明确指出，各级住房城乡建设主管部门、有关行业主管部门要按照"谁审批、谁监管，谁主管、谁监管"和信用信息"谁产生、谁负责，谁归集、谁解释"的原则，加快推进工程造价咨询信用体系建设。积极推进工程造价咨询企业年报公示和信用承诺制度，加快信用档案建设，增强企业责任意识、信用意识。加快政府部门之间工程造价信用信息共建共享，强化行业协会自律和社会监督作用，应用投诉举报方式，建立工程造价咨询企业和造价工程师守信联合激励和失信联合惩戒机制，重点监管失信企业和执业人员，积极推进信用信息和信用产品应用。

目前，相关法律法规对工程造价信息的监管责任主体进行了分工和明确。省（自治区、直辖市）建设行政主管部门负责对全省（自治区、直辖市）工程造价活动进行监督管理。省（自治区、直辖市）建设行政主管部门所属的省（自治区、直辖市）工程造价管理机构具体实施工程造价活动的监管工作。发展和改革、财政、交通运输、水利、电力工业、审计、监察等部门按照职责分工对工程造价活动进行管理和监督。交通运输、水利等工程造价行政主管部门依照国家法律法规及相关条例、政策，负责专业建设工程造价活动的有关管理工作。工程造价行业协会应当加强行业自律，发挥行业指导、服务和协调的作用，接受各级住房和城乡建设主管部门的监督，同时积极发挥第三方的监督作用，以信用评价等工作为抓手，对造价信息进行发布和监督。

9.3.3　工程造价信息监管的有效手段

《住房城乡建设部关于进一步推进工程造价管理改革的指导意见》（建标〔2014〕142 号）提出了以下关于完善工程计价活动监管机制的具体措施：一是，建立健全工程建设全过程造价管理制度，注意工程造价与招投标、合同的管理制度协调，形成制度合力；二是，完善建设工程价款结算办法，创新造价纠纷调解机制，遏制工程款拖欠。三是，推进工程造价咨询行政审批制度改革，下放企业资质部分审批事项，修订企业资质标准，加快推进造价咨询诚信体系建设，形成有效的社会监督机制；四是，推行全过程造价咨询服务，充分发挥造价工程师在造价确定和控制中的作用；五是，发挥造价管理机构的专业作用，加强对工程计价活动及参与主体的监督检查。

《国务院办公厅关于运用大数据加强对市场主体服务和监管的若干意见》（国办发〔2015〕51号）指出："当前，市场主体数量快速增长，市场活跃度不断提升，全社会信息量爆炸式增长，数量巨大、来源分散、格式多样的大数据对政府服务和监管能力提出了新的挑战，也带来了新的机遇。既要高度重视信息公开和信息流动带来的安全问题，也要充分认识推进信息公开、整合信息资源、加强大数据运用对维护国家统一、提升国家治理能力、提高经济社会运行效率的重大意义。充分运用大数据的先进理念、技术和资源，是提升国家竞争力的战略选择，是提高政府服务和监管能力的必然要求，有利于政府充分获取和运用信息，更加准确地了解市场主体需求，提高服务和监管的针对性、有效性；有利于顺利推进简政放权，实现放管结合，切实转变政府职能；有利于加强社会监督，发挥公众对规范市场主体行为的积极作用；有利于高效利用现代信息技术、社会数据资源和社会化的信息服务，降低行政监管成本。"

运用大数据技术对任何一个建设项目的全过程以及建设各阶段的工程造价进行确定与控制，都非常重要。通过大数据信息平台的海量数据及提供的信息服务，能有效、快速、全面地洞察行业的发展状况和发展趋势，为制定行业发展规划、政策、规范、规章提供科学可信的依据；通过大数据平台能有效地提高建设主管部门的服务质量和监管水平；通过大数据平台提供的信息服务，能帮助政府合理确定、有效控制造价，提高投资效益，为社会经济发展做出贡献。大数据信息服务，不仅能帮助造价人员提高执业质量，而且能帮助他们有效提升工作效率和专业水平。

《工程造价事业发展"十三五"规划》指出，健全市场决定工程造价机制，建立与市场经济相适应的工程造价监督管理体系；基本形成全面覆盖、更新及时、科学合理的工程计价依据体系；建立多元化工程造价信息服务方式，完善工程造价信用体系和工程计价活动监管机制，形成统一开放、竞争有序的市场环境。工程造价管理部门要应势而动，充分发挥监管职责，积极引导行业协会利用信息化手段开展工程造价成果文件监管活动，推动工程造价市场健康有序发展。从网络问卷调查的情况来看，绝大部分的被调查者认为各级工程造价行政主管部门为保障工程造价信息可达、可信，主要承担了监督管理者的角色，这个结果与法律法规对于工程造价信息监督责任主体分工的规定是一致的。

（1）建立全国统一的信息平台

依托现有的资质资格管理系统和信用信息系统，搭建工程造价咨询企业以及造价师的管理平台，实现企业和人员基本信息、资质资格信息和信用信息的互联互通。各行业、各地区可依托平台建立企业和人员的信用档案，进行良好行为记录和不良行为记录工作，并及时公开信用信息。推动平台与建筑市场诚信信息平台以及市场监管、税务、社保等部门的信息交换与共享。

（2）完善诚信体系制度保障

研究出台"工程造价咨询企业及注册造价师信用信息管理办法"，建立造价咨询企业及注册造价师的信用信息档案，包括基本情况、业绩、良好行为、不良行为等内容，并规定不良行为的具体标准，指导各地进行不良行为记录工作。

（3）研究制定统一的行为评价标准

以企业和从业人员的执业行为和执业质量为主要内容，研究制定统一的行为评价标准，并与资质资格管理联动，指导各地探索展开行为评价工作，并推动评价结果向社会公开，营造讲诚信的市场环境。

（4）鼓励行业协会开展社会信用评价

注重工程造价行业组织的行业自律作用，鼓励和支持工程造价行业协会开展社会信用评价，形成社会第三方监督机制，广泛参与、共同推进，形成社会信用体系建设的合力。

明确执业主体责任，建立工程造价咨询企业和人员的追责机制，建立工程造价咨询成果质量检查制度和信息公示制度。完善资质资格管理制度，有序发展合伙制事务所，推动建立工程造价执业保险制度。加强对参与计价活动的工程建设各方主体、从业人员的监督检查，加强事中事后监管，建立工程造价市场主体黑名单制度，依法依规全面公开工程造价咨询企业和人员的信用记录，推动行业协会和社会力量参与行业自律和社会监督。

9.4 工程造价信息开放和信息安全的关系

9.4.1 与工程造价信息安全相关的政策、法律法规、制度

与工程造价信息安全相关的政策、法律法规、制度主要如下。

1994年2月，国务院颁布的《中华人民共和国计算机信息系统安全保护条例》对信息系统安全保护做出规定，包含计算机信息系统的建设和使用、安全等级保护、国际联网备案、计算机信息系统使用单位的安全案件报告、有害数据的防治管理等计算机信息系统安全保护的九项制度。工程造价信息系统安全管理适用本规定。

1997年修订的《中华人民共和国刑法》增加了"非法侵入计算机信息系统罪"和"破坏计算机信息系统罪"的内容。

1997年12月，公安部颁布的《计算机信息系统安全专用产品检测和销售许可证管理办法》，对保护计算机信息系统安全的专用硬件和软件产品进行规范，本办法适用于工程造价信息系统安全管理。

1999年9月，国家质量技术监督局发布的《计算机信息系统安全保护等级划分准则》规定了计算机信息系统安全保护能力的五个等级。

2000年3月，公安部颁布的《计算机病毒防治管理办法》，对系统病毒管理工作进行了规范。

2000年9月，国务院颁布的《互联网信息服务管理办法》对互联网信息做出规定，工程造价信息系统服务管理适用本规定。

2000年12月发布的《全国人大常委会关于维护互联网安全的决定》分别

从互联网的运行安全，国家安全和社会稳定，社会主义市场经济秩序和社会管理秩序，个人、法人和其他组织的人身、财产等合法权利四个方面，规定了对构成犯罪的行为依照《中华人民共和国刑法》的有关规定追究刑事责任。

2001 年 12 月，国务院颁布《计算机软件保护条例》，依据该条例工程造价软件、BIM 技术软件等享有保护权利。

2014 年 3 月施行的《中华人民共和国保守国家秘密法实施条例》对涉密信息系统保密管理提出了明确要求，规定了分级保护制度。

2014 年 6 月，最高人民法院审判委员会通过的《最高人民法院关于审理利用信息网络侵害人身权益民事纠纷案件适用法律若干问题的规定》对正确审理利用信息网络侵害人身权益民事纠纷案件给出了依据。

9.4.2　工程造价信息使用中的脱敏处理

在工程造价信息使用过程中，为了保证信息的流通，需要对敏感的信息或字段要素进行脱敏处理，处理步骤主要有以下几点。

（1）确定脱敏对象和方式，即根据工程造价信息业务的需求，确定数据的脱敏对象和方式。

（2）配置脱敏规则，即根据不同的用户、数据等对象，配置相应的脱敏规则。

（3）脱敏测试，即通过脱敏测试，检验脱敏规则的适用度、可靠性、适应性以及效率等。

（4）脱敏处理部署，即测试通过后，要有计划地部署工作，以便建立信息化与安全的联动机制。

9.4.3　建立工程造价信息敏感等级及敏感点清单

工程造价信息系统建设与管理的过程中，不同敏感等级的信息有着不同的安全要求，参照《计算机信息系统安全保护等级划分准则》，我们将工程造价信息敏感等级分为五级，对应的敏感等级保护总体要求见表 9-3。

表9-3 工程造价信息敏感等级表

级别	保护总体要求
第一级	用户自主保护级，工程造价信息系统对本级敏感数据提供数据所有权对象可行的手段（粗粒度访问控制），使所有权用户具备自主保护敏感信息的能力
第二级	系统审计保护级，工程造价信息系统对本级敏感数据实施粒度更细的自主访问控制，通过登录规程、审计安全性相关事件和隔离资源，使敏感信息得到保护
第三级	安全标记保护级，工程造价信息系统对本级敏感数据提供有关的安全策略模型、数据标记等方式，准确地标记敏感输出信息，消除通过测试发现的任何错误
第四级	机构化保护级，工程造价信息系统对本级敏感数据建立一个明确定义的安全策略模型，此外，还要考虑隐蔽通道，加强鉴别机制
第五级	访问验证保护级，支持安全管理员职能，扩充审计机制，当发生与安全相关的事件时发出信息，提供系统恢复机制

在工程造价信息系统建设的过程中，识别敏感信息并确保敏感信息安全成为一项挑战性工作。可以根据工程造价敏感信息遭到破坏、泄露后对国家安全、行业生态、社会秩序、公共利益、大企业竞争力以及公民、法人或其他组织的合法权益的影响程度，由低到高划分相应的敏感等级，见表9-4。

表9-4 工程造价信息敏感事件的影响等级

工程造价信息敏感事件影响的客体	对客体的影响程度		
	一般	严重	特别严重
公民、法人、其他组织的合法权益	一级	二级	三级
社会秩序、公共利益、大企业竞争力	二级	三级	四级
国家安全、行业生态	三级	四级	五级

建立工程造价信息敏感点清单，应以工程造价信息为基础。从广义上讲，所有对工程造价的确定和控制过程起作用的数据资料都可以被称为工程造价信息，其信息敏感点清单见表9-5。

表 9-5 工程造价信息敏感点清单

工程造价信息			等级	信息敏感点
大类	中类	小类		
价格信息	设备	通用设备	1~2	预算价格
			3~5	实际价格、供应厂商
		专用设备	3~5	预算价格、实际价格、供应厂商
	材料	通用材料	1~2	预算价格
			3~5	实际价格、供应厂商
		专用材料	3~5	预算价格、实际价格、供应厂商
指数或指标信息	投资指数	标准指数	1~2	指数数据
		自有指数	3~5	指数数据、数据来源
	估概算指标	标准指标	1~2	指标数据
		自有指标	4~5	指数数据、数据来源
已完工工程信息	投资分析数据	普通工程	3~4	分析数据、数据来源
		特殊工程	5	分析数据、数据来源
	综合单价数据	社会数据	2~3	数据
		自有数据	4~5	数据、数据来源
	结算决算数据	结算数据	5	数据、数据来源
		决算数据	5	数据、数据来源
定额、规范、政策文件信息	定额	社会定额	1	定额数据
		企业定额	4~5	定额数据
	规范	社会规范	1	最新规范
		内部规范	4~5	内部规范
	政策文件	政策、文件	1~5	密级文件
		内部制度	3~4	内部制度
其他信息	BIM 算量模型		4~5	模型数据
	算量图形		3~4	算量图形及数据
	计算数据		3~4	计算数据

9.4.4 工程造价信息安全保护措施和维权手段

1. 工程造价信息安全预防性保护措施

（1）防范计算机病毒、网络入侵和攻击破坏等。

（2）重要数据库和系统的备份。

（3）记录并留存用户登录和退出日志。

（4）记录并留存用户注册信息。

（5）使用内部网络地址与互联网网络地址转换方式。

（6）记录、跟踪网络运行状态。

（7）自动检查公共信息服务中涉及的敏感点内容。

（8）提供造价信息服务等。

（9）能够防范、清除疑似虚假伪造的造价信息。

2. 工程造价信息安全应急性保护措施

一旦不可避免地发生了工程造价信息安全事件，就要选择并实施有针对性的应急措施。

（1）控制事件继续发展并尽快解决问题，然后再恢复系统状态。

（2）工程造价信息系统运营商应建立应急响应小组和外部技术顾问组，以确保技术支持能力。

（3）敏感性事件发生后对应调整完善敏感点清单。

（4）工程造价信息安全事件发生时，必须通知所有受影响的外部和内部相关方。

（5）工程造价信息安全事件发生后，对安全应急响应进行评估。

3. 发生工程造价信息安全事件后相关维权手段

（1）系统运营商提供维权手段。

（2）通过行业协会有关部门维权。

（3）通过法律手段维权。

9.4.5 小结

信息开放可以帮助提升管理水平和管理效率，可以推动我国经济社会的可持续发展，然而信息开放必须要解决好信息安全问题，做好信息保护和相关的维权管理。

9.5　工程造价信息开放程度、共享方式和管控办法

9.5.1　相关政策、法规

1. 《国务院办公厅关于运用大数据加强对市场主体服务和监管的若干意见》（国办发〔2015〕51 号）

相关规定如下：

"积极推进政府内部信息交换共享。打破信息的地区封锁和部门分割，着力推动信息共享和整合。各地区、各部门已建、在建信息系统要实现互联互通和信息交换共享。除法律法规明确规定外，对申请立项新建的部门信息系统，凡未明确部门间信息共享需求的，一概不予审批；对在建的部门信息系统，凡不能与其他部门互联共享信息的，一概不得通过验收；凡不支持地方信息共享平台建设、不向地方信息共享平台提供信息的部门信息系统，一概不予审批或验收。"

"加强政府信息标准化建设和分类管理。建立健全政府信息化建设和政府信息资源管理标准体系。严格区分涉密信息和非涉密信息，依法推进政府信息在采集、共享、使用等环节的分类管理，合理设定政府信息公开范围。"

2. 《国务院关于积极推进"互联网+"行动的指导意见》（国发〔2015〕40 号）

相关规定如下：

"坚持开放共享。营造开放包容的发展环境，将互联网作为生产生活要素共享的重要平台，最大限度地优化资源配置，加快形成以开放、共享为特征的经济社会运行新模式。"

"充分发挥互联网的创新驱动作用，以促进创业创新为重点，推动各类要素资源聚集、开放和共享，大力发展众创空间、开放式创新等，引导和推动全社会形成大众创业、万众创新的浓厚氛围，打造经济发展新引擎。"

3. **《国务院关于印发促进大数据发展行动纲要的通知》（国发〔2015〕50号）**

相关规定如下：

"加快法规制度建设。修订政府信息公开条例。积极研究数据开放、保护等方面制度，实现对数据资源采集、传输、存储、利用、开放的规范管理，促进政府数据在风险可控原则下最大程度开放，明确政府统筹利用市场主体大数据的权限及范围。制定政府信息资源管理办法，建立政府部门数据资源统筹管理和共享复用制度。研究推动网上个人信息保护立法工作，界定个人信息采集应用的范围和方式，明确相关主体的权利、责任和义务，加强对数据滥用、侵犯个人隐私等行为的管理和惩戒。推动出台相关法律法规，加强对基础信息网络和关键行业领域重要信息系统的安全保护，保障网络数据安全。研究推动数据资源权益相关立法工作。"

4. **《住房城乡建设部关于进一步推进工程造价管理改革的指导意见》（建标〔2014〕142号）**

相关规定如下：

"建立工程造价信息化标准体系。编制工程造价数据交换标准，打破信息孤岛，奠定造价信息数据共享基础。建立国家工程造价数据库，开展工程造价数据积累，提升公共服务能力。制定工程造价指标指数编制标准，抓好造价指标指数测算发布工作。"

5. **《住房城乡建设部关于加强和改善工程造价监管的意见》（建标〔2017〕209号）**

相关规定如下：

"大力推进共享计价依据编制。整合各地、各有关部门计价依据编制力量，共编共享计价依据，并及时修订，提高其时效性。各级工程造价管理机构要完善本地区、本行业人工、材料、机械价格信息发布机制，探索区域价格信息统一测算、统一管理、统一发布模式，提高信息发布的及时性和准确性，为工程项目全过程投资控制和工程造价监管提供支撑。"

"规范工程价款结算。强化合同对工程价款的约定与调整，推行工程价款施工过程结算制度，规范工程预付款、工程进度款支付。研究建立工程价款结算文件备案与产权登记联动的信息共享机制。鼓励采取工程款支付担保等手段，约束建设单位履约行为，确保工程价款支付。"

6.《工程造价事业发展"十三五"规划》（建标〔2017〕164 号）

相关规定如下：

"积极完善工程造价数据信息标准，保证工程造价数据互联互通，推进建设工程造价数据库、计价软件数据库标准的统一，促进数据共享。"

7.《工程造价改革工作方案》（建办标〔2020〕38 号）

相关规定如下：

"搭建市场价格信息发布平台，统一信息发布标准和规则，鼓励企事业单位通过信息平台发布各自的人工、材料、机械台班市场价格信息，供市场主体选择。加强市场价格信息发布行为监管，严格信息发布单位主体责任。"

9.5.2 工程造价信息共享方式及开放程度调研

工程造价信息共享方式主要包括网站、软件、图书、杂志、社交媒体等。开放程度主要可以划分为四类：全部内容免费开放，全部内容仅针对付费用户开放，部分内容免费开放、部分内容付费开放或对内开放，仅内部使用不对外开放。其中，开放指通过网站、杂志、软件等渠道可直接查阅相关内容。以下针对不同信息数据类型分别加以说明。

1. 要素市场信息

要素市场信息主要包括人工、材料、设备、机械台班等要素市场价格信息，以及生产商、供应商信息等。对于要素市场信息，不同渠道的开放程度区别较大。

（1）全国性网站

1）中国价格信息网：由北京中价网数据技术有限公司于 2000 年建立，是国家发展和改革委员会价格监测中心授权的信息发布平台，通过互联网向各企事业单位提供价格信息查询服务，是面向企业、社会提供重要商品价格数据、分析预测资讯等信息的专业型网站。中国价格信息网的要素价格信息仅针对付费用户开放。

2）中国建设工程造价信息网：由住房和城乡建设部标准定额研究所主办。中国建设工程造价信息网可免费提供人工成本信息。

（2）地方工程造价网站

部分地方工程造价网站可免费提供较为全面的要素市场信息，如石家庄工程造价信息网、辽宁省建设工程造价管理协会网站、吉林省建设工程造价信息网、黑龙江省工程造价信息网、济南工程造价信息网、福州市建设工程造价管理站网站、上海市建设市场信息服务平台、浙江造价网、四川省工程造价信息网等。

部分地方工程造价网站可免费提供一类或几类要素市场信息，如北京工程建设交易信息网可免费查询劳务分包交易价格。

部分地方工程造价网站仅针对付费用户共享要素市场信息，如河北省建设工程造价管理协会网站需注册为付费会员，方可免费在线查看和获得《河北工程建设造价信息》全年期刊；山东省工程建设造价服务信息网需用户注册为付费会员，登录后才可查看信息价。

（3）行业工程造价网站

部分行业工程造价网站可免费提供较为全面的要素市场信息，如北京道路工程造价定额管理网、中国电力工程造价信息网、铁路工程造价信息网等。

（4）商业网站

部分商业网站需用户付费后才可查阅要素市场信息，如广材网等。

部分商业网站提供有限次数免费查阅的权限，超出免费次数后需要付费才可查阅，如建材在线等。

部分商业网站可直接免费提供要素市场信息，如工程造价大数据网、慧聪网等。

部分商业网站需注册为会员后才可免费访问要素市场信息，如速得材价查询平台等。

（5）期刊

目前各地采用期刊发布要素市场价格信息的形式较为普遍。各地工程造价管理协会或定额站基本都会定期发布工程造价信息刊物，刊登要素市场价格信息，有半月刊、月刊和双月刊，用户需付费订阅。

（6）造价软件

造价软件一般可分为计价软件和数据库软件。计价软件一般自带价格信息查询功能。用户付费购买软件后可直接查询材料价格信息以及定额标准信息。数据库软件主要提供造价信息数据的查询浏览功能，如蓝光建材云、蓝光五金手册等。其中，蓝光建材云注册后才可使用，可查询建材市场价格及厂家报价；蓝光五金手册无须注册即可免费使用，可查询建材价格、工程常用数据及常用材料价格等信息。随着移动互联网的普及，造价 App 也在不断涌现，如造价云、行行造价信息平台等，通过 App，可随时随地查看价格信息等内容。

（7）社交媒体

随着移动互联网的普及，目前部分造价机构采用社交媒体（微信公众号、微博等）的方式共享造价数据信息。例如，建材在线通过微信公众号发布造价信息；造价通微信公众号内定期发布最新的建筑工程常用材料价格信息，并可直接在公众号菜单中查阅材价信息；可再生能源定额站主办的微信公众号技术经济信息每周发布可再生能源领域的工程造价信息。

2. 定额信息

定额信息主要包括施工定额、预算定额、概算定额、费用定额、工期定额、企业定额等各类定额信息。

（1）企业定额信息

企业定额信息一般不对外开放，仅供企业内部使用。

（2）行业定额信息

行业定额信息主要以图书的形式或依托造价软件发布，用户需付费购买定额图书或软件才可以查询、使用定额信息。

大部分造价类网站可以免费查询到行业定额信息发布的通知，但无法获取具体的定额信息。

部分网站可免费提供定额子目信息,如北京道路工程造价定额管理网、石家庄工程造价信息网等。

部分地方网站仅针对付费用户共享定额子目信息。例如,河北省建设工程造价管理协会网站需注册为付费会员后才可查阅定额子目信息。

3. 造价指标和指数信息

造价指标包括消耗量指标、造价(费用)及其占比指标、工程技术经济指标等各类造价指标。造价指数包括单项价格指数和综合价格指数。单项价格指数主要包括人工价格指数、主要材料价格指数、施工机械台班价格指数等;综合价格指数主要包括建筑安装工程造价指数、建设项目或单项工程造价指数等。

部分工程造价网站可免费查询造价指标和指数信息,如可再生能源工程造价信息网、浙江造价网、甘肃建设工程造价信息网等。其中,可再生能源工程造价信息网由水电水利规划设计总院主办,每半年发布水电建筑及设备安装工程价格指数信息,内容包含水电工程单一调价因子价格指数、水电建筑及设备安装工程综合价格指数;浙江造价网由浙江省建设工程造价管理总站主办,定期发布房屋建筑工程造价指数、房屋建筑人工综合价格指数信息;甘肃建设工程造价信息网由甘肃省建设工程造价管理协会主办,定期发布建筑工程造价指数、人工及主要材料消耗量指标等信息。

部分工程造价网站采取积分查阅的形式提供造价指标信息,如中电联造价云平台等。

4. 典型工程(案例)造价信息

典型工程(案例)造价信息主要包括典型已建和在建工程功能信息、建筑特征、结构特征、交易信息、建设和施工单位信息等。典型已建和在建工程造价信息,包括单方造价、总造价、分部分项工程单方造价、各类消耗量信息等。

部分工程造价网站可免费提供典型工程(案例)造价信息,如北京工程建设交易信息网、吉林省工程造价信息网、浙江造价网、速得材价查询平台等。

部分工程造价网站在用户付费后方可提供典型工程(案例)造价信息,如山东省工程建设造价服务信息网、广联达指标网等。

部分工程造价网站采取积分查阅的形式提供典型工程（案例）造价信息。如中电联造价云平台、物资云等。注册用户可直接付费购买积分，或通过分享造价信息资料来获得积分。

5. 法规标准信息

法规标准信息主要包括工程造价管理相关法律法规、工程量清单计价规范、计量规范、各种造价文件编制规程、造价（咨询）技术标准等信息。

目前，用户通过大部分工程造价相关网站、期刊都能查询到法规标准信息。部分工程造价类社交媒体（微信公众号、微博等）采用主动推送的方式共享法律标准信息。

6. 新技术、新产品、新工艺、新材料信息

新技术、新产品、新工艺、新材料信息主要包括新技术、新产品、新工艺、新材料信息以及相关补充定额信息。目前，用户通过部分工程造价网站可免费查询到新技术、新产品、新工艺、新材料信息，如辽宁省建设工程造价管理协会网站在新闻栏目下设独立的"新材料新工艺"板块。部分工程造价类社交媒体（微信公众号、微博等）定期发布新技术、新产品、新工艺、新材料信息，如可再生能源定额站主办的微信公众号技术经济信息等。

9.5.3 工程造价信息共享面临的问题及保障措施

1. 面临的问题

（1）缺乏统一的信息数据标准

目前，工程造价领域尚无统一的信息分类与编码标准。信息分类标准不统一，数据格式和存取方式不一致，使得信息资源的加工处理非常困难，信息资源的质量难以提高，也大大增加了工程造价信息共享的难度和成本。

（2）缺乏统一的计价规则

目前，工程造价领域尚未建立起统一的计价规则。不同行业、不同区域采用不同的计价规则，造成了工程造价信息统计口径的不一致，大大增加了行

业、区域间工程造价信息共享的难度和成本。

（3）工程造价信息产权不明晰

目前工程造价信息产权尚不明晰。现有知识产权方面的法律制度对于工程造价信息共享过程中可能产生的产权纠纷问题适用性不强，信息主体缺乏强有力的法律保护，对于工程造价信息共享将产生较大的阻力。

（4）缺乏各方认可的利益共享机制

目前，除了少部分商业网站通过共享信息实现盈利，大部分机构都未能通过信息共享实现盈利。相关机构主要基于自身职责和社会责任心，为社会提供免费的工程造价信息共享服务，缺乏各方认可的利益共享机制，导致相关机构的信息共享难以持久，投入与产出效益失衡，相关信息主体也缺乏共享信息的主动性。

2. 保障措施

保障措施主要可以从三个方面入手：一是通过顶层设计，建立工程造价信息共享技术标准和全国统一的工程计价规则，降低工程造价信息的共享难度和成本；二是通过完善法规政策，建立数据共享方面的工程造价数据信息产权制度，保障工程造价信息主体的相关权益；三是通过建立各方认可的利益共享机制，提高工程造价信息共享的积极性。

（1）建立工程造价信息共享技术标准和全国统一的工程计价规则，降低工程造价信息的共享难度和成本

1）建立工程造价信息共享技术标准：工程造价信息化的发展需要全面的技术标准体系作支撑，主要包括信息分类与编码标准等。工程造价信息横向、纵向的高效共享，离不开一个完整的、标准化的信息分类、编码体系基础。

信息分类、编码是信息表达、组织、交换、集成、共享以及信息管理系统的前提。工程造价信息分类与编码标准作为信息交换和资源共享的统一语言，可为工程造价信息系统间的资源共享创造必要的条件，使各类造价信息系统的互通、互联、互操作成为可能。为了促进工程造价信息的共享，可建立工程造价信息共享技术标准，重点研究信息分类与编码标准，包括分类原则、分类依

据和方法，编码对象、原则、结构和方法等。

2）建立全国统一的工程计价规则：是指在现有工程量清单计价规范和相关规则的基础上，建立共享计价依据，进一步统一全国工程计价规则，打破地区"壁垒"，促进不同地区间造价信息数据的共享。

全国统一的工程计价规则，也是工程造价信息共享技术标准建立的基础。如果各地区工程计价规则各不相同，全国通用的、有效的工程造价信息共享技术标准也就难以建立。

（2）建立完善的工程造价信息产权制度，保障工程造价信息主体的相关权益

建立工程造价信息共享方面的知识产权制度，强化工程造价信息产权保护，可免除机构、个人共享工程造价信息的法律风险和后顾之忧，极大地促进工程造价信息共享的积极性。因此，应做好工程造价信息的产权保护工作，建立完善的工程造价信息产权制度，对工程造价信息所有权、著作权、使用权、监督权进行规定和明确。发挥工程造价信息产权制度对工程造价信息共享的引导作用，处理好工程造价信息产权保护与信息共享之间的矛盾，避免信息垄断。必要时，可建立权威、高效的工程造价信息产权保护监督、协调机构，对工程造价信息共享过程进行监督，协调解决工程造价信息共享中可能存在的知识产权纠纷。

（3）建立各方认可的利益共享机制，提高工程造价信息共享的积极性

建立各方认可的利益共享机制，通过经济效益等各类效益的激励，广泛调动各方的积极性，对于工程造价信息共享的可持续性具有十分重要的作用。可结合工程造价信息所有权、著作权、使用权、监督权的确立，明确各权利主体在信息创造、加工、传播、使用等信息共享环节中各自所拥有的权益，理顺利益分配链条，进而明确各权利主体在利益分配链条中的分配比例，并通过制度建设，保障利益分配落到实处，实现工程造价信息利益共享。

只有建立起利益共享的长效机制，保证各权利主体的投入与效益达到产出平衡，才能为工程造价信息共享的繁荣发展注入源源不断的动力，构筑工程造价信息共建、共享、共赢的新局面。

10 信息化新技术在工程造价领域中的应用

10.1 云计算技术在工程造价领域中的应用

10.1.1 案例介绍

案例：造价通平台在工程造价咨询中的应用

1. 平台基本情况介绍

造价通平台是建设行业首个云计算大数据交互平台，拥有海量材料价格的数据信息系统、行业资讯系统、工程指标系统、造价指数系统、人才交流系统，数据覆盖全国 326 个主要城市，为工程建设行业提供权威的信息、数据、材料、供求、人才、技术等全方位的信息化服务。2013 年，造价通平台采用全新的定位，创新引入 BIM 理念和云计算技术，服务覆盖建设行业全产业链的各个层级，从国家政策资讯到行业指标数据，从材料价格信息到项目信息模型，从专业优秀人才到国际先进技术，造价通平台一直在为行业提供前沿、高效的数据信息服务。

造价通平台主要运用云计算技术，同时结合大数据、人工智能等主流技术，助力中国工程造价新发展。造价通平台提供造价行业材料价格数据，包括市场价格、参考价格等。用户只要输入简单的指令就可以获得大量信息。平台发展目标是造价通"云技术"把所有线下的造价信息搬到线上，把所有复杂的造价工作变得简单、灵活。

2. 造价通平台应用效果

造价通平台的建立，是造价信息行业的新突破，更是行业未来的发展方向。造价通平台数据基数庞大，是全国领先的建设行业大数据服务平台，可提供数以亿计的材价数据，为建设行业提供权威的材价信息。造价通平台同时服务于31个省（自治区、直辖市）600多个核心城市，为其提供的高质量数据覆盖工程建设各个领域。造价通平台的核心成果有如下几个。

（1）材价数据：多价俱全，全面省去人工跑市场、找材料、比价格的麻烦，用户可在第一时间掌握最新的市场数据。

（2）完整数据包：用户可一次性获取建设工程、单项工程、单位工程或分部分项工程的完整数据包，让项目管理更省时高效。

（3）行业报告：利用云计算、人工智能、大数据技术全方位的分析洞察能力为行业用户提供具有高参考价值的行业分析报告。

造价通平台提供核心服务有如下几个。

（1）数据开放：对接造价通亿万材价数据，让用户轻松拥有源源不断的数据来源。

（2）技术接入：接入数据智能分类标准化、分词搜索等行业核心技术。

（3）成果共享：共享工程数据包、指标及行业分析报告等研究成果。

10.1.2　案例总结

1. 云计算技术的应用特色

云计算技术采用的分布式计算模式，可以让云计算拥有更强的信息数据处理功能和信息存储功能。同时，云计算对数据拥有分析和管控能力，可以在海量的数据中挑选出有用的信息，提高数据的分析处理能力。

具体表现在以下两个方面：首先，云计算存储技术的应用提高了信息的占有量，用户可以根据实际情况，建立最优的云计算信息存储管理模式，例如，可以对不同的阶段、不同的部门、不同的人员技术、不同的材料设备、不同的法规标准等进行多层次管理。其次，云计算技术分布式的计算模式可以提高工程造价管理的整体工作效率，实现对工程造价数据的高效处理和深度开发，提高资源信息共享的效率。

2. 在应用过程中的问题

在计算机技术的推动下，企业拥有了实现最大限度信息化管理的能力，但是相对来说，效率的提升需要大量的资金投入作支撑，一般的中小企业都难以承受。企业快速、健康、可持续的发展离不开信息管理系统的有力支持，云计算的平台服务为软件运营商、开发商提供了网络空间去实现技术更新，同时采用 SaaS 的软件方式能够最大化地压缩时间周期，减少资金投入量，提高工程造价企业的信息化综合管理能力和水平。

3. 云计算在工程造价领域的推广建议

云计算采用的是按使用量付费的模式，这种模式提供可用的、便捷的、按需的网络访问，为用户提供可快速提取资源的计算资源共享池（资源包括网络、服务器、存储、应用软件、服务），需要投入的精力和与服务供应商进行的交互都很少。云计算技术在工程造价领域被广泛应用，是时代发展的必然趋势。

云计算技术具有安全可靠的、海量的信息资源存储能力，提高数据预处理、批量处理、灵活处理的水平，可以实现对造价数据的高速处理、分析与存储，为工程造价管理工作提供专业、有效的技术支持，提升工程造价行业的信息管理水平。云计算技术在造价领域的应用是实现信息数字化、管理高效化的必然选择，同时我们也应该认识到：云计算技术的导入是一个循序渐进的过程，需要工程造价行业不断试错、敢于试错，在不断完善思路和模式的过程中，进一步优化内部体制和机制建设，这样才能真正发挥云计算技术在工程造价领域的优势和作用。

10.2　大数据技术在工程造价领域中的应用

10.2.1　案例介绍

案例：深圳市建设工程全过程造价监管系统

1. 项目基本情况

近年来，建设行政主管部门对加强和改善工程造价监管提出了一系列指导意见，明确指出建立与市场经济相适应的工程造价监督管理体系，健全市场决定工程造价机制，建立建筑市场主体信用档案和工程造价数据库。

为贯彻落实各项改革精神，深圳市建设工程造价管理站研究确定了利用信息化手段对深圳市造价咨询企业的数据进行整合，形成行业数据库，采集工程项目信息、工程造价成果文件数据，形成工程造价数据库，构建基于大数据的建设工程全过程造价监管系统，为指导行业发展、监管咨询企业动态、编制工程造价、开展造价审核业务提供数据支持。

2. 大数据技术的应用情况

（1）大数据技术在项目资料管理中的应用

采集建设项目各阶段信息，运用大数据挖掘技术，构建基于建设项目的从施工图审查、招投标、合同备案、施工许可、综合执法到竣工验收备案的全生命周期信息链条；同时梳理出项目的参建单位，建立项目的组织分解结构，为项目参建方的诚信评价体系提供数据参考。工程项目全生命周期信息管理如图 10-1 所示。

（2）大数据技术在工程造价知识库中的应用

通过工程造价成果文件备案和对接工程造价审核业务，采集了海量的工程造价成果文件，涉及工程总包、分包、各参建方、各阶段的数据，这里面存在着大量的重复及无效数据，需运用大数据技术通过数字建模对数据进行挖掘、清洗、提炼，沉淀工程造价知识，建立工程造价知识库（包括工程造价指标指

图 10-1　工程项目全生命周期信息管理

数、主要材料设备价格、工程量清单及典型清单组价做法等），提供大数据搜索引擎，为工程造价行业提供工程造价信息服务。

（3）大数据技术在工程造价审核业务中的应用

工程造价审核工作的重点是审价核量，但传统的审价核量工作量大、耗时长、成本高。本案例运用大数据的统计、对比分析技术，以工程造价知识库为数据支撑，实现工程造价智能审核功能，开发指标审核、重点审核、对比审核等多种工程造价审查方法，为造价备案审查业务提供技术手段，提高工程造价审核的效率和质量。工程造价指标对比分析如图 10-2 所示。

（4）大数据技术在企业监管和信用评价中的应用

根据本系统建立的项目全生命周期信息的组织分解结构，可及时掌握企业各项动态，监督检查时直接从监管服务平台随机抽取受检企业和成果文件，实现监督检查双随机，加强事中事后监管，建立健全工程造价咨询企业动态管理和诚信评价体系，实现以项目为单位的各业务单元信息、资料的准确关联和共享利用。在综合项目各阶段数据的基础上进行综合管理，同时监督过程及监督数据。建立诚信公共查询平台，将企业诚信信息及时向社会公示，增加企业违

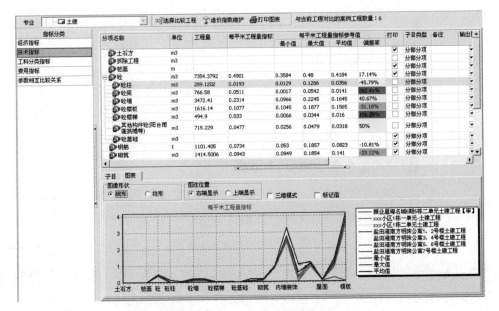

图 10-2　工程造价指标对比分析

法违规成本，督促企业提升经营管理水平。

（5）大数据技术在指导行业发展中的应用

以工程项目信息和工程造价数据库为基础，运用大数据的统计功能，按行业、按区域统计项目备案数量、投资额，为决策提供数据支持。

10.2.2　案例总结

1. 大数据技术在本案例中的应用效果

大数据技术在工程造价领域的深度应用，将推动工程造价管理业务的创新发展。基于大数据的建设工程全过程造价监管系统的应用，为工程项目的全过程造价管理提供技术手段，为造价管理向造价信息服务的转变提供技术支持，取得了以下效果。

（1）建立了建设项目工程信息库，整合企业信息、成果文件信息和诚信信息，并同相关部门企业信息系统实现数据互联交换，做到全面、实时更新数据，形成建设项目工程信息和造价咨询业信息数据库，及时获取各类指标指数，为政府决策提供支持、为行业发展提供指导。

（2）建立工程造价知识库，为工程造价备案审查提供数据支持，为工程造价行业提供工程技术经济指标、工料机价格信息服务。

（3）运用工程造价知识库，开发工程造价指标审核、重点审核、对比审核方法和技术手段，提高了工程造价审核的效率和质量，实现了对建设项目各阶段工程造价的有效监管。

2. 大数据技术在本案例中的应用心得

（1）大数据的意义不仅在于"大"，而且要有价值。从林林总总的数据中提取有价值的信息，将冗余、无用的数据排除在应用之外，是数据挖掘分析要解决的重要问题。本系统采集了建设单位、设计单位、咨询企业、施工单位等多方的工程造价数据，即同一数据可能有多个来源、多种形式，通过大数据技术对数据进行分析识别后以项目为主线将各阶段的数据串联起来，通过大数据技术清洗剔除了冗余的、无用的数据，还原了项目的真实情况。

（2）大数据和 AI 技术组合运用更为完美。由于工程造价原始数据编制的不规范性，采用简单的关键信息提取技术，给指标分析计算工作带来了挑战。本系统通过建立指标分析模型，运用大数据和 AI 技术，实现了工程项目关键指标的分析计算。

（3）要关注大数据应用过程中带来的隐私泄露问题。大数据的过度采集、不当披露及非法应用，可能会侵犯到个人隐私和商业秘密，可能带来道德和法律问题。本系统使用关键信息脱敏技术，剔除了共享数据中的敏感信息，保障了数据的安全性，既满足了信息发布和数据共享的需求，也保障了用户的合法权益。

10.3 物联网技术在工程造价领域中的应用

10.3.1 案例介绍

案例：基于二维码的新型墙材等建筑材料跟踪系统的应用

1. 应用背景

在工程建设领域中建筑材料的质量是直接影响工程质量的最重要因素，特别是工程中使用量最大的混凝土和钢筋的质量直接决定了整个工程的质量。虽然新型墙体材料、建筑门窗、保温板材、装配式混凝土部品部件和建筑防水材料的质量对工程质量的影响不大，但是在工程竣工后会直接影响建筑物的使用，如果建设单位或施工企业为了增加利润、节省成本而使用一些低劣或"三无"产品，就会导致这些建筑材料的使用寿命缩短，甚至会出现安全隐患。

2. 应用内容

通过信息化的手段，将新型墙材等建筑材料的认证、生产、销售和进场登记纳入跟踪系统进行管理，并使用二维码与认证的建筑材料进行绑定，让建筑材料的使用方和建设行政主管部门通过扫描二维码的方式可以验证建筑材料的真伪以及追溯建筑材料的生产、销售和使用信息。

建筑材料的生产企业必须具有相应的生产资质并且得到建设行政主管部门的许可。建筑材料在生产销售前必须通过建设行政主管部门的认证，并且取得唯一的二维码身份标识。施工企业在进行建筑材料的进场登记时，必须通过扫描二维码的方式进行验证。如果验证通过，则可以在工程中使用。通过这样的方式可以解决建筑材料来源不明且质量无法保证的问题。具体的应用场景有如下几个。

（1）建筑材料生产企业需要在跟踪系统中注册账号并输入相关生产资质信息，建设行政主管部门对注册的建筑材料生产企业进行审核。审核通过后，建筑材料生产企业可以在跟踪系统中申请建筑材料的认证。在申请时，建筑材料生产企业需要提供建筑材料的质量检测报告等资料。建设行政主管部门对申请认证的建筑材料进行审核，审核通过后，该建筑材料方可取得唯一的二维码身份标识，并可以在建设工程中使用。

（2）在施工过程中，建筑材料生产企业与施工企业签订供货合同，并在跟踪系统中选择对应的工程录入供货信息，供货信息包括材料名称、材料分类、规格型号、供货数量和单价等，如图10-3所示。

图 10-3　登记供货信息

（3）施工企业在进行建筑材料进场登记时可以直接扫描建筑材料的二维码身份标识验证建筑材料真伪，如果验证通过，则输入进场数量和批次，这样就可以简单快捷地完成建筑材料的进场登记，如图 10-4 所示。

图 10-4　建筑材料进场登记

（4）建设行政主管部门在日常检查和定期抽查的过程中，可以根据跟踪系统中工程进场材料的登记记录要求施工企业提供所使用建筑材料的认证信息，通过扫描二维码身份标识的方式验证该建筑材料的生产企业是否在跟踪系统中登记过，同时也对该建筑材料进行了认证。

（5）建设行政主管部门在跟踪系统中可以实时查看各工程建筑材料的使用

情况以及对应的材料价格。

10.3.2　案例总结

该案例的应用价值主要有如下几个。

（1）从源头上解决新型墙材等建筑材料的来源和质量问题。

（2）二维码的使用成本低，方便在新型墙材等建筑材料生产企业中推广使用。

（3）将新型墙材等建筑材料的认证、生产、销售和使用串联起来，便于建设行政主管部门发现问题时能够及时追溯。

（4）有利于建设行政主管部门掌握新型墙材等建筑材料生产企业信息和新型墙材等建筑材料信息，为后续监管提供数据支撑。

（5）对新型墙材等建筑材料完成量与预计完成量进行对比，可随时掌控施工成本和进度，有利于进行成本和工程进度管理。

10.4　BIM 技术在工程造价领域中的应用

10.4.1　案例介绍

案例：BIM 技术在南邵中心项目中的应用

1. 项目概况

项目名称：南邵中心项目。

项目地点：北京市昌平区南邵镇南环路和南环南路之间。

建设方：北京招商局铭嘉房地产开发有限公司。

总建筑面积：约 55.76 万平方米。

建筑高度：控高 44.25 米。

主要功能：地上为办公、商业、商品房、公租房及附属用房等，地下为商业、车库、人防、公建配套及附属用房等。

建筑结构形式：现浇钢筋混凝土剪力墙结构、装配整体式结构。

地基基础形式：地基为天然地基、换填地基、桩基，基础为筏板基础。

2. BIM 组织架构

BIM 组织架构见表 10-1。

表 10-1 BIM 组织架构

序号	人员	主要职责及分工
1	BIM 负责人	项目 BIM 统一管理及工作协调组织
2	项目经理	项目整体协调管理、项目 BIM 技术应用协调，负责项目全过程 BIM 5D 整体管理
3	土建专业预算负责人	组织与校核成果文件
4	土建专业预算工程师	土建专业模型搭建、预算文件编制审核等，负责本专业 BIM 5D 实施管理
5	安装专业预算负责人	组织与校核成果文件
6	安装专业预算工程师	安装专业模型搭建、预算文件编制审核等，负责本专业 BIM 5D 实施管理

3. BIM 应用内容

本项目将 BIM 5D 可视化、模型化的技术特性与全过程造价管理业务进行结合，对传统全过程造价管理业务进行了有效的优化与升级，有如下几方面的应用。

（1）成本管理：成本指标、成本动态管理。

（2）合约管理：合约规划、招标管理。

（3）造价管理：工程量清单、招标控制价、合同价格管理。

（4）过程管理：资金计划、付款管理、成本月报、资料管理。

4. 主要应用表现

（1）应用在从项目前期成本指标的输入，到随着项目进度各类合同的签订、签约合同价格的确定、合同价格的变化等过程，实现了目标成本测算全过程信息化动态管理，提高了工作效率。

（2）完成合约拆分及目标合同标的额匹配，快速生成合约规划，并自动生成合约结构。

（3）自动查看招标进度，到期任务自动提醒、招标过程问题及文件自动留存及查看，并自动生成招标情况统计分析，有效地提高了工作效率。

（4）以合同预算台账形式展示，借助 BIM 5D、算量软件协助处理，展示关联模型以及合同价信息，直观形象。实现自动的动态成本统计，合同执行过程中每一项成本的变化，都能被记录反映到动态成本中，并自动生成变更签证台账及变更原因分析。

（5）将预算文件和模型进行对接，匹配进度计划，快速生成资金计划，为项目资金安排提供支撑。

（6）按构件、楼层、时间范围、流水段提量，依据圈定实施区域，实现报量周期模型一键拆分、工程量自动统计，并自动生成支付台账及中期付款曲线图。

（7）自动统计工程数据，并对动态成本控制、招标进度、合同签署情况、进度报量审核及支付、变更签证信息提供详尽的图表进行展示。方便业主实时把控项目情况，极大地提高了工作效率。

（8）将资料上传云端，利用 BIM 5D 的资料管理功能，采用协同方式进行管理，如图 10-5 所示，可以有效地改善信息沟通方式，消除信息不对等问题，避免资料遗失，提高了沟通效率。

10.4.2 案例总结

1. BIM 应用效果

本案例通过对 BIM 的深度应用，提升了工作效率，取得了不同的管理效果。

（1）全过程业务信息化

项目咨询过程中的成果文件，如目标成本测算、合约规划、变更台账、进度报量审核、动态成本等，传统模式下主要采用 Excel 电子表格进行维护及管

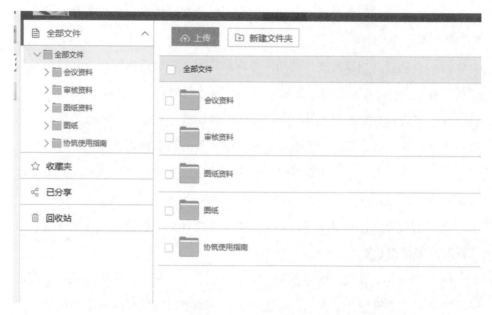

图 10-5　资料管理

理，利用 BIM 5D 咨询版，将数据输入到平台中，使统计目标成本测算、合约规划、招标管理、合同台账、变更管理、计量支付等实现全过程业务的信息化。

（2）数据统计智能化

项目咨询过程中需要统计的各类台账、动态成本台账等信息，传统模式下需要专人去归类及手工统计，利用 BIM 5D 咨询版，将数据输入到平台中，实现对成本的动态管理，合同执行过程中每一项成本的变化，都被记录反映到动态成本中，提高了工作效率。

（3）资料留痕，沟通顺畅

将项目资料上传云端，利用 BIM 技术采用协同方式对其进行管理，可以有效地改善信息沟通方式，消除信息不对等问题，避免资料遗失，提高了沟通效率。

（4）成本月报清晰展示

传统模式下咨询过程中输出的咨询报告主要以 Word 和 Excel 形式展现，利用 BIM 5D 咨询版能够自动统计工程数据，在网页端直观展示，利用模型直观定位。BIM 5D 咨询版提供详尽的图表展示功能，使动态成本、招标进度、合同签署情况、进度报量审核及支付、变更签证信息等工程数据一目了然。

2. BIM 应用价值

（1）巩固现有业务

巩固现有业务，促进现有业务做精、做深、做透，提升附加值。

（2）新业务增收

通过项目试点，建立相应规则，培养 BIM 咨询能力；通过新方向的探索，为企业赋能，提升企业业务能力，同时作为谈判筹码，获取更多的市场机会。

（3）模式创新

改变传统模式，利用新技术提质增效的同时更适应业务、甲方的需求，主要体现在服务创新、差异化竞争方面。

（4）减员增效

利用 BIM 技术快速计量提高工作效率，利用 BIM 技术逐步形成企业造价知识库。

10.5　AI 技术在工程造价领域中的应用

10.5.1　案例介绍

案例：智慧造价软件

近年来，随着互联网+、人工智能、大数据、云计算、物联网等新技术的发展，致力于工程造价信息化应用和精细化管理的软件公司也做了不少研究，有些企业已经向工程造价行业推出了一些真正落地的应用产品，并且在项目管理、企业经营实践中取得了较为显著的成效。

智慧造价软件是广州易达建信科技开发有限公司联合工程造价行业部分龙头企业研发的一款基于 AI 技术的工程造价数据处理软件，软件利用语义识别、相似度计算与趋势分析等人工智能算法，结合工程造价数据特征，自动实现对项目、单项工程、单位工程、成本科目、清单、材料等不同级别的对象的识别、分析与存储，轻松应对"去定额"后项目投资估算、设计概算、施工图预算、投标报价、清标回标、竣工结算、指标分析的全过程造价文件的快速编制、智能审核、一键对比、趋势分析，同时软件可以对企业每天产生的工程造价海量数据按照既定规则进行清洗、积累、分析，自动地、智能地将大量数据整理转变为有用的、系统化的知识，最终沉淀为企业、行业的造价大数据，让大数据真正变成企业、行业的财富，为工程造价管理提质增效，为企业转型升级赋能。智慧造价软件登录页面如图 10-6 所示。

图 10-6　智慧造价软件登录页面

　　智慧造价软件的设计原理是"应用场景+数据+算法+算力"，如图 10-7 所示。①应用场景：应用在去定额后全过程咨询各阶段的造价业务中。所有的功能紧紧围绕应用场景而设计。②数据：指市场形成的历史数据，包括项目案例数据库、清单综合单价数据库、人工材料设备机械价格数据库、经济指标漏斗数据库、技术指标漏斗数据库、相关性指标漏斗数据库、扩大项指标漏斗数据库、动态定额数据库、工程造价各项费用计价依据与计算规则数据库、造价数据标准数据库、语音语义智能识别数据库。③算法：各种人工

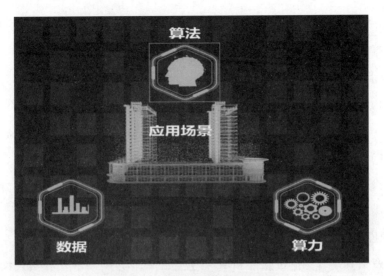

图 10-7　智慧造价软件设计原理

智能辅助指标分析、合理价格判断、投资估算等算法及计算模型，包括排序算法、数值查找算法、资源分配算法、路径分析算法、相似度分析算法、数据分类算法、数据聚类算法、数据预测与估算算法、数据决策分析算法、数据关联规则分析算法、数据推荐算法以及与机器学习相关的算法。④算力：分布式云计算能力。

智慧造价软件主要的功能模块有以下七个。

1. 指标入库

智慧造价软件满足 Excel、XML、行业计价软件格式的造价文件导入，通过 AI 技术，建立造价文件的原始结构（还原 Excel 文件的原始结构），自动提取文件的关键文字信息，如工程所属的行业、业态、编制时间、建设地点、建设性质、建设规模、计价模式、计税模式、计价依据、概况特征等。

2. 指标分析

智慧造价软件利用 AI 技术的语义识别、相似度计算、智能归类等算法，与不同咨询公司、地产发展商等使用单位的指标分析目标模板对接，满足不同指标分析模板、不同维度的数据分析、输出需要。主要指标数据包括项目概况、商务智能指标、单项工程指标对比、单位工程的经济指标、工程量指标、工料机用量指标、相关性指标、扩大项经济指标等。模板数据之间相互独立、互不干扰。指标分析成果报表样式可以自由定义。

3. 指标对比

指标对比是智慧造价软件利用 AI 技术的相似度计算、智能归类等算法，实现同一项目内的不同单项工程、单位工程的指标对比，帮助优化设计方案；通过对同一项目不同阶段的估算、概算、预算、结算的指标进行对比，找出全过程造价控制的关键点；通过对不同项目造价文件的指标进行对比，分析其原因，以满足快速、全面审核的需求。

4. 投资估算

投资估算是智慧造价软件利用 AI 技术的相似度计算算法，实现没有图纸也能快速准确地估算。估算的深度可到成本科目（单位工程级、分部工程级）、模拟清单。随着设计的逐步深化，软件能够实时、动态反映估算的成本及变化情况。

5. 回标分析

针对"清标、回标分析工作量大，而且容易出错""淡化定额后，实现用市场价格进行评标"等情况，智慧造价软件借助 AI 技术自动收集市场形成的价格数据、价格趋势分析，详细分析每个投标人的综合单价及其组成的合理性、主要材料设备报价的合理性，识别出标书中存在不平衡报价、雷同性报价的地方，并自动生成清标报告（回标分析报告），自动计算回标指数。

6. 质量内控

对一份编制好的工程造价成果文件，如何实现快速审核？智慧造价软件通过 AI 技术，对编制好的工程造价成果文件从以下六大方面进行全方位自动审核、智能审核，并自动生成审核报告，提升审核效率，保证审核质量。

（1）计价依据运用的符合性：与计价依据数据库进行对比。

（2）各项费用计算的准确性：与计价依据计算规则数据库进行对比。

（3）清单项目综合单价、材料设备单价的合理性、一致性：与相同清单、相同材料的综合单价漏斗数据库的数据进行对比。

（4）清单项目计价的准确性：对清单项目的特征描述、套用定额、选用主要材料设备进行一致性对比。

（5）指标数据的合理性：造价文件的技术经济指标、工料用量指标、相关性指标、扩大项经济指标数据，与漏斗数据库的数据及项目案例库中类似的工程数据进行对比，分析指标数据是否在合理范围内。

（6）XML 数据接口的符合性、一致性：与 XML 造价数据标准数据库中的数据规定、要求进行对比。

7. 投标估价

如何预测新建项目的目标成本，如何分析潜在的承包商报价的合理性，淡化定额后，投标人如何合理确定投标报价，针对以上问题，智慧造价软件利用 AI 技术的智能匹配算法，通过最高投标限价文件、投标报价文件，实现对模拟清单或招标工程量清单的快速计价。通过智慧造价软件生成的价格是评判最高投标限价文件、投标报价文件价格是否合理的重要依据，指导选择最优的中标单位，防止不平衡报价，为本项目合同实施阶段的造价管理与过程控制奠定坚实基础。

智慧造价软件已于 2020 年 1 月起被率先在江苏捷宏润安工程顾问有限公司、四川华信工程造价咨询事务所有限责任公司、广东建成咨询股份有限公司等造价咨询行业龙头企业使用，该产品的推出受到了行业的广泛关注。

10.5.2 案例总结

大数据时代的到来和 AI 技术的发展为我国的工程造价行业带来了新的机遇。通过工程造价与大数据、AI 技术的结合，我们可以充分利用工程造价行业长期积累的海量数据，从中挖掘和总结出工程造价行业的发展规律和知识，为未来的工程建设和监管提供新动能。目前我国工程造价行业对于人工智能、大数据技术的运用仍然处于平台搭建、数据收集和规范化的初级阶段，存在"技术壁垒""数据孤岛""数据多而无序"等问题，如全国各省份计价依据标准不统一、计价定额不统一、计算规则复杂、清单与材料设备的名称叫法不同、文件数据格式多样、行业缺乏大数据建设的思维与成功案例等。解决清单的规范化分类、统一文件数据格式等问题，对于从多层次上分析工程造价构成的合理性、工程造价趋势分析、工程造价大数据建设、工程造价信息化应用具有十分重要的意义。

11　结论与建议

11.1　结论

本课题的研究建立在对工程造价信息化建设现状与问题调研的基础上，发挥中国建设工程造价管理协会行业性、学术性和群众性的优势，组织造价管理机构、行业协会、高校、建设单位、施工单位、造价咨询单位、软件企业等各行业专家相互协作、共同研究，综合运用问卷调查法、文献调查法、专家调查法、统计调查法、头脑风暴法及个案研究法，得出适合我国国情的工程造价信息化发展理论研究成果。

1. 工程造价行业协会发展的机遇和挑战

近年来，国家陆续出台的一系列政策为我国工程造价信息化发展指明了方向。当前，我国工程造价事业已进入转型发展的关键期，信息化建设全面推进，为工程造价行业协会发挥服务功能提供了重要的发展机遇：一是企业有新期待。随着企业对工程造价信息及信息化需求的不断加大，它们对工程造价信息服务、工程造价信息化标准、工程造价信息化专业人才培养等方面提出了新的要求，工程造价行业协会应充分发挥其在维护市场经济秩序，保护经济主体合法权益，加强企业间沟通交流，以及行业自律、监督、鉴证、服务等方面的重要作用。二是政府有新需求。政府对企业越来越侧重于进行宏观调控和市场监管，不再直接干预企业的具体经营行为。政府要构建良好的工程造价信息化发展环境，就需要借助工程造价协会的力量，发挥社会组织在社会管理中的协同作用，发挥工程造价协会熟悉工程造价企业、贴近工程造价企业的优势，引领和促进工程造价信息化整体发展。

同时，工程造价行业协会也面临新的挑战。一是企业有担心。我国的行业协会往往是在政府的直接推动下产生和发展起来的，不少协会还带有较浓的行政化倾向，服务意识较弱，会员代表性不强。二是政府有顾虑。如果行业协会自身能力不强，则政府向协会转移的职能可能也难以被有效履行。因此，行业协会应该直面热点和难点问题，维护会员权益，努力改善行业发展环境；拓宽服务领域，强化服务手段，坚持行业自律，大力提升行业管理水平；自觉配合，主动工作，当好政府的参谋与助手。

2. 工程造价信息化建设的突出问题

21世纪以来，工程造价信息化快速发展，如工程造价监测系统的开发与应用，工程造价信息网的建设，工程造价标准体系建设工作的启动等，国家和各地政府越来越重视工程造价信息化建设，发布了一系列关于推进工程造价信息化建设的政策法规。

虽然我国工程造价信息化建设取得了一定的成绩，但也存在诸多问题。工程造价信息资源管理缺乏系统性，信息处理手段落后，缺乏统一的信息标准，信息资源质量不高，没有充分利用已完工的工程资料等；工程造价信息网缺乏统一的规划和专业性，导致信息平台的互联互通性和兼容性都较弱，未能实现信息资源的自由共享；目前工程造价软件的功能单一，软件重复开发造成资源浪费；工程造价管理机制方面的问题主要有工程造价信息化建设缺乏整体规划和系统性，信息化管理机制不健全，相关法律法规体系不健全，信息化建设专项资金投入不足。

3. 工程造价信息化建设的整体规划建议

针对当前我国工程造价信息化发展的现状和特点，要从战略的角度重视信息化建设整体规划，加快信息化建设的步伐。

《工程造价事业发展"十三五"规划》提出要夯实信息化发展基础，构建高效的工程造价信息化建设协同机制；要提升工程造价信息服务能力，建立市场行情分析、多方联动、快速反应管理机制；要构建多元化的工程造价信息服务体系，建立健全合作机制。"十三五"期间，工程造价信息化建设取得了一些成就，夯实了工程造价信息化发展的基础，提升了工程造价信息服务能力，多元化的工程造价信息服务体系被逐步构建起来。同时也存在很多问题与不足，主要包括工程造价信息化建设缺乏总体架构设计，重系统、轻数据；垄断企业的持续更新与政府监管相对滞后的矛盾突出；数据安全问题凸显，安全管理必须尽快提上日程。

对"十四五"期间工程造价信息化建设整体规划提出以下建议：加强工程造价信息化建设总体构架的设计，以数据分析应用为重心提升工程造价信息化建设层次，完善监管机制、推动信息化安全管理建设。

4. 工程造价信息化标准体系

我国现有的工程造价信息化标准体系尚未构建完善，且整体落后于工程造价信息化建设进程，在总体部署和顶层设计、基础性和区域发展的平衡性、标准的实施监督反馈机制上存在较大的问题。

标准体系是工程造价信息化建设的关键，通过制定及完善工程造价信息化标准体系，有助于工程造价信息的共享与交流，从根本上解决工程造价数据库建设的障碍。科学的工程造价标准体系应包括数据编码标准、数据采集标准、数据形成标准、数据应用标准、数据交换标准。

根据我国目前标准体系的情况，梳理出亟待编制的工程造价信息化标准主要有规范化的数据编码标准、数据采集标准、数据形成标准、数据应用标准、数据交换标准。

为强化工程造价信息化标准落地实施，提出了以下几点措施和建议：成立信息化项目推进领导小组，着重做好信息的开发和利用工作，制定统一的建设目标，规范信息化管理，提升信息化专业人才队伍建设，广泛参与和充分论证，建立认证标准的规范体系。

5. 工程造价信息化协同发展机制

目前我国工程造价信息化协同发展面临诸多瓶颈和问题，包括工程造价数据库建设缺乏统一规划、政策标准不统一、缺乏有效的工程造价资源集成、工程造价信息更新不及时、工程造价信息化平台缺乏持续改进等问题。

基于以上问题，提出建立促进工程造价信息化协同发展的决策层、协调层和执行层"三级运作"机制。决策层为推进协同发展提供政策和决策支持。协调层通过建立工作协调机制，推动构建多领域、多行业、多部门的协调联动机制。执行层在决策层的统筹下，各尽其责，构建良好的工程造价信息化协调发展模式和环境。

建立工程造价信息化协同发展机制，应采取以下保障措施：通过认证认可手段，有效减少技术风险和市场"壁垒"，降低企业成本；通过信用机制等手段避免恶性竞争。

6. 工程造价信息服务体系

工程造价信息服务主体呈多元化状态，包括工程造价管理机构、行业协会、有关企业等，各服务主体根据自身职能定位承担不同的职责，提供不同的服务。工程造价管理机构主要负责法规标准和定额的制定、修订、发布和解释工作，部分工程造价管理机构还进行典型工程（案例）造价信息、造价指标指数信息及价格信息的发布。工程造价行业协会承接政府有关部分工程造价信息发布职能，包括发布要素价格、造价指标指数、典型工程（案例）造价等信息。建设工程各参与企业（包括建设单位、设计单位、咨询单位、监理单位、施工单位）是法规标准、定额、造价指标指数及价格等信息的主要用户，同时也需要提供底层数据用于支撑有关信息的修编。互联网企业汇集众多材料供应商进行询价报价服务并发布材料市场价格，汇集典型工程（案例）信息进行单项工程指标、专业分包指标、综合单价的发布，供用户参考使用。

工程造价信息服务方式是多样的。现阶段的服务方式有平台产品类、受委托类服务等。平台产品类服务主要是通过纸质媒介、网络媒介等传播与分享工程造价信息，受委托类服务主要是针对用户需求提供定制化、个性化的造价信息服务。在新时代、新背景下，工程造价行业表现出新的特点，信息技术的不断发展催生出新的信息服务方式，未来应将通过专业、体系、规范的手段有效地管理工程造价相关的海量数据，搭建工程造价数据库、工料机数据库、指标数据库、工程项目数据库等，形成多库多应用的工程造价大数据处理云平台，为管理者、企事业单位、普通公众提供综合信息服务。

为了保证工程造价信息服务质量，提升工程造价信息服务水平，提高信息流通能力，降低工程造价信息获取成本，建立可持续的工程造价信息服务机制尤为重要。可持续工程造价信息服务机制是指工程造价管理机构、行业协会、企业根据各自的分工及服务方式的不同，形成统一发展的联合体，共同促进工程造价行业的可持续发展。建立可持续的工程造价信息服务机制，需要各方的协调与合作，需要明确共享机制下的权益分配，建立工程造价信息追溯、数据涉密及安全机制。

7. 工程造价信息使用及共享机制

信息共享是实现工程造价信息化的关键问题，信息共享可以加强政府、协会、企业间的交流与合作，加快数据与产业的融合，促进科技跨越发展，产业优化升级，推动工程造价信息化的加速发展。本课题从工程造价信息确权、信息监管及信息安全的角度出发，探索建立工程造价信息使用及共享机制。

信息产权的实践意义在于通过一定的法律和制度约束，来达到维护信息生产、传播、收集、存储、开发、利用的市场秩序的目的。信息确权需要明确信息的权利人、权利类型、权利内容及权利归属等问题。本课题进行了工程造价信息所有权、著作权、使用权的确权研究，为寻找维护信息产权人个人利益与促进信息传播、信息共享的平衡点提供理论依据。

工程造价信息监管主要是为了保障信息安全。法律法规对于工程造价信息的监督责任主体进行了分工和明确。工程造价管理部门对工程造价活动进行监督管理，可通过建立全国统一的工程造价信息平台、完善诚信体系制度保障、研究制定统一的行为评价标准、鼓励工程造价行业协会开展社会信用评价等手段发挥监管职责，积极引导行业协会利用信息化手段开展工程造价信息监管活动，推动工程造价市场健康有序发展。

信息共享必须要解决好信息安全问题。为了保证工程造价信息的安全性，在工程造价信息使用的过程中，需要对敏感的信息或字段要素进行脱敏处理；在工程造价信息系统建设与管理的过程中，建立工程造价信息敏感等级及敏感点清单，采取相应的保护措施和维权手段，做好信息保护和相关的维权管理工作。

建立工程造价信息使用及共享机制，应采取以下保障措施：一是通过顶层设计，建立信息共享技术标准和全国统一的工程计价规则，降低工程造价信息的共享难度和成本；二是通过完善法规政策，建立工程造价数据共享方面的数据信息产权制度，保障工程造价信息主体的相关权益；三是通过建立各方认可的利益共享机制，提高工程造价信息共享的积极性。

11.2 建议

在已经进行的工作中，本课题取得了一些有参考价值的研究成果，但是对于工程造价信息化发展的研究不够全面、深入，受调研范围、编写时间等因素的限制本书还有许多不足之处，有待进一步研究和探讨。在已有成果的基础上，建议对以下几个方面进行进一步的分析、研究。

1. 深入研究建立工程造价信息化组织体系

（1）运行基础

在以政府、行业协会与企业三大主体为主要构成的工程造价信息化组织系统下，工程造价信息化能够协同推进的基础是目标协同与利益协同。

1）目标协同。在工程造价信息化建设各主体的职能分工中可以看出，政府、行业协会、企业有着共同的目标，即科学、快速、持续地进行工程造价信息化建设。三个主体所开展的任何活动都是围绕这个目标展开的。

2）利益协同。政府、行业协会、企业在工程造价信息化建设中均可获取一定的利益。政府既作为工程造价咨询行业的管理者，又作为政府投资项目的业主，在工程造价信息化建设的过程中，不仅可以更好地管理工程造价咨询行业，而且可以提高政府投资项目的效益；企业则可以节约成本，提高企业生产效率与项目投资效益，从而提高企业的竞争力；行业协会则能更好地服务政府与企业，提高办事效率，更好地体现行业协会存在的价值。

（2）运行模式

工程造价信息化组织体系运行的关键在于创造一种交流、沟通与工作方式，让各主体的职能得到充分履行，改变工程造价信息化认识不足、重复建设等现状。因此，为保障快速、科学、持续的工程造价信息化建设，可建立如下工程造价信息化组织体系运行模式。

1）在住房和城乡建设部建立工程造价信息化建设领导小组（委员会），负责全国工程造价信息化发展规划和重大决策等工作。根据需要也可在各行业各省级造价管理机构建立地方工程造价信息化建设领导小组（委员会），按照全国工程造价信息化发展规划制定本行业或本地区工程造价信息化管理工作的发展规划和实施细则。

2）由工程造价行业协会负责工程造价信息化的具体实施工作，工程造价行业协会负责推动和指导全国层面及各地工程造价信息化建设，如全国技术标准建设、信息化平台建设、保障制度体系建设、信息化专业人才队伍建设等。工程造价行业协会可以吸纳一些典型的工程造价信息化做得好的企业及信息技术企业参与其中。工程造价行业协会还可以成立专门的业务对接部门、顾问委员会等。各地工程造价行业协会在中价协的协调与指导下负责当地的工程造价信息化建设。

3）在国家与行业协会制定的工程造价信息化发展战略框架与自律制度下，企业应遵守工程造价信息化建设的相关法律法规，遵循相关技术标准体系的规定，有序地开展工程造价信息化建设活动，让工程造价信息化建设呈现全国一盘棋的景象。同时，在专业化信息服务等方面，企业可自主选择工程造价信息库建设的内容、方式等，以便让企业能灵活地进行工程造价信息化建设。

2. 深入研究建立统一的信息化标准体系

工程造价信息化建设涉及面非常广泛，包括大量技术标准和规范，需要整体分析这些标准和规范，按照内在联系进行有序规划，建立结构化、系统化的工程造价信息化标准体系。工程造价行业亟须数字经济驱动，在当前现有工程造价信息数据标准的基础上，需要统一规划、系统分类，尽快建立完整、科学的工程造价信息数据标准，尤其是完善针对造价指标、造价指数、项目特征类指标的数据标准，是推动我国工程造价信息化发展的当务之急和基础条件，因此建议按照难易程度、可行性确定优先次序，先建立高层级、易于统一的工程造价数据标准。具体包括《建设工程造价指数计算标准》《建设工程造价指标计算标准》《建设工程技术经济指标计算标准》等，也应该包括统一建设项目特征（功能特征、建筑特征、结构特征等）描述的《建设工程项目特征描述规范》，还有对信息化有指导作用的《BIM 在全过程造价中的应用标准》。

工程造价信息化的发展需要全面的技术标准体系作支撑，数据的收集和处理、应用和共享也需要相关配套技术标准。由于数据形式和数据编码不统一，导致不同平台间数据的接口不统一，数据无法互联互通，形成数据孤岛。为避免因信息收集人员、收集方法、处理方法等不同造成偏差而导致工程造价信息无法有效共享，有必要制定《建设工程造价数据格式规范》《建设工程造价数据编码规则》《建设工程造价数据交换标准》《工料机统一编码标准》《建设工程造价数据收集规范》《建设工程造价数据处理规范》等标准规范。后期针对标准体系建议进行专题研究和探讨，形成完善的、可落地的工程造价信息化标准体系。

3. 深入研究发布典型工程指数指标

工程造价指数是反映一定时期的工程造价相对于某一固定时期的工程造价变化程度的比值或比率，它反映了报告期与基建期对比工程造价要素价格的变动趋势，是调整工程造价价差的依据。工程造价指数能够通过分析工程造价要素价格变动趋势及原因，指导承发包双方进行工程估价和结算，预测工程造价变化对宏观经济形势的影响。

目前，我国还未建立起成熟的工程造价指标体系，工程造价指数编制与发布工作尚处于初级阶段，各地发展也不平衡。工程造价指数多数是利用部分已完工工程的造价数据计算得来的，计算规则不统一，计算依据真实性有待考证，计算过程没有进行严谨、科学的数学建模和推导，工程造价指数的权威性和准确性有待加强。政府主管部门需要研究工程造价指数指标的编制规则，构建多层级、结构化的工程造价指数指标体系，动态发布与更新科学的工程造价指数指标。

中价协应发挥社会组织在推动信息化建设方面的作用，组织相关企业开展工程造价信息化指标体系的相关研究，共同梳理研讨全面应用工程造价指数指标的模式，分级分类研究工程造价指标发布内容和形式，指导工程造价行业形成结构化的工程造价指数指标数据信息。整合社会资源，利用社会已有研发成果和国家工程造价数据监测平台的大量数据，结合适用的神经网络、粒子群、机器学习以及遗传优化算法，建立相应的模型，提高生成满足市场需求的工程造价指标的自动化程度与智能化水平，如典型工程指标、国际工程指标等，为政府开展工程造价管理提供科学依据，为行业开展工程造价活动提供参考。发布工程造价咨询企业信息化建设案例集，为企业信息化工作提供借鉴。

4. 深入研究国际工程材价信息

"一带一路"建设为世界各国的发展提供了新机遇，也为建筑业的发展开辟了新领域。2013 年至 2018 年，我国企业对"一带一路"沿线国家直接投资超过 900 亿美元，年均增长 5.2%。在沿线国家新签对外承包工程合同额超过6 000 亿美元，年均增长 11.9%。国家信息中心"一带一路"大数据中心公布的数据显示，在参与"一带一路"建设的中国企业中，涉及制造、建筑、金融这三类的企业影响力较大。随着中国建筑企业加快"走出去"的步伐，必将在"一带一路"上打响"中国建造"的品牌。工程造价行业作为建筑业和工程建设的重要组成部分，应以"精准利用数据"为基础，以"互通共享信息"为突破口，加快推进工程造价数字化建设。通过调研得知，中国建筑企业"走出去"的道路并不是一帆风顺的，由于标准、法律，特别是信息不一致导致走了许多弯路。企业反映当前国内对国际工程材价信息的需求非常紧迫，国内现有的材价信息网发布的几乎都是国内材价信息，不涉及国外材价信息。

中价协作为工程造价行业的全国性社会组织，要助力国家战略在行业的推行，可以从研究和发布国际工程材价信息方面入手，联合中石油、中石化、中铁、中建、中交、中国电力等国际工程项目较多的大型国有企业，加强与全球、区域以及行业采购平台（如SAP Ariba）的合作，搭建工程造价信息共享平台，企业在平台间互相分享国外材价信息，交流国际项目工程经验，提升国际项目建设能力和水平。加强与国际社会组织间的交流与合作，美国、英国等国家的协会和企业已经具有完善的信息收集和服务系统，拥有庞大的信息数据和完善的信息化发展模式。要研究借鉴国外（特别是英国）工程造价信息化发展的经验（依托并整合会员的资源与贡献），并寻求信息交换的合作方式，引导工程造价行业统筹推进政策、法律、标准、人工、材料等信息的资源化利用，重点实施"三清一改"，清理不当的行业标准，清理无用的材料信息，清理重复的软件资源，改变影响工程造价信息化体系建设的不良运行机制，以点带面地推动工程造价数据互联互通。

5. 深入研究搭建共建、共享、共管的工程造价信息平台

数字造价是实现工程建设高质量发展的新型路径，数据资源共享是优化升级和实现高质量发展的重要途径和必然要求。共建、共享、共管是指各方参与、互惠共赢。

共建、共享、共管的工程造价信息平台以协助政府进行行业管理、服务行业发展为主要目的，由政府指导、行业协会牵头、会员咨询企业以及软件公司等共同组成建设方，平台坚持公益性原则，强调全员、全过程积极参与，软件开发技术进行实时支撑，加大投入确保运营监管力度，实现从"建起来"到"用起来""管起来"的转变，平台数据由政府管理机构和行业协会依托平台履行行业管理行为的过程中自动采集更新，数据来源于会员造价咨询企业的具体项目。

需要共同探索市场化的服务模式，研究数据资源共享体系，分级分类推进工程造价数据资源的共建、共享和共管，鼓励个人和集体参与企业信息化建设的运营管理，鼓励专业化、市场化建设和运行维护，实施统一规划、统一建设、统一运行、统一管理，大胆创新、积极探索建立造价行业信息化制度，各司其职，建立有制度、有标准、有队伍、有经费、有督察的工程造价信息化长效管理机制。

6. 深入研究工程造价信息化专业人才服务体系

随着我国经济转型升级的加速，工程造价信息化专业人才需求日益增多，目前我国工程造价信息化专业人才数量较少，且缺乏既熟悉造价、管理，又懂信息技术的复合型人才，不能满足市场需要，亟须建立完整的工程造价信息化专业人才培养体系，加强工程造价信息化专业人才培养和引导、构建多元化培养模式、强化工程造价信息化专业人才管理，为工程造价行业输出高端人才。由于本书篇幅有限，本课题未在信息化专业人才服务体系方面做调研，后续建议进行专题研究。

7. 深入研究信息化新技术应用模式

文中列举了信息化新技术在工程造价领域的示范应用，大多技术仍处于初期应用阶段或探索阶段，新技术与造价领域结合的优势不易呈现，后期建议专题深入调研工程造价领域对信息化新技术的需求，紧密围绕需求，制定信息化新技术在工程造价领域的解决方案，提出详细的技术应用模式或结合方式，促进工程造价信息化快速发展。

附　录

附录 A　住房和城乡建设部（及原建设部）等颁布的工程造价信息化建设文件

名称	时间	发布机构	主要内容／目的
关于建立中国建设工程造价信息网有关问题的函	2002-09-20	建设部	组织标准定额研究所、中国建设工程造价管理协会和部信息中心，按照建设部关于建设工程信息网络建设的规划，在中国工程建设信息网的基础上建立了中国建设工程造价信息网，并初步完成了建设部发布的有关工程造价信息政务信息网的建库工作
关于开展工程造价信息管理有关工作的通知	2005-06-13	建设部	逐步建立全国工程造价信息监控系统，将组织各省级工程造价管理机构开展中国建设工程造价信息网与各省级工程造价信息网的联网工作
关于印发《住房和城乡建设部标准定额司 2010 年工作要点》的通知	2010-03-09	住房和城乡建设部	着力推进标准体系、标准实施监督和在编的标准项目建设和完善标准制定程序，工程造价管理、政府投资建设标准等各项制度，夯实基础、增强能力，促进标准定额工作迈上新台阶
关于印发《住房和城乡建设部标准定额司 2011 年工作要点》的通知	2011-02-25	住房和城乡建设部	充分发挥标准定额技术保障和支撑作用，强化标准规范的协调性和系统性，突出公共服务设施建设标准标准制定，狠抓标准编制质量和进度，加快造价咨询诚信体系建设，统筹兼顾，指导各地做好标准、工程造价的实施与监督工作，进一步完善法规制度，推进标准定额事业稳步发展
关于印发《住房和城乡建设部标准定额司 2014 年工作要点》的通知	2014-01-28	住房和城乡建设部	深化工程造价管理改革，要系统梳理工程造价管理中取得的成效和问题，紧紧围绕使市场在工程造价中确定价中起决定性作用，以制度促进建设、市场活动监管，造价公共服务提升为重点，充分发挥造价管理在规范建筑市场秩序、提高投资效益、保证质量安全上的基础作用

续表

名称	时间	发布机构	主要内容/目的
关于进一步推进工程造价管理改革的指导意见	2014-09-30	住房和城乡建设部	到2020年，健全市场决定工程造价机制，建立与市场经济相适应的工程造价管理体系。完成国家工程造价数据库建设，推行工程造价全过程监管活动监管机制，构建多元化工程造价管理体系，形成统一开放、竞争有序的市场体系。改革行政审批制度，建立多元化工程造价咨询业诚信体系，形成统一开放、竞争有序的市场环境。实施人才发展战略，培养与行业发展相适应的人才队伍
关于印发工程造价管理改革工作任务分工方案的通知	2014-10-30	住房和城乡建设部	此次通知明确提出建立工程造价信息化标准体系，编制工程造价数据交换标准和指标数编制标准，建立国家工程造价数据库
关于扎实开展国家电子招标投标试点工作的通知	2015-07-08	国家发展和改革委员会、工业和信息化部、住房和城乡建设部等	通过试点推动建成一批符合《电子招标投标办法》要求的电子招标投标交易平台、公共服务平台和行政监督平台，鼓励、引导和带动交易平台市场化、专业化发展，架构形成全国互联互通的电子招标投标系统网络，建立健全招标投标信息公开共享服务体系，促进招标投标行政监督部门转变职能，创新监管方式，实现招标投标行业转型升级和市场规范化发展
关于印发工程造价事业发展"十三五"规划的通知	2017-08-01	住房和城乡建设部	健全市场决定工程造价机制，建立与市场经济相适应的工程造价依据体系。基本形成全面覆盖、更新及时、科学合理的工程计价用体系和工程造价信息服务方式，完善工程造价计价活动监管机制，形成统一开放、竞争有序的市场环境。实施工程造价人才发展战略，加强工程造价专业队伍建设
关于加强和改善工程造价监管的意见	2017-09-14	住房和城乡建设部	贯彻落实《国务院关于印发"十三五"市场监管规划的通知》（国发〔2017〕6号）和《国务院办公厅关于促进建筑业持续健康发展的意见》（国办发〔2017〕19号），完善工程造价监管机制，全面提升工程造价监管水平，更好服务建筑业持续健康发展

续表

名称	时间	发布机构	主要内容/目的
关于印发2018年工程造价计价依据编制计划和工程造价管理工作计划的通知	2018-01-17	住房和城乡建设部	为深入贯彻党的十九大精神，按照全国住房城乡建设工作会议有关部署，深入推进工程造价"放管服"改革，经广泛征求有关省份和单位意见，住房和城乡建设部制定了2018年工程造价计价依据编制计划和2018年工程造价管理工作计划。其中在2018年工程造价管理工作计划中要求在2018年12月之前推动各地开展造价监测工作，为行业监督、建立预警机制提供数据支持，同时也要对工程造价软件进行测评与监管研究
关于加强建筑市场监管公共服务平台工程项目信息一体化工作的通知	2018-04-23	住房和城乡建设部	进一步加强全国建筑市场监管公共服务平台工程项目信息入库管理工作，提高数据的准确性和完整性，推进省级建筑市场监管一体化工作平台建设
关于印发《全国建筑市场监管公共服务平台工程项目信息数据标准》的通知	2018-12-29	住房和城乡建设部	为贯彻落实《国务院办公厅关于促进建筑业持续健康发展的意见》（国办发〔2017〕19号）和《国务院办公厅关于印发进一步深化"互联网+政务服务""一网、一门、一次"改革实施方案的通知》（国办发〔2018〕45号），加快推进建筑市场监管信息归集共享，提高全国建筑市场监管公共服务平台数据的及时性、准确性和完整性，住房和城乡建设部对《全国建筑市场监管数据库数据标准（试行）》（建市〔2014〕108号）部分内容进行了修订，形成《全国建筑市场监管公共服务平台工程项目信息数据标准》
关于印发2019年工程造价计价依据编制计划和工程造价管理工作计划的通知	2019-01-14	住房和城乡建设部	2019年工程造价计量计价工作计划要求在2019年12月之前完成"互联网+BIM"全过程工程造价计价标准研编，工程造价标准体系对比研究，国际化工程造价计价标准体系及与国外标准对比研究，数字化的定额动态管理模式研究，工程造价信息化中的大数据应用等工作
关于推进全过程工程咨询服务发展的指导意见	2019-03-15	国家发展改革委、住房城乡建设部	提升固定资产投资决策科学化水平，进一步完善工程建设组织模式，提高投资效益，工程建设质量和运营效率

续表

名称	时间	发布机构	主要内容/目的
关于北京市住房和城乡建设委员会工程造价管理市场化改革试点方案的批复	2019-05-22	住房和城乡建设部	把构建多层级、结构化的工程造价指数指标体系作为工程计价依据改革破旧立新的重要突破口，尽快完成科学、智能动态化的指数指标分析，形成和发布平台建设工作，为工程造价管理市场化改革探索、总结可复制可推广的经验

附录 B 中国建设工程造价管理协会工作要点汇总

名称	时间	发布机构	主要内容/目的
关于印发《中国建设工程造价管理协会 2014 年工程造价管理工作要点》的通知	2014	中国建设工程造价管理协会	开展"工程造价信息化战略研究"，探索适合我国工程造价信息化建设的模式、框架、内容与路径，支持和引导行业开展信息化建设，使之成为行业发展的助力器。启动"BIM 对工程造价管理影响"的课题研究，指导行业技术进步，适应信息技术的变革与发展。按企业和会员单位的要求推进工程造价管理中有关信息化标准的制定工作
关于印发《中国建设工程造价管理协会 2015 年工程造价管理工作要点》的通知	2015	中国建设工程造价管理协会	启动工程造价信息服务平台建设，应用大数据分析挖掘技术，向会员、政府管理机构和社会提供数据准确、种类齐全、发布及时的工程造价信息服务
关于印发《中国建设工程造价管理协会 2016 年工程造价管理工作要点》的通知	2016	中国建设工程造价管理协会	持续开展工程造价信息服务平台建设，向会员、政府机构和社会及时发布决定工程造价外延部分的建筑材料价格信息，作为服务会员的主要工具之一
关于印发《中国建设工程造价管理协会 2017 年工程造价管理工作要点》的通知	2017	中国建设工程造价管理协会	通过建立"四库一平台"，全面实现全国工程造价行业数据一个库，监管一张网，管理一条线的信息化管理目标。对工程造价咨询企业、专业人员、项目情况等信用信息进行动态监测及信息公开，完成信用信息的采集、分析和动态管理

续表

名称	时间	发布机构	主要内容/目的
关于印发《中国建设工程造价管理协会2018年工作要点》的通知	2018	中国建设工程造价管理协会	注重信息化手段的应用，逐步完善工程造价法律法规数据库和工程造价信息数据库，探索建立工程造价成果数据共享平台，打造集数据共享、知识库、工具库为一体的数据共享平台，为会员提供细微、精准的信息服务
关于印发《中国建设工程造价管理协会2019年工作要点》的通知	2019	中国建设工程造价管理协会	重视信息化建设，探索新形势信息服务体系研究。完善行业信息服务内容和标准，提升工程造价行业信息化建设水平。①开展工程造价信息服务体系建设，引导行业提升工程造价行业服务的内容。②探索提升信息服务水平。借鉴发达国家有关信息平台服务方式，坚持"共建、共享、共管"的发展理念，调动各专业委员会、地方造价协会、专家及企业力量，开展市场有需求行业有需要的信息服务

附录 C　各省份推动造价信息化建设的激励、扶持与财政补贴政策

省份	政策类型	名称	时间	发布机构	主要内容/目的
北京	激励、扶持政策	北京造价管理动态（2006年第十三期，总第二十六期）	2007-06	北京市住房和城乡建设委员会	根据北京市住房和城乡建设委员会"树立现代管理意识，切实转变观念，明确责任，加强领导，协调推进，发挥团结协作精神"的信息化系统建设总体要求，为进一步加强信息化系统建设，建立一套完整配套的数据资料，以便更好地利用经科学分析和客观反映全市各处的数据资料及基础数据资料，以后的各项工作，近日造价处制定了《造价处信息化系统建设实施方案》，并开始实施
		关于印发《北京市建设工程造价管理暂行规定》的通知	2011-05	中国建设工程造价信息网	建设工程造价实行动态管理，市建设工程造价管理机构负责发布人工、材料、设备、施工机械台班的市场价格信息，调整系数，技术经济指标、典型工程造价分析，造价指数，引导市场主体合理计价定价

续表

省份	政策类型	名称	时间	发布机构	主要内容/目的
北京	激励、扶持政策	北京市住房和城乡建设委员会关于贯彻执行《建筑工程施工发包与承包计价管理办法》的通知	2014-12	北京市住房和城乡建设委员会	北京市住房和城乡建设委员会根据市场实际情况，及时向社会发布建筑工程的人工、材料、工程设备、施工机械和仪器仪表价格信息，以及造价指数、造价指标，引导建筑市场主体合理确定并有效控制工程造价；倡导并逐步推进多元化工程造价信息服务方式
		《建设工程人工材料设备机械数据分类标准及编码规则》	2018-09	北京市建筑业联合会	本标准适用于：建设工程相关专业人工材料设备机械信息数据的收集、整理、分析，发布的应用；建设项目全生命周期中，不同阶段人工材料设备机械信息数据的收集、整理、分析，发布的应用
	财政补贴	《中关村国家自主创新示范区现代服务业试点扶持资金管理办法》	2011-11-02	北京市财政局	支持重点：一是培育基于信息技术的新兴服务业；二是改造提升电子商务和现代物流业；三是大力发展科技服务业；四是培育实施节能环保产业；五是财政部中央部委规定支持的其他试点项目。支持方式：包括财政补助、股权投资、贷款贴息、以奖代补等，具备条件的项目优先采用股权投资方式支持
上海	激励、扶持政策	上海市城乡建设和管理委员会关于印发《上海市推进工程造价管理改革的实施方案》	2015-02-03	上海市城乡建设和管理委员会	改革创新、完善造价信息管理新机制，建立统一造价信息发布平台，实现价格信息渠道多元化
	财政补贴	《2018年上海市财税工作会议工作报告》	2018-02-08	上海市财政局	围绕加快推进科创中心建设、现代工程技术、聚焦支持关键性技术、颠覆性技术创新，加大对市级科技重大专项、新型研发和转化功能型平台以及引领型产业发展的重大战略项目和基础工程建设投入力度

续表

省份	政策类型	名称	时间	发布机构	主要内容/目的
上海	财政补贴	上海市经济信息化委《关于开展2020年度上海市信息化发展专项资金（智慧城市建设和大数据发展）项目申报工作》	2020-03-03	上海市经济和信息化委员会	为了加快推进上海市信息化建设，贯彻落实国家、上海市经济和社会信息化规划和智慧城市建设的有关要求，规范上海市信息化发展专项资金在信息化建设和应用领域的使用
天津	激励、扶持政策	关于印发《天津市建设工程造价管理办法》的通知	2010-05	天津市城乡建设和交通委员会	天津市建设工程定额管理研究站对工程造价实行动态管理，根据市场变化，依据国家和天津市有关办法定期公布人工、材料、机械台班价格信息和建设工程造价指数
		《"京津冀工程造价信息共享·天津"互联网开通试运行》	2017-12	天津市建设工程造价管理总站	"京津冀工程造价信息共享·天津"互联网服务网站以京津冀三地造价信息共建共享为依托，主要栏目包括造价动态、京津冀共享、综合信息、价格指数、工程计价、案例分析、专业研讨等
	财政补贴	《天津市促进科技成果转化交易项目补助资金管理办法》	2018-11-15	天津市财务局	为贯彻落实市政府关于科技创新驱动发展的重大部署，激活科技成果交易市场，加速科技成果转化为经济社会发展的现实动力，设立天津市促进科技成果转化交易项目补助资金
重庆	激励、扶持政策	关于印发《重庆市建设工程造价数据交换标准（QSJJH-V2.0）》的通知	2008-02-01	重庆市建设工程造价管理总站	建立计价软件开发数据格式标准，实现不同计价软件成果文件之间数据交换和共享

续表

省份	政策类型	名称	时间	发布机构	主要内容/目的
重庆	激励、扶持政策	重庆市城乡建设委员会关于发布《重庆市建设工程造价技术经济指标采集与发布标准》的通知	2015-03-03	重庆市住房和城乡建设委员会	为深化工程造价管理改革，助推工程造价信息化建设发挥积极的作用。既有利于主管部门对工程造价数据的收集、分析、发布和应用，也有利于提升建设工程技术经济指标在建设项目投资决策、合同管理、招标投标和预结算工作中的参考依据作用，更有利于建设各方主体合理确定和有效控制工程造价，提高投资效益
		关于印发《重庆市2018年建设工程造价管理工作要点》的通知	2018-04-03	重庆市住房和城乡建设委员会	开展工程造价数据监测工作。按照住建部部署和要求，制定出台重庆市工程造价数据监测管理办法，完善工程造价数据监测平台，收集、分析、上报工程造价监测信息，实时动态监管造价咨询企业、人员和工程造价成果文件，建立建筑市场价格监测和预警机制
		关于印发《重庆市2019年建设工程造价管理工作要点》的通知	2019-03-11	重庆市住房和城乡建设委员会	推进工程造价信息管理智能化。运用互联网+工程造价信息，搭建工程造价信息监测平台，完善工程造价信息监测管理办法，逐步建立我市建设市场价格监测和预警机制，为建筑业的宏观决策提供支持。优化工料机价格信息管理机制，新设备价格信息发布方法，强化区县住房和城乡建设主管部门信息管理工作职责，保障价格信息发布的客观性、及时性
		关于印发《重庆市引进科技创新资源行动计划（2019—2022年）的通知	2020-01-06	重庆市人民政府办公厅	为加快实施科教兴市和人才强市行动计划，大力引进国际国内创新资源，完善区域科技创新体系，提升科技创新能力，推动实现高质量发展

续表

省份	政策类型	名称	时间	发布机构	主要内容/目的
重庆	财政补贴	关于印发《重庆市工业和信息化专项资金管理办法》的通知	2018-01-25	重庆市财政局	为全面贯彻落实党的十九大精神，推动建设国家重要现代制造业基地，市级财政整合设立工业和信息化专项资金
广东	激励、扶持政策	《广东省建设工程造价文件数据交换标准化规定》	2006-11	广东省建设工程造价管理总站	为工程造价领域中的多种计价软件和经济标、电子标书及评标标准有一个开放的数据交换平台，保证工程造价信息资源的有效开发、利用
		《广东省建设工程造价管理总站 2009 年工作要点》	2009-03-30	中国建设工程造价信息网	加快工程造价信息数据标准建设，建立工程造价信息发布和共享工作平台。工程造价信息数据标准是工程造价信息化的基础，以标准化带动工程造价信息化，以信息化带动工程造价管理的跨越式发展
		广东省建设厅《关于加强工程造价咨询行业管理》的通知	2009-10-21	中国建设工程造价信息网	各级建设行政主管部门要根据省建设厅"三库一平台"管理信息系统的统一要求，督促和指导本行政区域工程造价咨询企业和专业人员认真做好有关数据信息的入库工作，并将广东省工程造价咨询企业信息纳入"广东省建筑市场诚信信息平台"，依照国家有关规定向社会公开，接受公众的监督，健全优胜劣汰机制，促进工程造价咨询行业的健康发展
		《广东省建设工程造价管理规定》	2014-10-27	广东省人民政府	广东省住房和城乡建设主管部门应当按照国家建设工程造价信息化发展规划，制定本省建设工程造价信息化管理制度，发布建设工程造价信息化管理相关数据标准，建立信息化管理体系。广东省工程造价主管机构应当建立广东省工程造价信息化平台，完善广东省工程造价信息化方法库、数据库，指导和监督检查市、县（区）建设工程造价信息化建设和信息发布工作

续表

省份	政策类型	名称	时间	发布机构	主要内容/目的
广东	财政补贴	中山市印发《中山市实施粤港澳大湾区个人所得税优惠政策财政补贴暂行办法》	2019-08-23	广东省财政局	个税优惠政策对科创企业帮扶明显，特别是在高新技术企业引入高端境外人才方面，增加了科创企业在穗发展信心
		关于印发《广东省省级工业和信息化专项资金管理办法》的通知	2017-07-20	广东省财政厅，广东省经济和信息化委员会	为加强广东省省级工业和信息化专项资金管理，规范资金使用，提高资金使用效益
山东	激励、扶持政策	关于发布《山东省建设工程造价计价软件数据接口标准（试行）》的通知	2008-12-30	山东省工程建设标准定额站	为加强工程造价计价管理，促进工程造价计价信息化建设，搭建工程造价计价软件的平台，消除数据共享的瓶颈，保证工程造价计价软件的有序发展
		《山东省人民政府办公厅关于进一步提升建筑质量的意见》	2014-07-30	山东省人民政府办公厅	明确提出推广建筑信息模型BIM技术，构建建筑市场诚信体系，建立山东省建设企业、执业人员、工程项目三类数据库，2015年底建成全省统一的建筑市场诚信平台（开发），全面覆盖勘察、设计、施工、监理、招标代理、造价咨询等市场主体，实现省、市、县三级互联互通
		"无纸化、零跑腿、零跑面"见济南市招标控制价备案实现全程网上办理	2018-08-16	山东省住房和城乡建设厅	为全面落实"一次办成"改革，降低企业负担，近期济南市对建筑工程招标控制价流程进行了梳理，经过近期持续测试，试运行，已完全实现"全程网办""零跑腿""全程无须纸质资料"，全面提高了工作效能和服务水平

255·

续表

省份	政策类型	名称	时间	发布机构	主要内容（目的）
山东	激励、扶持政策	关于对山东省工程建设标准《建设工程造价电子数据标准》征求意见的函	2019-07-30	山东省住房和城乡建设厅	根据《山东省工程建设标准化管理办法》（省政府令307号）的要求，由青岛福莱易通软件有限公司等单位主编的山东省工程建设标准《建设工程造价电子数据标准》已完成征求意见稿。现将标准征求意见稿（附件）上网公开征求意见，请有关单位组织专家研究，并提出书面意见和建议
	财政补贴	《山东省省级科技创新发展资金管理暂行办法》	2019-08-29	山东省财务厅、山东省科学技术厅、山东省科学技术协会	整合原有科技基地建设资金、重点研发计划资金等，设立科技创新发展资金，同时要求，省财政部门牵头制定综合性资金管理制度和专项资金管理办法
浙江		《浙江省建设工程计价成果文件数据标准》（DB33/T 1103—2014）	2014-05-09	浙江省住房和城乡建设厅	规范建设工程计价成果文件的数据输出格式，统一数据交换规则，实现数据共享
	激励、扶持政策	《建筑工程施工发包与承包计价管理办法》	2014-02-01	浙江省住房和城乡建设厅	要加强造价咨询市场动态监管，按照市场运作的客观规律调整发布相应政策，引导建筑市场公平竞争，创造有利条件积极推行建设项目全过程造价管理。工程造价咨询企业要加强业务学习，提高全过程造价管理的水平和能力
		《关于深化浙江省工程造价管理改革助推建筑业发展的意见》	2015-03-18	浙江省住房和城乡建设厅	科学测算及时发布计价要素价格信息。完善工程造价信息化标准体系，开展工程造价数据积累，提升公共服务能力。研究云计算、大数据以及建筑信息模型技术对造价管理的影响，推进工程造价信息化技术革新。鼓励社会参与工程造价信息服务。做好招标控制价、中标价、竣工结算价等信息报送等基础性工作，开展三价信息数据分析对比，公布三价信息（以下简称三价）对比，做好三价信息公开

续表

省份	政策类型	名称	时间	发布机构	主要内容/目的
浙江	激励、扶持政策	《浙江省造价管理总站开始发布全省房屋建筑造价综合》	2018-07-09	浙江省住房和城乡建设厅	浙江省造价管理总站在调查研究实践探索的基础上，开展了浙江省房屋建筑工程综合造价指数和单项造价指数的测算工作，包括方案制定、样本选取、测算模型建立、测算方法确定、指数测算等多个工作程序。房屋建筑工程综合造价指数和单项造价指数发布是我省建设工程造价数据实现数据科学积累和有效利用的一个工作成果，标志着我省造价指数标准化建设往前迈进了一步
		关于印发《浙江省建筑信息模型（BIM）技术推广应用费用计价参考依据》的通知	2017-09-25	浙江省住房和城乡建设厅	对BIM技术推广应用费用计价提供参考标准
	财政补贴	关于印发《浙江省中小企业发展（竞争力提升工程）专项资金管理办法》的通知	2018-12-27	浙江省财政厅等4部门	支持科技型、成长型、创新型中小微企业发展，规模以下小微企业业转型升级为规模以上企业，以及省级以上企业"专精特新"发展，积极引导中小微企业创业创新大赛优秀获奖项目等，培育一批科技型中小微企业、高新技术企业、小升规企业，以及一批隐形冠军、单项冠军、小巨人、单项冠军等
		关于印发《浙江省工业和信息化发展财政专项资金使用管理办法》的通知	2018-09-28	浙江省财政厅、浙江省经济和信息化委员会	全面贯彻浙江省工业信息化发展，实施数字经济"一号工程"，加快传统产业改造提升和新动能培育，根据浙江省委、省政府重大决策部署，进一步推动浙江省工业和信息化发展，提升和新动能培育，根据浙江省政府集中财力办大事，省政府相关使用绩效要求，进一步优化财政扶持政策，规范专项资金分配和管理

续表

省份	政策类型	名称	时间	发布机构	主要内容/目的
安徽	激励、扶持政策	《安徽省建设工程造价管理条例》	2014-08-21	安徽省人民代表大会常务委员会	工程造价管理机构应当建立工程造价数据库，定期发布市政政基础设施、保障性住房、公共建筑等工程造价指标、指数，为投资决策提供服务
		《安徽省建设工程招投标造价数据交换（标准）征求意见稿》	2016-11	安徽省住房和城乡建设厅	保证安徽省建设工程招投标造价数据库的通用性和正确性，不同计价软件之间可正确运行，以及安徽省建设工程计算机辅助评标系统的便捷性、规范性、安全性、统一性
	财政补贴	《安徽省工业化和信息化融合专项资金使用管理暂行办法》	2014-05-13	安徽省财政厅、安徽省经济和信息化委员会	专项资金由省级财政预算安排，专项用于支持信息化与工业化融合，推进工业设计和重点领域的信息化应用，促进电子信息产业和软件服务业发展，引导信息消费，加快重大装备制造业向数控化、智能化方向发展，加强信息资源的开发利用，强化信息网络安全保障，优化信息化发展环境等专项目建设及应用推广
河北	激励、扶持政策	《河北省建筑工程造价管理办法》	2014-11-11	河北省工程建设造价管理总站	为规范建筑工程造价活动，保证工程质量和安全，维护工程建设各方合法权益，促进建筑市场健康发展
		关于贯彻落实《河北省建筑工程造价管理办法》的通知	2015-03-26	河北省住房和城乡建设厅	为规范建筑工程造价活动，加强工程造价管理，保证工程质量和安全，维护工程造价各方合法权益
		《关于广联达云计价平台GCCP5.0通过建筑业省改增调整计价依据专项评审的通知》	2016-06-01	河北省工程建设造价管理总站	根据计价软件专项评审委员会意见，经河北省工程建设造价管理总站核准，广联达云计价平台GCCP5.0通过省改增调整专项评审，允许向用户提供

续表

省份	政策类型	名称	时间	发布机构	主要内容（目的）
河北	激励、扶持政策	《关于斯维尔清单计价 2016 河北版通过建筑业营改增计价依据调整专项评审的通知》	2016-06-01	河北省工程建设造价管理总站	根据计价软件评审委员会意见，经省工程建设造价管理总站核准，斯维尔清单计价 2016 河北版通过营改增调整专项评审，允许向用户提供
		关于《新奔腾建设工程计价管理软件 PT2016 通过建筑业营改增计价依据调整专项评审》的通知	2016-06-04	河北省工程建设造价管理总站	根据计价软件评审委员会意见，经省工程建设造价管理总站核准，新奔腾建设工程计价管理软件 PT2016 通过营改增调整专项评审，允许向用户提供
	财政补贴	关于印发《河北省省级信息化建设项目预算管理办法》的通知	2018-12-26	河北省财政厅	根据信息化发展规划和河南省、省政府决策部署，有信息化建设需求的省直预算部门，可向省发展改革委申请省级预算内基本建设投资信息化建设项目资金
河南	激励、扶持政策	《建设工程造价软件数据交换标准》（DBJ41/T 087—2008）	2008-09-01	河南住房和城乡建设厅	规范造价软件市场，实现不同软件之间的数据共享，并为招标评标工作提供统一数据格式接口
		关于发布河南省工程建设标准《建设工程造价电子数据标准》的通知	2017-06-20	河南省住房和城乡建设厅	河南省工程建设标准《建设工程造价软件数据交换标准》（DBJ41/T 087—2008）由河南省建筑工程定额站、成都鹏业软件股份有限公司进行了修订，已通过评审，各名称变更为《建设工程造价电子数据标准》，现予批准发布

续表

省份	政策类型	名称	时间	发布机构	主要内容/目的
河南	激励、扶持政策	《关于开展建设工程计价软件企业检查的通知》	2017-07-10	河南省建筑工程标准定额站	为了进一步加强河南省建设工程计价软件行业的监督管理，提高计价软件服务和质量水平，规范计价软件行业市场行为，现决定在全省范围内开展对建设工程计价软件研发销售企业的监督检查工作
	财政补贴	《河南省财政厅组织召开信息化建设项目支出标准研讨会》	2016-07-29	河南省财政厅	财政评审机构详细介绍了当前信息化建设项目支出标准情况
吉林		《关于进一步加强全省建设工程造价信息管理工作的通知》	2019-04-08	吉林省住房和城乡建设厅	为合理确定和有效控制工程造价，完善建设工程造价信息发布机制
	激励、扶持政策	《关于建设工程造价数据监测系统—数据交换标准的通知》	2018-05-21	吉林省建设工程造价管理站	根据《住房城乡建设部标准定额司关于推进工程造价信息监测工作的通知》（建标造函〔2018〕57号）要求，吉林省将在全省范围内开展工程造价信息监测工作。由住房城乡建设部标准定额研究所开发的"建设工程造价数据监测系统"已经在部分省份投入使用，吉林省为开展此项工作需满足系统需求
	财政补贴	《吉林省标准化战略专项资金管理办法》	2019-12-11	吉林省财务厅	资金使用范围：国家高新技术产业标准化示范项目、标准信息服务平台建设
四川	激励、扶持政策	关于印发《2014年工程造价工作要点》的通知	2014-03-18	四川省建设工程造价管理总站	推进造价信息化，提升公共服务，加强工程造价数据积累，启动数据库建设，定期发布工程造价指数，更好地为政府和社会提供工程造价公共服务

续表

省份	政策类型	名称	时间	发布机构	主要内容/目的
四川	激励、扶持政策	《四川省建设工程造价电子数据标准》（DBJ51/T 048—2015）	2015-08-24	四川省建设工程造价管理总站	建立全省统一的建设工程造价电子数据标准，实现建设工程项目全过程的工程造价数据能在不同计算机应用系统中进行有效的、无缝的数据识别、交换，为计算机辅助评标提供统一的电子数据标准，实现建设、施工、造价咨询和招标代理企业之间的资源共享
	财政补贴	《关于组织开展2019年省级工业发展资金项目征集工作》	2018-10-08	四川省经济和信息化委员会	专项补助支持新一代信息技术产业与两化深度融合，支持以人工智能、工业互联网/移动互联网、物联网、工业控制、信息安全等为重点的基础软件、工业App、嵌入式软件、平台支撑软件、重点行业应用软件产业化，以及相应领域的公共服务平台、开源软件社区、新型信息服务模式建设和应用示范
广西	激励、扶持政策	广西壮族自治区建设工程造价管理办法	2008-09-25	广西壮族自治区人民政府	编制广西数据交换标准和指标指数编制标准，建立广西工程造价数据库，改革工程造价信息服务方式
		《广西壮族自治区建设工程造价管理办法（2018修正）》	2018-01-24	广西壮族自治区人民政府	及时收集整理工程造价相关资料，公布一系列造价信息
	财政补贴	《广西壮族自治区工业和信息化发展专项资金管理办法》	2018-10-30	广西壮族自治区财政厅	自治区工业和信息化发展专项资金（以下简称专项资金）是指从自治区本级财政预算中安排，专项用于支持工业技术改造、信息化和工业化融合，新技术推广应用和新产品产业化、信息服务业发展，工业园区建设以及承接产业转移等方面的资金

续表

省份	政策类型	名称	时间	发布机构	主要内容/目的
福建	激励、扶持政策	《福建省建设工程造价管理办法》	2015-06-18	福建省人民政府	为了加强建设工程造价管理，规范建设工程计价活动，保障工程质量与安全，维护工程建设各方的合法权益
		关于发布《福建省建设工程人工费动态管理办法》的通知	2017-09-07	福建省住房和城乡建设厅	人工费指数实行网络化管理，由省造价总站开发全省统一的人工费管理系统。该系统具备监测数据填报、处理、发布等功能，各有关单位均应在系统上实施各项操作
		《福建省房屋建筑与市政基础设施工程造价电子数据交换导则》	2016-01-20	福建省建设工程造价管理总站	推进建设领域信息化，规范建设工程造价电子数据交换格式，提高建设工程造价信息的资源共享和有效利用水平
		关于发布《福建省建设工程造价电子数据交换导则（2017版）》的通知	2017-06-21	福建省建设工程造价管理站	为进一步推进建设领域信息化，规范建设工程造价信息的资源共享和有效利用格式，提高建设工程造价电子数据交换水平
	财政补贴	关于印发《福建省级工业和信息化发展资金管理办法》	2015-11-25	福建省财政厅、福建省经济和信息化委员会	专项资金旨在积极探索政府扶持福建省工业和信息产业的有效途径，支持改善企业发展环境，加大对重点环节、重点项目的扶持，推动工业和信息产业转型升级，促进产业稳定增长，提高经济质量和效益

附录 D 政府部门组织定期开展的宣传、推广活动

1. 部分省份召开的工程造价咨询会议

省份	名称	召开年份	主要内容/目的
浙江	浙江省工程造价行业全过程工程咨询现场推进会	2018	发展转型再强化，要深度融入一带一路，深度融入数字经济，深度融入经济转型
安徽	安徽省工程造价咨询市场信用体系建设推进会	2018	对《安徽省工程造价咨询企业信用等级评价计分标准》和《安徽省信用信息管理实施细则（试行）》的内容进行了全面解读
甘肃	2015甘肃省工程造价咨询企业"中价协信用评价办法及信息化管理系统应用"研讨会	2015	主要学习《中价协信用评价办法》，分享数据及数据处理在咨询企业中的运用以及全过程造价管理技术在咨询企业中的应用

2. 部分省份召开的工程造价管理改革会议

省份	名称	召开年份	主要内容/目的
北京	北京市工程造价管理市场化改革试点工作推进会	2019	各相关处室要加强沟通、通力协作，共同努力推进北京市工程造价管理市场化改革试点工作
上海	上海市召开建设工程造价管理改革与创新工作座谈会	2019	与会代表对BIM技术在工程计价中的应用、建立全过程工程咨询服务、统一建筑工程计价规则，进一步规范工程项目前期费用，工程造价人才短缺等方面发表了意见和建议
浙江	浙江省建筑业发展暨科技进步工作会议	2015	创新工程造价信息化管理，尝试公共服务主体多元化、用大数据、云计算等手段提高监管效率。创新造价技术指导调整服务体系，充分发挥行政调解在解决工程矛盾中的积极作用
甘肃	甘肃省建设工程造价管理改革暨理事长会	2015	加强工程造价信息管理，提升工程造价信息发布水平

续表

省份	名称	召开年份	主要内容/目的
江西	江西省工程造价管理改革工作会议	2015	为逐步实现"政府宏观调控，企业自主报价，竞争形成价格，监管有据可依"的工程造价市场运行监管体制打下基础，服务于全省经济社会的发展

3. 部分省份定期召开的工程造价管理工作座谈会

省份	名称	召开年份	主要内容/目的
北京	加强造价管理信息化建设座谈会	2017	提高市场信息价格发布的科学性和合理性，提高造价指数指标服务市场水平，加强市场主体造价活动监督管理
北京	华东地区建设工程造价管理工作研讨会	2011	要继续推进造价信息化建设
北京	住建部标定司领导调研北京造价管理工作座谈会	2018	要高度重视工程造价管理改革工作，坚持市场化改革方向，贴近市场需求，不断提升计价依据和造价信息服务市场的时效性、适用性和精准度
上海	长三角区域工程造价管理工作会议	2019	明确工程造价管理"市场化、国际化、信息化、法制化"的改革方向，遵循"以终为始，先立后破，试点先行"的原则，借鉴国际先进经验，助推造价咨询方式向全过程咨询迈进。同时，加强造价信息化管理和诚信体系建设，为社会和行业提供更优质的服务
广东	广东省造价管理工作座谈会	2015	以"汇聚合力 稳步发展"为主题，审议了《广东省建设工程计价依据应用书面解释管理规定》《关于推行我省造价技术业务办理结果应用社会主动公开机制的通知》《广东省建设工程造价信息化平台建设思路提纲》和《广东省住房城乡建设厅关于深化工程造价管理改革的若干意见》等待议文件，研讨了加强工程造价咨询从业管理的若干意见，落实部署中协在广东试点开展工程造价咨询企业诚信评价工作以及造价管理机构自身定位与发展方向等问题
广东	广东省工程造价管理站长座谈会	2011	进一步推进工程造价互联网备案监管系统；完善广东工程造价信息资源共享体系；搭建工程造价数据平台，建立数据收集和管理机制

续表

省份	名称	召开年份	主要内容/目的
宁夏	宁夏建设工程造价管理机构工作座谈会	2015	建设工程造价管理工作要与建筑业管理改革、建筑业优化转型升级、建筑产业现代化、社会化管理相结合，要着力推动改革创新，加强干部队伍和人才建设，推动建设工程造价管理新常态。准确把握国家和宁夏回族自治区建设工程造价改革发展的方向，认真钻研本职工作，积极主动作为，努力开创本自治区建设工程造价管理工作新局面
	浙江省建设工程造价管理工作会议	2018	会议指出，工程造价管理工作在指标指数开发利用上要有新突破，在加强数据监测上要有新成效，在服务项目服务民生上有新贡献，在强化市场监管上有新举措，在推动咨询行业发展上有新亮点
浙江	2013年度浙江省工程造价信息管理工作会议	2014	要求浙江省各级造价管理机构要进一步明确信息工作的定位，信息工作需贴近市场、满足市场、服务市场；要不断推进信息发布控制，力争做到信息全面、测算规范、发布及时、内容要完整、数据要准确；要规范招标控制价、中标价、竣工结算信息报送工作，时间要及时，尤其要在竣工结算工作中有所突破；要加强造价信息的开发利用工作，组建造价指标数据库，更好的服务建筑市场
湖南	湖南省建设工程造价管理站长会议	2015	提升造价管理水平：利用湖南省建筑市场和工程质量安全监管一体平台，进行造价资质资格监管，通过信息化强化市场监管；研究不同发承包模式下工程量清单计价的具体形式，适应信息化发展；积极开展网上继续教育培训和实际案例研讨及培训，利用信息平台，推动工作发展
江苏	长三角区域工程造价管理一体化第三次联席会议	2019	会议交流了三省一市（上海市、江苏省、浙江省和安徽省）造价管理工作情况，重点围绕推动造价管理的规则共建、信息共享、管理共推、人才共育方面开展了深入讨论。各方在同签署了《推进长三角区域造价管理一体化发展规范造价咨询市场执业行为合作要点》，就加强长三角区域造价管理政策协同、规范执业行为，共享检查结果，共抓人才培育等达成了共识

续表

省份	名称	召开年份	主要内容/目的
江苏	江苏省2019年造价管理工作会议	2019	明确了2019年江苏省造价管理工作将进一步围绕深化落实建筑业改革、健全和完善工程计价体系、加强咨询市场动态监管、构建多元化信息服务体系工作这四个方面展开
	江苏省2016年工程造价管理工作会议	2016	要求江苏省各级工程造价管理机构不断加强造价咨询市场的监管，提高信息化服务水平；做好造价员制度改革后的跟进工作，保证平稳过渡；开展建筑产业现代化和人工消耗量课题研究；推进诚信大平台建设，指导咨询企业做好网上项目填报工作；坚持改革创新，推动整个造价行业的发展
	江苏省2014年上半年工程造价管理工作会议	2014	对江苏省各级工程造价管理机构提出要求：一是跟上形势发展节奏，转变思想观念，用改革的精神搞好服务。二是在加强对市场的自律引导的同时，不放松监管工作，把监管的重点放在事中和事后，既不能乱作为，也不能不作为。三是下半年工作的主要内容是抓紧绿色建筑和工业化两个课题的研究，完成咨询企业服收费标准和信用评价标准的修改，做好造价员管理方式转变后的跟进工作
	江苏省2008年建设工程造价管理工作会议	2008	大会还颁发了江苏省工程造价管理机构业务学习竞赛优胜单位奖项和江苏省工程造价信息化评比先进单位及单项奖项
甘肃	甘肃省建设工程造价管理工作会议	2014	建立和完善工程造价信息服务系统，大力提升信息化服务水平；加强工程造价的动态化管理，提升服务建筑市场计价质量
江西	江西省工程造价管理工作会议	2018	对开展年度人工费综合单价测算，推进江苏省大数据工程造价软件监管，江苏省计价依据的增值税率调整，全面强化全行业计价软件监管，加大2017版新定额宣贯执行力度等专项业务工作进行了详细布置并提出了明确要求
	江西省建设工程造价管理工作会议	2015	对江西省造价员网上报考培训软件的演示并对各设区市造价网站实际操作提出工作要求
辽宁	辽宁省工程造价信息工作会议	2017	研究部署辽宁省建设工程造价信息工作，辽宁省材料价格信息上报系统调整说明

4. 部分省份召开的关于 BIM 技术或造价软件的会议

省份	名称	召开年份	主要内容/目的
北京	全国工程造价软件和网络研讨会	2002	研讨如何推进工程造价信息化进程，加快工程造价软件和网络的建设
上海	建筑信息模型（BIM）在工程造价中应用的座谈会	2015	与会人员就建筑信息模型（BIM）在工程造价实践中的应用现状，以及遇到的问题做了深入交流。会议指出，建筑信息模型（BIM）的应用将会对全过程造价管理产生深远的影响，对各参建主体带来机遇和挑战，BIM 技术不仅改变了建设项目各阶段的造价管理方式，更会促进造价行业的改革和整合
重庆	"BIM 技术在工程项目及造价管理中的应用" 重庆现场观摩交流会	2018	会议以"BIM 技术在工程项目及造价管理中的应用"为主题，旨在促进造价咨询企业积极适应 BIM 技术在造价管理中的应用，通过观摩、交流、学习引导造价咨询企业转型升级，从而提升企业竞争力
广西	广西建筑信息模型（BIM）技术应用费用计价参考依据评审会	2018	会议阐明了出台建筑信息模型（BIM）技术应用费用计价参考依据的必要性以及评审的重要意义，介绍了建筑信息模型（BIM）技术应用费用依据编制定概况

5. 部分省份召开的工程计价依据主题会议

省份	名称	召开年份	主要内容/目的
北京	住建部标准定额司开展造价相关问题调研座谈会	2013	就北京市工程量清单计价工作、工程造价信息化工作及造价管理工作现状及需要解决的问题，与相关单位调研座谈
北京	《北京市建设工程造价技术经济指标采集标准》《北京市建设工程造价电子数据标准》征求意见会	2017	两项标准的编制应本着求同存异，实现各方主体，工程建设全过程信息互通共享的原则，有重点、有针对性地进行编制，实现造价数据在不同软件及体系中共享及可逆的目标

续表

省份	名称	召开年份	主要内容/目的
天津	天津市建设工程计价规则论证审定会	2018	《天津市建设工程计价规则》作为课题的最终研究成果，将成为天津市建设项目有关各方共同遵循的规则，它在响应《工程造价事业发展"十三五"规划》总体要求的同时，将有效地规范并促进建筑市场计价遵规、报价有矩、调整守制、结算依法，不断完善工程造价监管机制，全面提升工程造价监管水平，更好服务建筑业持续健康发展
广西	2015年广西全区工程建设标准定额管理工作会议	2015	会议强调要加强和完善工程造价定额管理工作，全面推行工程量清单计价，完善广西配套管理制度，加强造价信息管理工作
广东	《广东省建设工程计价依据（2018）》宣贯会	2019	广东省造价机构要以"四个走在全国前列"的勇气，在做好日常计价依据服务工作的基础上，大胆推进定额动态管理改革，要以信息化为支撑，着力破解定额滞后在的工程定额滞后难题
广东	广东省建设工程政府投资项目造价数据标准编制启动工作会	2016	工程计量（BIM算量）数据格式纳入本次数据标准编制范围
广东	广东省建设工程造价管理规定宣贯会	2014	加强信息化建设，完善建设工程造价数据库，加强和优化工程造价专业化、技术化，信息化的公共服务
浙江	浙江造价信息服务对象座谈会	2017	与会专家结合自身工作实践，针对材料价格信息采集测算发布、造价信息刊物编辑、网站建设等工作献计献策，并就如何进一步推进浙江省工程造价信息管理改革展开了探讨
四川	四川省建设工程造价电子数据标准宣贯会	2016	将实现建设工程项目全过程的工程造价数据在不同计算机应用系统中进行有效的、无缝的数据识别、转换，为计算机辅助评标提供统一的电子数据标准，实现建设工程施工、造价咨询和招标代理企业之间的资源共享，对进一步促进四川省建设工程造价行业信息管理工作水平的提高具有重大意义

6. 部分省份开展的工程造价数据监测活动

省份	名称	召开年份	主要内容 / 目的
内蒙古	内蒙古全区建设工程造价数据监测系统宣贯会	2017	建设工程造价数据监测系统应用；工程造价计价软件导出 XML 格式操作讲解
北京	关于开展工程造价数据监测系统上报数据工作的通知	2017	要利用信息化手段逐步实现对工程造价成果的监测，并因此建立了工程造价数据监测系统，开展对工程造价数据的监测工作
重庆	关于开展建设工程造价数据监测工作的通知	2017	对工程造价数据进行分析整理，形成重庆市的造价指标指数，逐步建立重庆市的建筑市场价格监测和预警机制，为建筑业的宏观决策提供支持。重庆市建设工程造价总站具体负责工程造价监测工作的组织、协调、监督指导等，并做好造价数据监测系统的使用培训，形成重庆市工程造价监测报告
宁夏	宁夏启动建设工程造价数据监测上报工作	2017	宣贯会上，北京建科研软件技术有限公司向与会的 200 余名工程造价专业技术人员详细讲解了数据监测平台的使用方法。本次宣贯会的召开，确定了自 2017 年 12 月起，宁夏启用建设工程造价监测系统，形成当地监测指标指数，为工程建设市场预测等宏观决策提供科学支撑
河南	关于开展工程造价信息监测工作的通知	2018	按照《住房城乡建设部关于加强和改善工程造价推进工程造价监管的意见》（建标〔2017〕209 号）和《住房城乡建设部标准定额司关于推进工程造价信息监测工作的通知》（建标造函〔2018〕57 号）要求，尽快建立工程造价成果数据归集、监测监管的常态化制度机制，进一步推进河南省工程造价监管工作
湖北	湖北省工程造价数据监测工作培训会	2018	政府部门要主动适应信息化的要求，推进本地区工程造价信息监测的工作；企业要主动适应发展形势，提高信息化水平和市场竞争力。造价行业要将工作重心转移到数据分析，把工作重心转移到数据分析，提供的工作上，体现造价行业的价值和运用大数据研究高附加值的工作上，体现造价行业的价值和对全过程的贡献

续表

省份	名称	召开年份	主要内容/目的
山东	关于开展建设工程造价数据监测工作的通知	2018	开展工程造价数据监测是深化工程造价管理改革的重要举措，通过对工程造价数据的采集、存储、共享、开放和利用，运用信息技术手段，切实加强和改善工程造价监管，变人工监管为智能监管、事后监管为实时监管，为宏观决策和微观管理提供有力的数据支持
甘肃	甘肃省"国家建设工程造价数据监测平台"宣贯会	2018	要求与会企业和各级主管部门加强造价监管基础工作，做好造价成果文件的系统报送和审核工作，为工程造价改革提供大数据支撑
湖南	关于开展建设工程造价数据监测工作的通知（湘建价〔2018〕35号）	2019	已完成"建设工程造价监测系统平台"的搭建，各计价软件已完成"数据接口"功能对接
陕西	关于开展建设工程造价数据监测工作的通知	2019	开展工程造价数据监测，即通过对工程造价数据的采集、存储、共享、开放和利用，运用现代科技创新监管方式，变人工监管为智能监管、事后监管为实时监管，粗放监管为精准监管，为宏观决策和微观管理提供有力的数据支持

附录 E　工程造价信息化建设的宣传、推广活动

1. 关于工程造价信息化建设的大型论坛

省份	名称	召开年份	主要内容/目的
安徽	"2015安徽省工程造价咨询企业未来发展之路"高峰论坛	2015	随着经济发展步入新常态，特别是在互联网+的新形势下，造价咨询企业面临新的机遇与挑战，BIM、大数据、云计算等新技术的应用，将给企业的市场经营、内部管理和成本控制带来新的发展和更大的效益。互联网+战略是提升企业核心竞争力的必然要求，大家要未雨绸缪，积极探索新技术的应用，促进造价企业的结构调整和转型升级

续表

省份	名称	召开年份	主要内容/目的
福建	"数字造价·引领未来——建设工程数字经济论坛"	2019	推进造价领域数字化进程,推动福建省建设工程造价行业的信息化、电算化水平,推广 BIM 标准建模的新造价模式
上海	"基石与本源——造价咨询专业发展探索"的沪川工程咨询第二届高峰论坛	2019	深入研究探索建设工程全过程专业发展,推动工程造价咨询行业高质量发展,明确工程造价管理"市场化、国际化、法制化"的改革方向,遵循"以终为始、先立后破、试点后破"的原则,借鉴国际先进经验,贯彻落实新发展理念,助推造价咨询向全过程咨询迈进。同时,加强造价行业信息化管理和诚信体系建设,为社会和行业提供更优质的服务
湖北	"守正出新、集智远行——共建良好的工程造价生态圈"论坛	2019	本次论坛的演讲主旨有数字化赋能建筑工程行业、基于 BIM 的全过程投资管控等
浙江	2019 长三角区域"数字造价·数字建筑"高峰论坛	2019	对于建筑工程而言,工程造价至关重要,以往的管理技术无法使建筑工程发展需求得以满足,建筑工程造价管理模式必须进行创新。数字造价对就建筑工程造价管理而言,不仅是一种挑战,也为造价管理工作提供了依据,有利于简化管理流程,提高管理水平
浙江	2018 浙江"数字造价·数字建筑"论坛	2018	本次论坛包括主论坛和分论坛,来自北京、上海、香港等地的行业专家对数字化、信息化的前沿治理理论和实际案例进行了分享。部分企业代表通过交流对未来发展趋势的研判,不同观点的碰撞引发了更深入的探讨

271·

2. 关于工程造价信息化建设的研讨会

省份	名称	召开年份	主要内容
山东	工程造价信息化工作专题研讨会	2009	会议围绕网站政务信息建设和住宅工程造价信息填报等工作进行了交流和研讨。通过交流，与会代表对住宅工程造价信息发布的目的、意义、作用，定位有了更深的认识，对住宅造价信息收集的内容、表格以及进一步做好造价信息化工作提出了很好的意见和建议
上海	江浙沪建设工程造价信息资源共享第三次研讨会	2010	交流了江苏、浙江、上海三省（市）工程造价信息工作和工程造价管理方面的近况，肯定了长三角建设工程造价信息资源共享机制建立以来所发挥的作用，并一致同意将人工成本信息资源共享扩大到主要建筑材料价格信息资源共享
北京	工程造价行业信息化发展研讨会	2013	对我国工程造价信息化发展历程进行了回顾和展望，并就利用信息技术提升企业竞争力和建筑信息模型技术在实际项目管理过程中的应用等方面进行了研讨，还对相关信息技术在实际项目管理中的应用进行了展示，并就全过程造价管理信息化系统方案等进行了探讨和交流
重庆	工程造价信息化战略研究成果发布及研讨会	2015	按照住房城乡建设部《关于进一步推进工程造价管理改革的指导意见》要求，就做好工程造价信息化的顶层设计、BIM、大数据等现代信息技术对工程造价管理的影响等进行研讨
北京	《北京建设工程造价信息》发布会及信息化交流会	2016	信息化是京价协2016年重要工作，目的是提高北京造价咨询及与编制造价相关的企业信息化建设和应用水平
北京	工程造价咨询企业国际化战略研究课题研讨会	2016	强调课题要深入研究国外法律、政策以及政府和行业协会的管理模式、人才培养，重点针对差异化和核心问题进行分析，研究与国际化相适应的企业经营、信息化、风险管理等战略，提出政府行政主管部门和国际化管理国际化业务中应尽职责等，并希望课题能够为企业在会主拓展国际化业务提供切实可操作性的建议，指导我国工程造价咨询企业走出去

续表

省份	名称	召开年份	主要内容
重庆	互联网+工程造价信息服务专题研讨会	2017	指出互联网+是国家战略，是实现工程造价行业信息化的新途径，希望通过深入研究推动工程造价行业信息化的发展
江西	江西省广大工程造价咨询企业BIM之路高层交流会	2017	江西省广大工程造价咨询企业要顺势而为，努力适应时代的召唤，积极开展BIM技术的应用实践和探索，当好BIM技术应用和推广的急先锋，为保持行业健康和可持续发展提供新的内在动力和活力
北京	装配式建筑成体系进入造价信息专题研讨会	2019	要求参会的各家企业根据自身的工作提出具体要求，完成好各自的任务，相互支持，通力配合，共同为装配式建筑成体系的提升贡献力量。本次会议的召开为一步装配式建筑推进和推进行业标准体系进入造价标准的形成具有重要意义
辽宁	中价协工程造价人员培训工作研讨会	2019	各级协会及专业委员会将持续地、有步骤地开展人才培养相关活动，结合"市场化、信息化、法制化、国际化"的工程造价改革方向及发展趋势，加快推动行业有需要、市场有需求的人才培养体系建设

3. 关于工程造价信息化建设的讲座

省份	名称	召开年份	主要内容/目的
安徽	基于大数据下的造价关键点控制讲座	2015	为了进一步推动工程造价行业信息化发展，探索造价行业大数据共享运用的新方法，同时也是为了服务广大会员，提升行业整体技术水平
北京	以信息化为纽带，探索工程项目全过程咨询管理新模式讲座	2017	探索工程项目全过程咨询管理服务新模式；探索工程咨询标准化技术；信息化全过程咨询管理服务创新应用展示；信息系统及企业内部治理；信息化推动材价服务管理模式

续表

省份	名称	召开年份	主要内容/目的
北京	BIM技术与工程咨询及项目管理专题高端培训讲座	2019	此次培训是落实打造建设"六大平台"中"数据信息平台"的切实举措。为推进建筑工程BIM的广泛应用，激发市场创新活力，培育新业态及服务模式，京标价协将通过不断提高自身技术含量，服务水平，为行业发展做出更大的贡献
青海	科技引领变革，推动造价企业转型升级专题讲座	2019	解读了目前工程造价行业热门话题，"数字造价"与传统造价之间的冲击和应对策略，全领域、多视角剖析了企业参与全过程咨询，适应技术变革的必然现实
吉林	BIM技术应用及2019版《吉林省建筑工程计价定额》深度解读培训暨第一届BIM大赛颁奖大会	2019	举行的吉林省BIM技术应用及2019版《吉林省建筑工程计价定额》深度解读培训暨第一届BIM大赛颁奖大会

附录 F 国家和行业工程造价信息数据标准

标准名称	发布年份	发布机构	主要内容/目的
《城市住宅建筑工程造价信息数据标准》	2008	建设部	规范城市住宅建筑工程造价数据的采集、统计、分析和发布。主要用于地方造价管理部门收集城市住宅建筑项目造价信息
《石油化工工厂信息系统设计规范》(GB/T 50609—2010)	2010	住房和城乡建设部	修订了2006年的标准，本规范共分8章，主要内容包括总则、术语和缩略语、系统设计、过程控制系统、生产执行系统、经营管理系统、综合信息管理系统、信息系统基础设施等
《建设工程造价数据编码规则》	2011	住房和城乡建设部标准定额司	规范工程造价数据的管理工作，通过统一规则的序列编码，规范工程造价信息的收集和整理工作

续表

标准名称	发布年份	发布机构	主要内容/目的
《建筑物电子信息系统防雷技术规范》(GB 50343—2012)	2012	住房和城乡建设部	本规范是根据原建设部《关于印发〈2007年工程建设标准规范规订、修订计划(第一批)〉的通知》(建标〔2007〕125号)的要求,由中国建筑标准设计研究院和四川中光高科产业发展集团在《建筑物电子信息系统防雷技术规范》(GB 50343—2004)的基础上修订完成的
《建设工程人工材料设备机械数据标准》(GB/T 50851—2013)	2013	住房和城乡建设部、国家质量监督检验检疫总局	本标准适用于编制建设工程计价依据及收集、整理、分析、上报、发布建设工程工料机价格信息
《建设领域信息技术应用基本术语标准》(JGJ/T 313—2013)	2013	住房和城乡建设部	规范建设领域信息化建设过程中所涉及的基本术语,可以促进建筑业各部门、各领域之间信息、技术的交流与共享,为信息化工作的顺利开展奠定基础
《工程造价术语标准》(GB/T 50875—2013)	2013	住房和城乡建设部	根据住房和城乡建设部《关于印发〈2009年工程建设标准规范规订、修订计划〉的通知》(建标〔2009〕88号)要求,由中国建设工程造价管理协会合同有关单位编制了本标准
《建筑模数协调标准》(GB/T 50002—2013)	2013	住房和城乡建设部	整合了《建筑模数协调统一标准》(GBJ 2—86)、《住宅建筑模数协调标准》(GB/T 50100—2001)的章节结构,强调基本模数,取消了模数数列表,淡化3M概念;强调模数网格与模数协调应用;简化文字表述
《建设领域应用软件测评工作通用规范》(CJJ/T 116—2014)	2014	住房和城乡建设部	本规范的主要技术内容是:总则;术语和代号;基本规定;性能测试;城乡规划应用软件功能测试;建筑工程应用软件功能测试;住房与房地产应用软件功能测试;信息技术综合应用软件功能测试

标准名称	发布年份	发布机构	主要内容/目的
《建设工程造价咨询规范》(GB/T 51095—2015)	2015	住房和城乡建设部	根据住房和城乡建设部《关于印发 2012 年工程建设标准规范制订、修订计划的通知》(建标〔2012〕5 号)的要求，规范编制组经广泛调查研究，认真总结实践经验，参考有关国际标准和国外先进标准，并在广泛征求意见的基础上，编制本规范
《建设工程造价文件数据标准》(征求意见稿)	2016	中国建设工程造价管理协会	促进工程造价数据积累和共享，规范工程造价成果及计价依据电子数据格式，便于不同工程造价软件的数据交换，实现工程造价文件标准化
《互联网数据中心工程技术规范》(GB 51195—2016)	2016	住房和城乡建设部	主要技术内容包括总则，术语和缩略语，互联网数据中心工程设计，互联网数据中心工程验收
《建筑信息模型应用统一标准》(GB/T 51212—2016)	2016	住房和城乡建设部	根据住房和城乡建设部《关于印发〈2012 年工程建设标准规范制订、修订计划〉的通知》(建标〔2012〕5 号)的要求，标准编制组经广泛调查研究，认真总结实践经验，参考有关国际标准和国外先进标准，并在广泛征求意见的基础上，编制了本标准
《数据中心设计规范》(GB 50174—2017)	2017	住房和城乡建设部	本规范是根据住房和城乡建设部《关于发印 2011 年工程建设标准规范制订、修订计划的通知》(建标〔2011〕17 号)的要求，由中国电子工程设计院会同有关单位对原国家标准《电子信息系统机房设计规范》(GB 50174—2008)进行修订而成的
《建筑信息模型施工应用标准》(GB/T 51235—2017)	2017	住房和城乡建设部、国家质量监督检验检疫总局	根据住房和城乡建设部《关于印发〈2013 年工程建设标准规范制订、修订计划〉的通知》(建标〔2013〕6 号)的要求，标准编制组经广泛调查研究，认真总结实践经验，参考有关国际标准和国外先进标准，并在广泛征求意见的基础上，编制了本标准

续表

标准名称	发布年份	发布机构	主要内容/目的
《建筑信息模型分类和编码标准》（GB/T 51269—2017）	2017	住房和城乡建设部	标准编制组经广泛调查研究，认真总结实践经验，参考有关国际标准和国外先进标准，并在广泛征求意见的基础上，编制了本标准
《物联网应用支撑平台工程技术标准》（GB/T 51243—2017）	2017	住房和城乡建设部	本标准共分7章和1个附录，主要技术内容包括总则、术语和缩略语、物联网系统结构及业务、平台组网结构、工程设计、施工要求和工程验收等
《建设工程造价指标指数分类与测算标准》（GB/T 51314—2018）	2018	住房和城乡建设部、国家质量监督检验检疫总局	适用于新建房屋建筑与装饰工程、仿古建筑工程、通用安装工程、市政工程、园林绿化工程、矿山工程、构筑物工程、城市轨道交通工程和爆破工程造价指标指数的分类与测算
《数据中心基础设施运行维护标准》（GB/T 51314—2018）	2018	住房和城乡建设部	本规范是根据住房城乡建设部《关于印发〈2012年工程建设标准规范制订、修订计划〉的通知》（建标〔2012〕5号）的要求，由工业和信息化部电子工业标准化研究院电子工程标准定额站、中国机房设施工程有限公司会同有关单位，共同在原《电子信息系统机房施工及验收规范》（GB 50462—2008）的基础上修订完成的
《建筑工程设计信息模型制图标准》（JGJ/T 448—2018）	2018	中国建筑标准设计研究院有限公司	标准编制组经广泛调查研究，认真总结实践经验，参考有关国际标准和国外先进标准，并在广泛征求意见的基础上，编制了本标准
《建筑信息模型设计交付标准》（GB/T 51301—2018）	2018	住房和城乡建设部	标准编制组经广泛调查研究，认真总结实践经验，参考有关国际标准和国外先进标准，并在广泛征求意见的基础上，编制了本标准

续表

标准名称	发布年份	发布机构	主要内容/目的
《工程建设项目业务协同平台技术标准》(CJJ/T 296—2019)	2019	住房和城乡建设部	根据住房和城乡建设部《关于开展"多规合一"信息平台技术标准》(建标标准〔2017〕231号)的工作要求,住房和城乡建设部城乡规划管理中心会同有关单位经过广泛调查研究,认真总结实践经验,参考国家和有关的标准,规定和部分省份的地方标准及相关文件规定,并在广泛征求了有关专家和社会公众的意见的基础上,编制了本标准
《制造工业工程设计信息模型应用标准》(GB/T 51362—2019)	2019	住房和城乡建设部	本标准共分7章6个附录,主要技术内容包括总则,术语与代号,模型分类,工程设计信息,模型设计深度,模型成品交付和数据安全等

附录 G 部分省份工程造价信息数据标准

省份	标准名称	发布年份	发布机构	主要内容/目的
福建	《福建省建设工程造价电子数据交换导则》	2005	福建省建设厅	推进建设领域信息化,规范建设工程造价电子数据交换格式,提高建设工程造价电子数据有效利用水平,规范建设工程造价软件市场
	《福建省房屋建筑与市政基础设施工程造价电子数据交换导则》	2016	福建省建设工程造价管理总站	推进建设领域信息化,规范建设工程造价电子数据交换格式,提高建设工程造价电子数据有效利用水平
	《福建省建设工程造价电子数据交换导则》(2017版)	2017	福建省住房和城乡建设厅	为进一步推进建设领域信息化,规范建设工程造价电子数据交换格式,提高建设工程造价信息的资源共享和有效利用水平

续表

省份	标准名称	发布年份	发布机构	主要内容/目的
广东	《广东省建设工程造价文件数据交换标准化规定》	2006	广东省建设工程造价管理总站	为工程造价领域中的多种计价软件和经济értés件等有一个开放式的数据交换平台，保证工程造价信息源的有效开发、利用
	《建设工程政府投资项目造价数据标准》（DBJT 15—145—2018）	2016	广东省住房和城乡建设厅	工程计量（BIM 算量）数据格式纳入本次数据标准编制范围
重庆	《重庆市建设工程造价数据交换标准》（CQSJJH—V2.0）	2008	重庆市城乡建设委员会	建立计价软件开发数据格式标准，实现不同计价软件成果文件之间数据交换共享
河南	《建设工程造价软件数据交换标准》（DBJ41/T 087—2008）	2008	河南省住房和城乡建设厅	规范造价软件市场，实现不同软件之间的数据共享，并为招标评标工作提供统一数据格式接口
	《建设工程造价电子数据标准》	2017	河南省住房和城乡建设厅	河南省工程建设标准《建设工程造价软件数据交换标准》（DBJ41/T 087—2008）由河南省建筑工程标准定额站、成都鹏业软件股份有限公司进行了修订
山东	《山东省建设工程造价计价软件数据接口标准（试行）》	2009	山东省工程建设标准定额站	为加强工程造价管理，促进工程造价计价信息化建设，搭建工程造价数据交流的平台，消除数据共享的瓶颈，保证工程造价软件计价的有序发展
	《建设工程造价电子数据标准》	2019	山东省住房和城乡建设厅	根据《山东省工程建设标准化管理办法》（省政府令 307 号）的要求，由青岛福来易通软件有限公司等单位主编的山东省工程建设标准《建设工程造价电子数据标准》已完成征求意见稿。现将标准征求意见稿（附件）上网公开征求意见，请有关单位组织专家研究，并提出书面意见和建议

续表

省份	标准名称	发布年份	发布机构	主要内容/目的
辽宁	《辽宁省建设工程造价文件数据交换标准化规定》	2011	辽宁省建设厅招标投标管理处	为工程造价领域中的多种计价软件和经济标、电子标书及评标定标软件等提供一个开放式的数据交换平台
云南	《云南省建设工程造价成果文件数据标准》（DBJ 53/T—38—2011）	2011	云南省住房和城乡建设厅	保证工程造价计价软件信息数据生成全面、准确，成果表现规范，统一、便于实现工程造价数据电子化归集和信息资源共享
湖北	《湖北建设工程造价应用软件数据交换规范》（DB42/T 749—2011）	2011	湖北省住宅和城乡建设厅	规范建设工程造价应用软件市场，对建设工程造价计价文件的数据交换行规范
广西	《广西壮族自治区建设工程造价软件数据交换标准》	2013	广西建设工程造价管理总站	保证广西建设工程计价数据库的通用性和正确性，方便不同计价软件之间的数据交换，以及广西建设工程计算机辅助评标系统的顺利运行
海南	《海南建立建设工程造价电子数据标准》	2014	海南省住房和城乡建设厅	为克服不同工程计价软件采用不同的数据加密方式以及数据异构造成共享工程造价成果数据的困难，使各省建设、设计、施工、监理和造价咨询单位之间能够对有效的数据交换，促进建设工程造价咨询资源的科学积累和有效利用，海南省住房和城乡建设厅近日会同有关单位，共同编制完成了《海南省建设工程造价电子数据标准》
浙江	《浙江省建设工程计价成果文件数据标准》（DB33/T 1103—2014）	2014	浙江省住房和城乡建设厅	规范建设工程计价成果文件中的数据输出格式、统一数据交换规则，实现数据共享

续表

省份	标准名称	发布年份	发布机构	主要内容/目的
四川	《四川省建设工程造价电子数据标准》	2015	四川省建设工程造价管理总站	建立全省统一的建设工程造价电子数据标准，实现建设工程项目全过程的工程造价数据能在不同计算机应用系统中进行有效的、无缝连接的数据识别、交换，为计算机辅助评标提供统一的电子数据标准，实现建设、施工、造价咨询和招标代理企业之间的资源共享
陕西	《陕西省工程建设项目电子评标数据交换标准接口》	2016	陕西省建设工程发包承包交易公共中心	采用标准化的数据接口，标准化的交换格式，可实现同各类计算机软件系统，各种主流数据库系统连接
安徽	《安徽省建设工程招投标数据交换（标准）征求意见稿》	2016	安徽省住房和城乡建设厅	保证安徽省建设工程招投标数据库的通用性和正确性，方便不同计价软件之间正确的数据交换，以及安徽省建设工程计价辅助评标系统的顺利运行，提高招投标标活动的便捷性、规范性、安全性、统一性
北京	《北京市建设工程造价技术经济指标采集标准》《北京市建设工程造价电子数据标准》	2017	北京市住房和城乡建设委员会	两项标准的编制应本着求大同存异，工程建设全过程信息互通共享的原则，有重点、有针对性地进行编制，实现造价数据在不同软件及系统中共享及可逆可变的目标
	《建设工程人工材料设备机械数据分类标准及编码规则》	2018	北京市建筑业联合会	团体标准，规定了建设工程相关专业人工材料设备机械信息数据的收集、整理、分析、发布的应用
吉林	《关于建设工程造价数据监测系统统一数据交换标准的通知》	2018	吉林省住房和城乡建设厅	根据《住房城乡建设部标准定额司关于推进工程造价信息监测工作的通知》（建标造函〔2018〕57号）要求，吉林省将在全省范围内开展工程造价信息监测工作。由建设部标准定额研究所组织开发的"建设工程造价数据监测系统"已经在部分省份投入使用，吉林省为开展此项工作需满足系统要求

附录 H　各市场主体响应工程造价信息化发展的举措

1. 施工单位信息化应对汇总分析

企业名称	企业网址	是否有信息化专职部门	是否有信息化专职人员	是否有信息化专项经费	是否有工程造价信息化专业系统	信息化响应政策、行动	企业所在地	企业性质
中国建筑集团有限公司	http://www.cscec.com.cn/	是	是	是	是	主编了我国首部施工 BIM 国标《BIM 施工应用标准》，参编了《BIM 应用统一标准》等4本国家标准；初步建立了以 BIM 为基础的"互联网+建筑"的信息平台，集成 FRID，移动终端、云服务、大数据、3D 打印等信息化创新技术，实现建筑在"设计、生产、运输、建造、运维"全生命周期的信息交互和共享	北京	央企
中国铁建股份有限公司	http://www.crcc.cn/	是	是	是	是	中铁建网络信息科技有限公司面向铁建定制满足业务要求的功能、组件、模块，打造铁建内部开源化社区，迎接快速变化的信息化需求	北京	央企
中国中铁股份有限公司	http://www.cregc.com/	是	是	是	是	集团及下属单位设立科技与信息部（技术中心）	北京	央企
太平洋建设集团有限公司	http://www.cpcg.com.cn/	否	否	否	否	网站中未检索到信息化响应政策及行动	江苏	民营

续表

企业名称	企业网址	是否有信息化专职部门	是否有信息化专职人员	是否有信息化专项经费	是否有工程造价信息化专业系统	信息化响应政策、行动	企业所在地	企业性质
中国交通建设集团有限公司	http://www.ccccltd.cn/	是	是	是	是	设立信息化管理部，建设多功能监控中心、远程视频监控中心、生产指挥调度中心、应急指挥中心、视频会议中心、"智慧一航"大数据中心，是集大数据、物联网、卫星定位、地理信息系统（Geographic Information System，GIS）、建筑信息模型（Building Information Modeling，BIM）、商业智能（Business Intelligence，BI）、图像传输、视频会议、单兵通讯等技术的综合应用平台	北京	央企
中国电力建设股份有限公司	http://www.powerchina.cn/	是	是	不确定	不确定	设立信息化管理部	北京	央企
中国冶金科工集团有限公司	http://www.mcc.com.cn/	是	是	不确定	不确定	设立信息化管理部、科技平台（需有账号密码方能登录）	北京	央企
中国能源建设集团有限公司	http://www.ceec.net.cn/	否	是	是	是	电力行业的"电力工程信息模型"（EIM），成立中电联电力工程交互与管理标准化技术委员会（EIM标委会）	北京	国企

企业名称	企业网址	是否有信息化专职部门	是否有信息化专职人员	是否有信息化专项经费	是否有工程造价信息化专业系统	信息化响应政策、行动	企业所在地	企业性质
厦门建发股份有限公司	http://www.chinacdc.com	是	是	不确定	不确定	设立信息化应用部	福建	民营
中国葛洲坝集团股份有限公司	http://www.cggc.ceec.net.cn/	是	是	不确定	不确定	设立信息化管理部	湖北	国企
上海建工集团股份有限公司	http://www.scg.com.cn/	是	是	是	是	设立工程研究总院，集团召开"i，SCG"信息化建设启动大会，形成了两极BIM体系，参加国际BIM比赛并获奖，推行"智慧工地"	上海	国企
云南省建设投资控股集团有限公司	http://www.ynjg.com/	是	是	是	是	新增设信息中心，推行"智慧工地"，积极组织集团BIM技术、信息化竞赛及培训	云南	国企
广西建工集团有限责任公司	http://www.gxjgjt.cn/	是	是	是	是	设立大数据中心，推行"智慧工地"，推广BIM技术，参加全国BIM竞赛，推进BIM 5D平台建设	广西	国企
中国航天科工集团有限公司	http://www.casic.com.cn/	是	是	是	是	打造了工业互联网云平台——INDICS为企业提供智能制造、协同制造、云制造公共服务；开发设计多款智慧信息化平台，设计"智慧工地"RFID观看系统	北京	国企

续表

企业名称	企业网址	是否有信息化专职部门	是否有信息化专职人员	是否有信息化专项经费	是否有工程造价信息化专业系统	信息化响应政策、行动	企业所在地	企业性质
南通三建控股有限公司	http://www.ntsj.js.cn/	否	否	否	否	未检索到任何相关信息	江苏	民营
陕西建工集团有限公司	http://www.shxi-jz.com/	是	是	是	是	设立信息管理中心，集团内部举办 BIM 大赛	陕西	国企
湖南省建工集团有限公司	http://www.chceg.com/	是	是	是	是	设立技术研发部，集团内部举办 BIM 竞赛，BIM 培训，参加全国 BIM 比赛	湖南	国企
中国化学工程股份有限公司	http://www.cncec.com.cn/	是	是	不确定	不确定	设立科技信息部	北京	国企
上海城建市政工程（集团）有限公司	http://www.sucgm.com/	不确定	不确定	不确定	不确定	网站不可查	上海	国企
广东海外建设集团有限公司	—	不确定	不确定	不确定	不确定	网站不可查	广东	国企
江苏南通二建集团有限公司	http://www.nt2j.cn/	否	否	是	否	参加全国 BIM 比赛	江苏	民营
青建集团股份公司	http://www.cnqc.com/	否	是	是	是	参加全国 BIM 比赛，个别项目运用 BIM 技术	山东	民营

续表

企业名称	企业网址	是否有信息化专职部门	是否有信息化专职人员	是否有信息化专项经费	是否有工程造价信息化专业系统	信息化响应政策、行动	企业所在地	企业性质
中国建材集团有限公司	http://www.cnbm.com.cn/	是	是	不确定	不确定	设立信息中心	北京	央企
北京住总集团有限责任公司	http://www.bucc.cn/	是	是	是	是	设立技术开发中心，项目应用BIM技术	北京	国企
南通四建集团有限公司	http://www.ironarmy.com/	是	是	是	是	设立技术中心，参加全国BIM比赛，组织BIM培训，项目应用BIM 5D	江苏	民营
中国长江三峡集团有限公司	http://www.ctg.com.cn/	否	是	否	否	个别项目BIM咨询	北京	国企
中国核工业（集团）有限公司	http://www.cnecc.com/	否	是	是	是	建立核创新体系，荣获BIM技术奖	北京	央企
江苏省苏中建设集团股份有限公司	http://www.szcg.com.cn/	否	否	否	是	项目部开展BIM技术培训	江苏	民营
中石化炼化工程（集团）股份有限公司	http://www.segroup.cn/	是	是	是	是	设立科技信息部	北京	国企

续表

企业名称	企业网址	是否有信息化专职部门	是否有信息化专职人员	是否有信息化专项经费	是否有工程造价信息化专业系统	信息化响应政策、行动	企业所在地	企业性质
重庆建工投资控股有限责任公司	http://www.cceg.cn/	否	是	是	是	建立"BIM+智慧工地"	重庆	国企
中科建设开发总公司	http://www.zkjskf.cn/	否	否	是	否	数字化管理培训	上海	国企
浙江省建设投资集团股份有限公司	http://www.cnzgc.com/	否	是	是	是	建立"智慧工地",大数据平台,智慧项目管理平台,参加国际、国内BIM比赛,公司内部举行比赛,基于BIM模拟施工工法	浙江	国企
中天发展控股集团有限公司	http://www.zjzhongtian.com/	否	否	否	否	未检索到任何相关信息	浙江	民营
四川华西集团有限公司	http://www.huashi.sc.cn/	是	是	是	是	设立科技信息部,参加国际、国内BIM比赛,公司内部举行BIM比赛,项目实际应用BIM技术,集中采购电子商务平台	四川	国企
广州市建筑集团有限公司	http://www.gzmcg.com/	是	是	是	是	物资采购平台软件研发,设立建筑信息模型工程技术研究中心	广东	国企
北京建工集团有限责任公司	http://www.bcegc.com/	是	是	是	是	设立BIM中心,建设"智慧工地",举办BIM国际交流、BIM培训,参加全国BIM比赛	北京	国企

续表

企业名称	企业网址	是否有信息化专职部门	是否有信息化专职人员	是否有信息化专项经费	是否有工程造价信息化专业系统	信息化响应政策、行动	企业所在地	企业性质
北京城建集团有限责任公司	http://www.bucg.com/	是	是	是	是	自主研发城建信息化管理系统，"BIM+智慧工地"，参加龙图杯全国BIM大赛，举办BIM交流会，项目全生命周期BIM应用	北京	国企
安徽建工集团有限公司	http://www.aceg.com.cn/	否	是	是	是	集团内部举办BIM竞赛、BIM培训，参加中国建设工程BIM大赛，自主研发CES协同平台	安徽	国企
江苏南通六建建设集团有限公司	http://www.ny1j.com.cn/	是	是	是	是	设立BIM中心，与广联达进行战略合作，举办BIM培训，项目实施BIM技术	江苏	民营
山东科达集团有限公司	http://www.keda-group.com/	否	否	否	否	未检索到任何相关信息	山东	民营
江西省建工集团有限责任公司	http://www.jxsjgji.com/	否	否	不确定	不确定	参加全国BIM比赛，举办集团内部BIM培训	江西	国企
山西建筑工程（集团）有限公司	http://www.ssjzgcyxgs.com/	否	是	是	是	建设"智慧工地"，举办集团内部BIM培训、BIM比赛，创建物资"筑服云"平台	山西	国企
甘肃省建设投资（控股）集团总公司	http://www.gsjtq.com/	是	是	是	是	成立信息管理中心，建设"智慧工地"，举办BIM培训，参加全国建设工程BIM应用技术大赛	甘肃	国企

续表

企业名称	企业网址	是否有信息化专职部门	是否有信息化专职人员	是否有信息化专项经费	是否有工程造价信息化专业系统	信息化响应政策、行动	企业所在地	企业性质
广东省建筑工程集团有限公司	http://www.gdceg.com/	否	是	是	是	举办 BIM 建模师大赛、举办 BIM 应用大赛、BIM 培训，电子采购平台培训	广东	国企
浙江宝业建设集团有限公司	http://www.baoyejs.com/	否	否	否	否	参加龙图杯全国 BIM 大赛、BIM 应用技能大赛	浙江	民营
天元建设集团有限公司	http://www.cntyjt.com/	否	是	是	是	推广 BIM 试点项目，中国建设工程 BIM 大赛获奖，举办 BIM 推广交流会，项目经理 BIM 培训，推广 BIM 技术应用，建设 "智慧工地"，数据中心	山东	民营
山河（控股）集团有限公司	http://www.hbshanhe.com/	否	是	是	是	获湖北省建设工程 BIM 大赛二等奖，举办 BIM 培训，建设 "智慧工地"	湖北	民营
北京市政路桥集团有限公司	http://www.bmrb.com.cn/	否	否	否	否	参加 BIM 技术交流会	北京	国企
河北建工集团有限责任公司	http://www.hbjgjt.cn/	否	否	否	否	集团建立 BIM 培训中心、参加河北省建工杯 BIM 比赛	河北	国企
浙江东南网架（股份）有限公司	http://www.dongnanwangjia.com/	否	否	否	否	未检索到任何相关信息	浙江	民营

续表

企业名称	企业网址	是否有信息化专职部门	是否有信息化专职人员	是否有信息化专项经费	是否有工程造价信息化专业系统	信息化响应政策、行动	企业所在地	企业性质
新疆生产建设兵团建设工程（集团）有限责任公司	—	不确定	不确定	不确定	不确定	网站不可查	新疆	国企
上海隧道工程股份有限公司	http://www.strc.net/	是	是	是	是	设立 BIM 中心，推行"互联网+智慧工地"，进行系统化项目集成管理	上海	国企
四川公路桥梁建设集团股份有限公司	http://www.scrbg.com/	否	否	否	否	未检索到任何相关信息	四川	国企
河北建设集团股份有限公司	http://www.hebjs.com.cn/	否	否	否	否	未检索到任何相关信息	河北	国企
龙信建设集团有限公司	http://www.lxgroup.cn/	否	是	是	是	举办集团 BIM 培训，与软件公司战略合作，参加龙图杯全国 BIM 大赛、BIM 应用技能大赛	江苏	民营
安徽省交通控股集团有限公司	http://www.ahjkjt.com/	否	是	是	是	建立智慧高速信息化系统、BIM 项目应用、大数据管理系统	安徽	国企
通州建总集团有限公司	http://www.builder.net/	否	是	是	是	参加中国建设工程 BIM 大赛、举办集团 BIM 培训、参加 BIM 培训交流会	江苏	民营

续表

企业名称	企业网址	是否有信息化专职部门	是否有信息化专职人员	是否有信息化专项经费	是否有工程造价信息化专业系统	信息化响应政策、行动	企业所在地	企业性质
浙江昆仑控股集团有限公司	http://www.kunlunkg.com/	否	否	否	否	未检索到任何相关信息	浙江	民营
申能股份有限公司	http://www.shenergy.net.cn/	不确定	不确定	不确定	不确定	未检索到任何相关信息	上海	国企
黑龙江省建设（投资）集团有限公司	http://www.hljhjcgc.com/	否	否	否	否	未检索到任何相关信息	黑龙江	国企
中铝国际工程股份有限公司	http://www.chalieco.com.cn/	否	是	是	是	参加国际 BIM 大赛、举办 BIM 交流会、BIM 培训会	北京	民营
中太建设集团股份有限公司	http://www.ztjsjt.com/	否	否	否	否	未检索到任何相关信息	河北	民营
上海城投（集团）有限公司	http://www.sh600649.com/	否	否	否	否	未检索到任何相关信息	上海	国企
中国电建集团山东电力建设有限公司	http://www.sepco.net.cn/	否	否	否	否	未检索到任何相关信息	山东	国企
成都建工集团有限公司	http://www.cdceg.com.cn/	否	是	是	是	确定 BIM 供应商候选人	四川	国企

续表

企业名称	企业网址	是否有信息化专职部门	是否有信息化专职人员	是否有信息化专项经费	是否有工程造价信息化专业系统	信息化响应政策、行动	企业所在地	企业性质
江苏中兴建设有限公司	http://www.jsczxjs.net/	否	否	否	否	举办BIM应用大赛	江苏	民营
广东电力发展股份有限公司	http://www.ged.com.cn/	不确定	不确定	不确定	不确定	未检索到任何相关信息	广东	国企
中铁十八局集团有限公司	http://www.cr18g.com/	是	是	是	是	设立BIM技术研发中心，举办BIM培训，BIM技术交流会，进行BIM项目实践，建立"智慧工地"	天津	国企
中交第一航务工程局有限公司	http://www.buildhr.com/	否	是	是	是	举办集团内部BIM比武大赛，"智慧工地"交流会	天津	国企
苏州金螳螂建筑装饰股份有限公司	http://www.goldmantis.com/	是	是	是	是	进行装饰BIM项目实践，运用VR技术、互联网+	江苏	民营
泛华建设集团有限公司	http://www.fanhua.net.cn/	否	否	是	是	进行BIM探索及应用实践	北京	民营
江苏省华建建设股份有限公司	http://www.jshj.com.cn/	否	是	是	是	网站无法访问，分公司参加BIM大赛	江苏	民营

续表

企业名称	企业网址	是否有信息化专职部门	是否有信息化专职人员	是否有信息化专项经费	是否有工程造价信息化专业系统	信息化响应政策、行动	企业所在地	企业性质
宏润建设集团股份有限公司	http://www.chinahongrun.com/	否	是	是	是	打造BIM试点项目	上海	民营
中铁七局集团第三工程有限公司	http://3gs.crsg.cn/	否	是	是	是	进行BIM项目实践,举办龙图杯大赛,建立网络计量结算平台	陕西	国企
山东滨州城建集团(有限)公司	http://www.bzcjjt.com/	否	否	否	否	未检索到任何相关信息	山东	国企
浙江博元建设股份有限公司	http://www.zjboyuan.com.cn/	否	是	是	是	举办BIM应用技能比赛、BIM招投标技术标编制比赛	浙江	民营
华太建设集团有限公司	—	不确定	不确定	不确定	不确定	公司网址不可查	浙江	民营
中国电建集团中南勘测设计研究院有限公司	https://www.msdi.cn/	是	是	是	是	成立信息数字公司,开展BIM技术研发与应用	湖南	国企
云南建投第二建设有限公司	http://www.yn2j.cn/	否	否	否	否	未检索到任何相关信息	云南	国企

续表

企业名称	企业网址	是否有信息化专项部门	是否有信息化专职人员	是否有信息化专项经费	是否有工程造价信息化专业系统	信息化响应政策、行动	企业所在地	企业性质
中国联合工程(有限)公司	http://www.chinacuc.com/	是	是	是	是	举办BIM大赛，建立"智慧工地"，BIM设计所，进行BIM实践应用，建立数字项目管理平台	浙江	国企
中铁四局集团第五工程有限公司	http://5.crec4.com/	否	是	是	是	参加国际、国内BIM大赛	江西	国企
四川省第一建筑工程(有限)公司	http://www.hscjy.com/	否	否	否	否	未检索到任何相关信息	四川	国企
上海星宇建设集团有限公司	http://www.shxingyugroup.com/	否	否	否	否	未检索到任何相关信息	上海	民营
山东电力工程咨询院有限公司	http://www.sdepci.com/	是	是	是	是	设立数字化电厂研究中心	山东	国企
上海建工一建集团有限公司	—	否	否	否	否	未检索到任何相关信息	上海	国企
浙江高新建设有限公司	—	否	否	否	否	未检索到任何相关信息	浙江	民营

续表

企业名称	企业网址	是否有信息化专职部门	是否有信息化专职人员	是否有信息化专项经费	是否有工程造价信息化专业系统	信息化响应政策、行动	企业所在地	企业性质
中建八局第一建设有限公司	http://www.cscec81.com/	否	是	是	是	举办 BIM 大赛，进行 BIM 实践项目应用、CIM 平台建设，运用智慧图纸	山东	国企
中建五局工业设备安装有限公司	http://zt.rednet.cn/346291	不确定	不确定	不确定	不确定	未检索到任何相关信息	湖南	国企
济南一建集团总公司	http://www.jnyj.com.cn/	否	否	否	否	未检索到任何相关信息	山东	国企
湖南华侨建设开发集团有限公司	—	否	否	否	否	未检索到任何相关信息	湖南	民营
中铁十八局集团第二工程有限公司	http://www.crcc182.com/	否	是	是	是	建立物资平台，进行 BIM 铁路项目应用	河北	国企
中铁大桥局集团第四工程有限公司	http://dqj-4gs.crec.cn/	否	否	否	否	未检索到任何相关信息	江苏	国企
中铁八局集团昆明铁路建设有限公司	http://www.cregkjgs.com/	是	是	是	是	设立 BIM 技术中心	云南	国企
浙江建安实业集团股份有限公司	—	否	否	否	否	未检索到任何相关信息	浙江	民营

续表

企业名称	企业网址	是否有信息化专职部门	是否有信息化专职人员	是否有信息化专项经费	是否有工程造价信息化专业系统	信息化响应应策、行动	企业所在地	企业性质
浙江富成建设集团有限公司	—	否	否	否	否	未检索到任何相关信息	浙江	民营
中国二冶集团有限责任公司	http://www.csmcc.cn/	是	是	是	是	采用 AR、BIM、PM、GIS 等创新技术应用优化施工过程管控	内蒙古	国企
江苏中阳建设集团有限公司	http://www.jszyjsjt.com/	否	否	否	否	未检索到任何相关信息	江苏	国企
腾达建设集团股份有限公司	http://www.tengdajs.com/ch/Index.Asp	是	是	是	是	设立信息化中心，举办 BIM 讲座	浙江	民营
中国公路工程咨询集团有限公司	http://www.coolpose.net/	否	否	否	否	未检索到任何相关信息	北京	国企
南通华荣建设集团有限公司	http://www.nthrjs.com/	否	否	否	否	未检索到任何相关信息	江苏	民营
广东水电二局股份有限公司	http://www.gdsdej.com/	否	是	是	不确定	BIM 培训、BIM 技术交流会、BIM 项目实践	广东	国企

2. 地产单位信息化响应汇总分析

企业名称	企业网址	是否有信息专职部门	是否有信息化专职人员	是否有信息化专项经费	是否有工程造价信息化专业系统	信息化响应情况
北京北辰实业集团有限责任公司	http://www.bcjt.com.cn/	否	不确定	不确定	不确定	
中国保利集团有限公司	http://www.poly.com.cn/	否	不确定	不确定	不确定	
万科企业股份有限公司	https://www.vanke.com/	否	不确定	不确定	不确定	
华润（集团）有限公司	http://www.crc.com.hk/	否	不确定	不确定	不确定	
恒大集团有限公司	https://www.evergrande.com/	否	不确定	不确定	不确定	
碧桂园控股有限公司	https://www.bgy.com.cn/	否	不确定	不确定	不确定	
绿地控股集团有限公司	http://www.greenlandsc.com/	否	不确定	不确定	不确定	官网中无任何信息化响应政策及行动
融创中国控股有限公司	http://www.sunac.com.cn/	否	不确定	不确定	不确定	
龙湖集团控股有限公司	https://www.longfor.com/	否	不确定	不确定	不确定	
广州富力地产股份有限公司	http://www.rfchina.com/	否	不确定	不确定	不确定	
中海企业发展集团有限公司	http://www.coli688.com/	否	不确定	不确定	不确定	
新城控股集团股份有限公司	https://www.seazen.com.cn/	否	不确定	不确定	不确定	
旭辉集团股份有限公司	https://www.cifi.com.cn/	否	不确定	不确定	不确定	
雅居乐集团	https://www.agile.com.cn/	否	不确定	不确定	不确定	
金地（集团）股份有限公司	https://www.gemdale.com/	否	不确定	不确定	不确定	
新力控股（集团）有限公司	http://www.sinicdc.com/	否	不确定	不确定	不确定	

续表

企业名称	企业网址	是否有信息化专职部门	是否有信息化专职人员	是否有信息化专项经费	是否有工程造价信息化专业系统	信息化响应情况
大连万达集团股份有限公司	http://www.wanda.cn/	是	是	是	是	万达集团于2012年推出计划模块化管理系统，实现开发项目从开工到开业全周期信息化管控；2013年推出慧云智能信息管理系统，由万达自主研发，集成消防、能源、客流等16个子系统，实现对商业、文化、旅游等大型公共建筑全方位、智能化的管理，是全球规模最大、最先进的商业智慧管理系统；2017年推出筑云智能建造系统，以BIM技术为基础，以万达BIM总发包管理平台为核心，全球首创的项目管理模式，实现多方协同的全周期设计、建造、运维多方协同管控

3. 咨询单位信息化响应汇总分析

企业名称	企业网址	是否有信息化专职部门	是否有信息化专职人员	是否有信息化专项经费	是否有工程造价专业信息化系统	信息化响应情况
青矩技术股份有限公司	http://www.tzecc.com/	是	是	是	是	提供 BIM 应用咨询，包含企业 BIM 解决方案、BIM 软件开发，培训及认证考试、业主 BIM 实施顾问，以及工程大数据咨询、咨询企业云平台的定制服务
上海同济工程咨询有限公司	http://www.tongji-ec.com.cn/	否	是	是	是	建立 BIM 轻量化协同管理平台 "BIM-Line"
中国国际工程咨询有限公司	http://www.ciecc.com.cn/	否	是	是	是	进行工程咨询行业新型智库建设创新
北京市工程咨询（有限）公司	http://www.becc.com.cn/	是	是	不确定	不确定	设立流程管理与信息管理中心部门
广州市国际工程咨询公司	http://www.giecc.com.cn/	是	是	是	是	设立技术服务公司
瑞和安惠项目管理集团有限公司	http://www.ruihepm.com/JtWeb/index.aspx	是	是	是	是	提供专项 BIM 服务
中衡发工程管理咨询有限公司	http://www.zjfpmc.com/	否	是	是	是	形成具有自主知识产权的信息化管理及业务系统，实现信息化管理平台、数据中心及 BIM 应用中心的搭建和融合对接

续表

企业名称	企业网址	是否有信息化专职部门	是否有信息化专职人员	是否有信息化专项经费	是否有工程造价信息化专业系统	信息化响应情况
北京泛华国金工程咨询有限公司	http://www.pgecc.com/	是	是	是	是	设立技术中心,包括 BIM 技术指导中心、泛华云数据中心、培训中心
建银工程咨询有限责任公司	http://www.ccbconsulting.com/	否	是	是	不确定	计划建立 BIM 模型标准构件族库,派员参加 BIM 培训
中正信造价咨询有限公司	http://www.zzsen.com/	否	是	不确定	是	推出了工程造价指标数据库,会员可以下载工程含量指标、造价指标、材料设备价格
中联国际工程管理有限公司	http://www.zlcost.com/zlcost/zlcostweb/index.jsp	否	是	是	是	提供 BIM 咨询、地产成本数据服务,采用"电子招采平台",成本标准体系、成本数据库三位一体的技术,为用户提供成本数据整体解决方案,协助地产用户实现成本管控的数据化和智能化
天津国际工程咨询集团有限公司	http://www.tiecc.com.cn/	否	否	否	否	未检索到任何相关信息
达华工程管理(集团)有限公司	http://www.dahuainc.com/	否	否	否	否	未检索到任何相关信息

续表

企业名称	企业网址	是否信息化专职部门	是否有信息化专职人员	是否有信息化专项经费	是否有工程造价信息化专业系统	信息化响应情况
北京华咨工程设计公司	http://www.bjhuazi.com/	否	否	否	否	未检索到任何相关信息
中国友发国际工程设计咨询有限公司	http://www.fddc.com.cn/	否	否	否	否	未检索到任何相关信息
华城博远工程咨询有限公司	http://www.huachengboyuan.cn/	否	否	否	否	未检索到任何相关信息

4. 设计单位信息化响应汇总分析

企业名称	公司网站	是否信息化专职部门	是否有信息化专职人员	是否有信息化专项经费	是否有工程造价信息化专业系统	信息化响应情况	企业所在地
中国建筑设计研究院有限公司	https://cadri.cn	是	是	是	是	设立独立的智能工程中心，自立多个课题与项目	北京
中铁工程设计咨询集团有限公司	http://www.cec-cn.com.cn	是	是	是	不确定	设立 BIM 中心，荣获 Bentley 2018 基础设施年度光辉大奖特别表彰奖	北京

续表

企业名称	公司网站	是否有信息化专职部门	是否有信息化专职人员	是否有信息化专项经费	是否有工程造价信息化专业系统	信息化响应情况	企业所在地
中交公路规划设计院有限公司	http://www.hpdi.com.cn/	是	是	是	不确定	为土木大数据信息技术有限公司提供智慧交通系统方案	北京
中铁第一勘察设计院集团有限公司	http://www.fsdi.com.cn/	是	是	是	是	成立 BIM 工程实验室	陕西
北京城建设计发展集团股份有限公司	http://www.bjucd.com/	是	是	是	是	设立 BIM 中心、院士专家工作室－数值计算与仿真中心，打造 BIM 设计项目	北京
北京市建筑设计研究院有限公司	http://www.biad.com.cn/	是	是	是	是	成立北京市信息化建筑设计与建造工程技术研究中心，自主开发"混凝土结构设计软件 Paco-RC V1.0"，进行 BIM 设计、模拟应用，对三维施工图设计/图纸生成及施工提供支持	北京
清华大学建筑设计研究院有限公司	http://www.thad.com.cn/	否	否	不确定	否	无	北京
中交第三航务工程勘察设计院有限公司	https://www.theidi.com/home/index	是	是	不确定	是	成立 BIM 中心、发布《三航院"十三五"信息化发展规划》	上海

续表

企业名称	公司网站	是否有信息化专职部门	是否有信息化专职人员	是否有信息化专项经费	是否有工程造价信息化专业系统	信息化响应情况	企业所在地
华建集团华东建筑设计研究总院	http://www.ecadi.com/	是	是	不确定	是	设立 BIM 技术研究中心、数字化建筑研究创新中心	上海
上海中房建筑设计院有限公司	http://www.shzf.com.cn/	是	是	不确定	是	设立 BIM 中心，提供 BIM 技术设计优化咨询服务	上海
天津大学建筑设计规划研究总院有限公司	https://www.aatu.com.cn/	是	是	不确定	是	设立 BIM 设计研究中心，进行 BIM 设计	天津
重庆市建筑工程设计院有限公司	http://www.cqaedi1993.com/	否	否	不确定	否	暂无 BIM 项目案例	重庆
河北省建筑设计研究院有限公司	http://www.hebdi.net/	否	是	不确定	是	提供 BIM 服务	河北
山西省建筑设计研究院	http://www.sxiad.com/	否	否	否	否	网站不可查	山西
辽宁省建筑设计研究院	http://www.lnbdri.com.cn/	否	否	否	否	无	辽宁
黑龙江省建筑设计研究院	http://hljiad.cn/	否	否	否	否	无	黑龙江

续表

企业名称	公司网站	是否有信息化专职部门	是否有信息化专职人员	是否有信息化专项经费	是否有工程造价信息化专业系统	信息化响应情况	企业所在地
南通市建筑设计研究院有限公司	http://www.ntadi.cc/	否	否	否	否	无	江苏
浙江省建筑科学设计研究院有限公司	http://www.zjsjky.com/	是	是	不确定	不确定	设立信息化部	浙江
安徽省建筑设计研究总院股份有限公司	http://www.aadri.com/	是	是	不确定	是	设立BIM设计研究所	安徽
福建省建筑设计研究院有限公司	http://www.fjadi.com.cn/	是	是	是	是	设立BIM应用中心、拥有BIM专家团队，进行BIM项目应用	福建
江西省建筑设计研究总院	http://www.jxsjzy.com/	否	是	不确定	不确定	提供BIM咨询	江西
山东省建筑设计研究院有限公司	http://www.sdad.cn/	否	是	不确定	不确定	成为山东省建筑信息模型（BIM）技术应用联盟副理事长单位，主编《山东省民用建筑BIM技术应用实施导则》	山东
河南省建筑设计研究院有限公司	https://www.hnsjy.com/	是	是	不确定	是	设立BIM技术运用中心	河南

续表

企业名称	公司网站	是否有信息化专职部门	是否有信息化专职人员	是否有信息化专项经费	是否有工程造价信息化专业系统	信息化响应情况	企业所在地
湖北省建筑设计院有限公司	http://www.hbadi.net/	否	是	不确定	不确定	全国BIM应用技能大赛获奖	湖北
湖南省建筑设计院有限公司·湖南省城市规划研究设计院	http://www.hnadi.com.cn/	否	是	是	是	成为湖南省BIM技术的领军企业，提供BIM咨询服务，在全国BIM大赛中获奖	湖南
广东省建筑设计研究院有限公司	http://www.gdadri.com/	是	是	是	是	设立BIM研究中心，提供BIM设计与服务	广东
深圳市建筑设计研究总院有限公司	http://www.szad.com.cn/	是	是	是	是	设立科技信息部，进行BIM技术的推广和应用	广东
深圳大学建筑设计研究院有限公司	http://www.suiadr.com/	否	否	否	否	无	广东
华蓝设计（集团）有限公司	http://www.gxhl.com/	否	是	不确定	是	进行BIM在工程总承包的应用，BIM结构技术的示范应用	广西

企业名称	公司网站	是否有信息化专职部门	是否有信息化专职人员	是否有信息化专项经费	是否有工程造价信息化专业系统	信息化响应情况	企业所在地
海南省建筑设计院有限公司	http://www.hniad.com/	否	否	否	否	无	海南
四川省建筑设计研究院有限公司	http://www.scsj.com.cn/	是	是	是	是	建立 BIM 设计所，BIM 大赛获奖，举办 BIM 设计培训	四川
贵州省建筑设计研究院有限责任公司	http://www.gadri.cn/	否	是	是	是	BIM 设计团队	贵州
云南省建筑工程设计院有限公司	http://www.ynjgy.com.cn/	否	否	否	否	无	云南
陕西省建筑设计研究院（集团）有限公司	http://www.sadria.com/	是	是	是	是	建立 BIM 设计研究所，提供 BIM 为核心竞争力的设计服务，进行 BIM 理论与应用研究，提供 BIM 培训服务	陕西
甘肃省工程设计研究院有限责任公司	http://www.gszxsj.com/	否	否	否	否	无	甘肃

续表

企业名称	公司网站	是否有信息化专职部门	是否有信息化专职人员	是否有信息化专项经费	是否有工程造价信息化专业系统	信息化响应情况	企业所在地
青海省建筑勘察设计研究院股份有限公司	http://www.qhadi.com/	否	是	是	不确定	成立 BIM 应用小组	青海
新疆建筑设计研究院有限公司	http://www.xadi.com.cn/	否	否	否	否	无	新疆

参考文献

[1] 陈国良，孙广中，徐云. 并行计算的一体化研究现状与发展趋势 [J]. 科学通报，2009 (8): 1043-1049.

[2] 王娟娟，从庆平，安玥馨. 云计算在工程造价信息管理中的应用研究 [J]. 中国管理信息化，2018，21 (6): 44-45.

[3] 王琼. 人工智能时代下工程造价行业的发展现状分析 [J]. 山西建筑，2019，45 (17): 166-167.

[4] 谢伦国. 如何控制设计阶段的工程造价 [J]. 硅谷，2009 (10): 177.

[5] 叶晖，马燕燕，竹隰生. 我国工程造价信息化组织体系建设研究 [J]. 工程管理学报，2016 (1): 32-36.

[6] 王红帅，蓝荣梅. 关于工程造价管理信息化建设的思考 [J]. 四川建材，2012，38 (3): 249-251.

[7] 竹隰生，郝治福. 多元化的工程造价信息服务体系及其构建 [J]. 工程造价管理，2015 (3): 7-10.

[8] 周海涛. 大数据平台数据脱敏关键技术 [J]. 电子技术与软件工程，2017 (21): 150.

[9] 聂婧. 工程造价的信息化管理浅析. 商情 [J]. 2013 (1): 288.

[10] 周济礼，先学人. 美国信息系统分类分级保护的主要内容及启示

[J]. 中国信息安全，2013（11）：102-105.

[11] 郭嘉凯. 数据脱敏：敏感数据的安全卫士 [J]. 软件和信息服务，2014（2）：66-67.

[12] 徐凌云，谢立群，徐凌达. 数字证书在建设工程造价网管理中的应用方案 [J]. 黑龙江科技信息，2008（28）：212.

[13] 熊宇飞. 信息等级保护中一些安全防护措施 [J]. 信息安全与技术，2015（3）：25-28.

[14] 王静，王改香. 知识产权保护与信息安全 [J]. 中共山西省委党校学报，2000（4）：62-63.

[15] 陈兴盛，杨森. 浅谈客户敏感点与降本增效 [J]. 工程建设标准化，2015（2）：264-268.

[16] 刘鹏. 云计算 [M]. 北京：电子工业出版社，2010.

[17] 中国建设工程造价管理协会. 工程造价信息化建设战略研究报告 [M]. 北京：中国建筑工业出版社，2017.

[18] 马楠，张国兴，韩英爱. 工程造价管理 [M]. 北京：机械工业出版社，2009.

[19] 李超，李秋香，黄学臻，等. 新技术应用等级保护安全设计与实现 [M]. 北京：科学出版社，2017.

[20] 李娜，孙晓冬. 网络安全管理 [M]. 北京：清华大学出版社，2014.

[21] 王丽娜. 信息安全导论 [M]. 武汉：武汉大学出版社，2008.

[22] 中国电子信息产业发展研究院. 2013—2014 年中国网络安全发展蓝皮书 [M]. 北京：人民出版社，2015.

[23] 中国电子信息产业发展研究院. 2014—2015 年中国网络安全发展蓝皮书 [M]. 北京：人民出版社，2016.